HACKEANDO DARWIN

COPYRIGHT © FARO EDITORIAL, 2020

COPYRIGHT © 2019 BY JAMIE METZL. ORIGINALLY PUBLISHED IN THE UNITED STATES BY SOURCEBOOKS IMPRINT, AN IMPRINT OF SOURCEBOOKS, LLC. WWW.SOURCEBOOKS.COM.

Todos os direitos reservados.
Nenhuma parte deste livro pode ser reproduzida sob quaisquer meios existentes sem autorização por escrito do editor.

Diretor editorial **PEDRO ALMEIDA**
Coordenação editorial **CARLA SACRATO**
Preparação **TUCA FARIA E MONIQUE D'ORAZIO**
Revisão **VALQUIRIA DELLA POZZA**
Capa e diagramação **OSMANE GARCIA FILHO**
Imagem de capa **TARTILA | SHUTTERSTOCK**

Dados Internacionais de Catalogação na Publicação (CIP)
Angélica Ilacqua CRB-8/7057

Metzl, Jamie Frederic
  Hackeando Darwin : engenharia genética e o futuro da humanidade / Jamie Metzl ; tradução de Renan Cardozo. — São Paulo : Faro Editorial, 2020.
  304 p.

  Título original: Hacking Darwin
  ISBN 978-65-86041-27-9

  1. Engenharia genética — Aspectos éticos e sociais 2. Genética humana — Tendências 3. Sociedade — Desenvolvimento científico I. Título II. Cardozo, Renan

20-2447   CDD 576.5

Índice para catálogo sistemático:
1. Engenharia genética - Aspectos éticos e sociais 576.5

1ª edição brasileira: 2020
Direitos de edição em língua portuguesa, para o Brasil, adquiridos por FARO EDITORIAL

Avenida Andrômeda, 885 — Sala 310
Alphaville — Barueri — SP — Brasil
CEP: 06473-000
www.faroeditorial.com.br

JAMIE METZL

HACKEANDO DARWIN

O SURPREENDENTE
FUTURO DA HUMANIDADE

Tradução
RENAN CARDOZO

FARO
EDITORIAL

SUMÁRIO

Introdução: Entrando na Era Genética 9

1   Quando Darwin encontra Mendel   21
2   Subindo a escada de complexidade   53
3   Decodificando a identidade   69
4   O fim do sexo   90
5   As faíscas divinas de pó mágico   114
6   Reconstruindo o mundo vivo   136
7   Roubando a imortalidade dos deuses   158
8   A ética da nossa engenharia   193
9   Nós contemos multitudes   220
10 A corrida armamentista da raça humana   252
11 O futuro da humanidade   281

Leitura complementar e notas   302
Agradecimentos   303

*Nossa vida é uma criação
da nossa mente.*

— SIDARTA GAUTAMA, O BUDA

INTRODUÇÃO

Entrando na Era Genética

— Por que o senhor nos procurou? — a jovem recepcionista quis saber.

Era a minha primeira visita ao banco de sêmen, e eu já estava me sentindo um tanto desconfortável.

— Achei quer seria uma boa ideia — respondi, dando de ombros. — Leciono mundo afora sobre o futuro da reprodução humana e aconselho aqueles que querem ter filhos a congelar os seus óvulos e esperma antes dos 30. Só estou um pouco atrasado.

Ela arqueou uma sobrancelha. *Uns vinte anos atrasado?*

— Não entendi. O senhor é um doador?

— Não.

— Vai fazer quimioterapia ou algum tratamento médico que possa afetar o seu esperma?

— Não.

— É membro do Exército e está prestes a ser enviado para combate?

— Não.

— A única categoria restante no meu formulário é *outros* — ela concluiu depois de uma pausa constrangedora. — Posso colocá-lo nela?

Inseguro de como me sentia, eu não queria explicar as opções que surgiam como murmúrios na minha mente. Talvez eu venha a querer ter filhos um dia, então é uma boa precaução guardar meu esperma mais jovem agora. Pode ser que, quando a nossa espécie começar a colonizar o resto do sistema solar, eu deseje enviar para o espaço o meu

9

esperma como voluntário. Talvez, como acredito, a nossa espécie esteja se movendo em direção a um futuro geneticamente alterado, no qual mais de nós conceberão seus filhos em laboratórios, em vez de na cama ou no banco de trás do carro. Não importa a razão que surja, começar agora seria o primeiro passo.

— Então? — ela perguntou.

Sorrio, nervoso, com a minha mente processando o incrível momento na nossa história evolutiva no qual novas tecnologias revolucionárias e minha própria biologia se conectavam naquela clínica asséptica de Manhattan.

Cientistas e teólogos podem debater se a primeira fagulha de vida no nosso planeta surgiu de fluxos termais no fundo do oceano ou de inspiração divina (ou de ambos), mas a maioria das pessoas que acreditam na ciência reconhece que, por volta de 3,8 bilhões de anos atrás, o primeiro organismo unicelular surgiu. Esses microrganismos teriam morrido em uma geração se não tivessem encontrado uma forma de se reproduzir; mas a vida achou um meio, e os micróbios que começaram a se dividir foram os que conseguiram desenvolver suas pequenas famílias microbianas. Se cada divisão dessas células jovens tivesse sido uma cópia exata do pai, o nosso mundo ainda seria ocupado apenas por criaturas unicelulares, e você não estaria lendo este livro. Mas não foi isso que aconteceu.

A história da nossa espécie é a história de pequenos erros e outras mudanças que continuaram a aparecer no processo de reprodução.

Depois de 1 bilhão de anos, essas pequenas variações criaram um vasto número de organismos ligeiramente diferentes, dos quais alguns se transformaram em organismos multicelulares simples. Ainda que poucos, considerando os padrões atuais, esses organismos tinham o potencial de introduzir mais diferenças à medida que se reproduziam. Algumas dessas variações deram vantagens a um ou outro tipo de organismo quanto à aquisição de alimentos ou à defesa contra inimigos, proporcionando-lhes a oportunidade de continuar a viver e a sofrer mutações. Depois de 2,5 bilhões de anos desse processo, a mutação e a competição que impulsionam a vida deram outro salto milagroso com o surgimento da reprodução sexuada.

ENTRANDO NA ERA GENÉTICA

A reprodução sexuada introduziu uma nova e radical forma de gerar diversidade quando a informação genética de mães e pais se recombinou de maneiras inovadoras[1]. Esse processo incrível impulsionou alguns desses organismos simples a se transformar de forma drástica, particularmente por volta de 540 milhões de anos atrás, em uma até então inimaginável diversidade de vida, incluindo peixes. Cerca de 200 milhões de anos atrás, alguns peixes se arrastaram para fora da água e evoluíram para os mamíferos. Por volta de 300 mil anos atrás, alguns desses mamíferos se transformaram no *Homo sapiens*, ou seja, essa é basicamente a nossa história evolutiva.

Cada um de nós é um organismo unicelular que passou por um processo intrincado de quase 4 bilhões de anos de mutações aleatórias, cujos ancestrais competiram continuamente numa batalha infindável pela sobrevivência. Se você está aqui é porque seus ancestrais sobreviveram e procriaram. Do contrário, você não estaria. O termo para esse processo é *evolução darwiniana*: ela nos trouxe até este ponto. Mas agora os próprios princípios da evolução darwiniana estão em mutação.

Daqui em diante, nossa seleção não será natural. Ela será autodirigida.

Daqui em diante, nossa espécie tomará o controle ativo do nosso processo evolutivo ao alterar geneticamente as nossas gerações futuras em algo diferente do que somos hoje. Estamos, em outras palavras, começando a hackear Darwin.

Essa é uma ideia incrível, com implicações monumentais.

A versão atual do nosso *Homo sapiens* nunca foi o ponto-final da nossa evolução, mas uma etapa em um processo contínuo pela nossa jornada evolutiva. A partir daqui, vamos dirigir esse processo como nunca antes, por meio da nossa tecnologia e, esperamos, guiados pelos nossos melhores valores morais.

Se viajássemos mil anos para o passado, apanhássemos um bebê e o trouxéssemos para o nosso mundo hoje, essa criança cresceria até se tornar um adulto indistinguível de qualquer outra pessoa. Mas, se entrássemos na máquina do tempo, fôssemos mil anos para o futuro e fizéssemos a mesma coisa, o bebê que traríamos de volta seria geneticamente um super-humano comparado aos nossos padrões atuais. Ele seria mais forte e inteligente do que qualquer outra criança, resistente a doenças, viveria mais e teria características genéticas atualmente associadas a humanos fora da curva, como formas particulares de genialidade ou sentidos superaguçados como os de outros animais. Ele poderia até possuir novas características ainda não encontradas no mundo humano ou animal, mas feitas dos mesmos blocos biológicos que deram origem à grande diversidade de toda a vida.

— Podemos usar a categoria *outros*? — a recepcionista insistiu, cortando minha linha de raciocínio.

Respirei fundo.

— Acho que é melhor assim.

— Hmmm — ela murmurou, parecendo incomodada com a minha distração. — E por quanto tempo gostaria de guardá-los?

— Que tal começar com 100 anos? Vejamos como isso se desenrola.

Ela me olhou desconfiada.

— Lamento, mas nossos planos de armazenamento são de um, três e cinco anos.

Minha expressão facial entregou a minha preocupação.

— Isso é muito menos do que eu estava procurando.

— O senhor poderá renovar.

— Serão muitas renovações. — Franzi a testa. — Como saber se vocês se manterão em funcionamento pelo tempo que eu preciso?

— Não se preocupe. Nós estaremos aqui. Acabamos de reformar a nossa clínica.

Engoli em seco. Sem dúvida alguma, estávamos pensando de formas diferentes sobre o futuro da reprodução.

— Por favor, sente-se e preencha estes formulários — ela continuou, entregando-me uma prancheta —, e eu o chamarei quando o médico estiver pronto.

Nervoso, sentei-me na cadeira vermelha de plástico, ouvindo a música ambiente da sala de espera, enquanto preenchia os formulários e refletia sobre como havia chegado àquela situação. Pensei sobre a estranha série de eventos que me tornaram obcecado com as tecnologias genéticas que mudarão a trajetória evolutiva de cada membro da nossa espécie, incluindo este que vos fala.

ENTRANDO NA ERA GENÉTICA

Tudo começou quando eu trabalhava no Conselho de Segurança da Casa Branca, no segundo mandato do presidente Clinton. Richard Clarke, na época meu chefe e agora um amigo íntimo, vinha dizendo aos quatro ventos que o terrorismo era a maior ameaça à segurança nacional, e que os Estados Unidos precisavam perseguir com muito mais agressividade um terrorista obscuro chamado Osama bin Laden. Quando os aviões do 11 de Setembro atingiram as Torres Gêmeas, o hoje famoso memorando sobre a Al Qaeda com a profecia de Dick (apelido de Richard) estava enfiado, ignorado, na caixa de entrada do presidente Bush.

Dick costumava dizer que, se todos em Washington estavam concentrados em uma coisa, podíamos ter certeza de que tinha algo muito mais importante sendo ignorado. Guardei bem essa lição. Depois de deixar a Casa Branca, continuei pensando sobre quais eram os assuntos de importância crítica que não estavam sendo discutidos. Minha mente retornava sempre à ascensão da revolução genética e da biotecnologia. Para aprender mais, fui consumido pela leitura de tudo o que pude encontrar e rastrear, produzido pelos mais inteligentes cientistas e pensadores da humanidade. Quando senti que sabia o suficiente para ter algo a dizer, passei a escrever artigos sobre as implicações da revolução genética para a segurança nacional em revistas de política externa.

Certo dia, no início de 2008, recebi uma ligação inesperada de Brad Sherman, um congressista excêntrico e inteligente da Califórnia. O deputado Sherman, então presidente do Subcomitê sobre Terrorismo, Não Proliferação e Comércio do Comitê de Relações Exteriores da Câmara dos Deputados, me contou que andava pensando muito sobre a próxima geração de ameaças terroristas. Sherman havia lido e apreciado um dos meus artigos e me disse que gostaria de fazer uma audiência do Congresso baseada no que eu escrevera. Fiquei honrado quando ele me pediu para ajudá-lo a organizar o evento, identificar participantes em potencial e servir como testemunha principal na sua audiência presciente, em junho de 2008, intitulada "A genética e outras tecnologias de modificação humana".

— Quando os nossos descendentes, daqui a 200 anos, olharem para trás, para a nossa era presente, e se perguntarem quais eram os maiores desafios de política externa na nossa época — declarei no meu testemunho —, acredito que o terrorismo, sendo criticamente importante como é, não estará no topo da lista. Estou diante de vocês hoje para testemunhar sobre como acredito que nós, como americanos e como comunidade internacional, lidaremos com nossa nova habilidade de administrar e manipular nosso material genético[2].

A atenção derivada do testemunho ao Congresso me deu a confiança de que eu encontrara algo importante que precisava ser explorado mais a fundo nesse tópico infinitamente fascinante e em rápida mudança, e que eu tinha uma mensagem que valia a pena ser compartilhada.

Assim, passei a escrever mais e mais em revistas políticas e a dar palestras pelo país e pelo mundo sobre o futuro da engenharia genética humana. À medida que continuava a aprender e me engajar mais, fui ficando cada vez mais convencido de que nós, como sociedade, não estávamos fazendo o bastante para nos preparar para a iminente revolução genética, e que minha mensagem não estava alcançando as pessoas. Com o tempo, comecei a perceber que para compartilhar essa mensagem eu precisaria me comunicar de uma forma diferente. Se minhas palestras sobre políticas genéticas não alcançavam as pessoas, eu tinha de procurar outra ferramenta que já havia utilizado antes.

Depois de publicar o meu primeiro livro, uma importante mas pouco lida história sobre o genocídio cambojano cheia de notas de rodapé, percebi que o melhor veículo para contar histórias não seria um grande tomo enciclopédico, mas um relato. Contar histórias é o que nós sempre fizemos. As aventuras narradas em cavernas e ao redor do fogo se transformaram nos romances, filmes e dramas de televisão. Meu segundo livro e primeiro romance, *The Depths of the Sea*, explorou também a tragédia dos cambojanos, mas dessa vez por meio de uma série de histórias conectadas de pessoas que viviam próximo à fronteira entre a Tailândia e o Camboja depois da Guerra do Vietnã. O primeiro livro fora mais preciso no relato do cataclismo do Camboja, mas o romance era muito mais fácil de ler.

Então, quando anos depois encarei o desafio de tentar trazer esses importantes tópicos sobre a revolução genética para a vida além da minha trajetória em não ficção e em palestras, voltei à mesma estratégia. Nos meus romances de ficção científica — *Genesis Code*, que explora as

ENTRANDO NA ERA GENÉTICA

implicações da revolução genética, e *Eternal Sonata*, uma especulação sobre o futuro da extensão da vida — tentei imaginar a influência das tecnologias genéticas revolucionárias para nós em um nível humano. Procurei trazer as pessoas para a história do nosso futuro genético em um formato de fácil absorção.

Mas então algo inesperado aconteceu durante minhas turnês literárias. As pessoas que participavam dos eventos ficaram um tanto interessadas nas milícias do fim do mundo, nos mestres espiões, nos romances entre parceiros e nas granadas atordoantes que eu havia inventado para dar vida ao meu mundo de ficção científica, mas seus olhos se arregalavam muito mais quando eu explicava a verdadeira ciência por trás da revolução genética e o que ela parecia significar para os humanos. Quando eu explicava a ciência usando a linguagem e as ferramentas narrativas de um romancista, o público de repente parecia entender como os pequenos punhados de informação científica em que eles haviam esbarrado no seu cotidiano se encaixavam na história do nosso futuro. Logo, eu estava discutindo cada vez menos sobre ficção e ocupando cada vez mais tempo para falar sobre a muito real tecnologia que tinha o verdadeiro potencial de transformar essencialmente a nossa espécie.

As conversas animadas que tive durante minhas turnês literárias e em outros eventos me desafiaram a aprender e me inspiraram a formular perguntas ainda mais difíceis sobre o futuro da engenharia genética humana e meu relacionamento com ela.

Cheguei aos 40 e poucos anos sem ter os filhos que sempre imaginei que teria um dia, em parte por causa da minha perseverante e não totalmente racional fé na ciência, dos meus hábitos saudáveis e de uma atitude positiva de controlar a passagem do tempo e a crueldade da biologia. Sou no fundo da alma um otimista tecnológico, mas, à medida que conjuro ao meu público a imagem do mundo que está por vir, acabo me perguntando se realmente acredito na magia da tecnologia tanto quanto eu disse que acreditava.

Realmente acreditei que o conhecimento adquirido em um século e meio de ciência genética fosse suficiente para alterar bilhões de anos da nossa evolução biológica? Eu apostaria mesmo que as alterações genéticas que tornariam meus futuros filhos mais saudáveis, inteligentes e fortes também os fariam mais felizes? Como estudante da história, não apostei que pessoas geneticamente melhoradas talvez usassem suas capacidades superiores para dominar todas as outras, como os colonizadores sempre fizeram? E, como filho de refugiados da Europa nazista, estaria eu realmente pronto para aceitar a ideia de que pais poderiam, ou deveriam, começar a selecionar e projetar os seus futuros filhos baseados em teorias genéticas mal informadas?

Independentemente da minha resposta, uma coisa era clara: depois de quase 4 bilhões de anos de evolução baseada em um conjunto de regras, nossa espécie está prestes a evoluir a partir de um conjunto novo.

No seu romance profético *Da Terra à Lua*, escrito em 1865, o romancista francês Júlio Verne descreveu uma tripulação de três homens sendo disparados para a Lua como um projétil e, então, retornando para casa com o uso de paraquedas. Em 1865, esse era um trabalho de pura ficção científica. Muito pouco da tecnologia que eventualmente levaria humanos para a Lua havia sido inventado um século depois. Imaginar um pouso na Lua em 1865 seria como imaginar humanos chegando a um sistema solar diferente hoje — talvez um dia seja possível, mas nós não fazemos ideia de como fazê-lo. A ciência ainda não chegou lá.

Um século depois, em 1962, o presidente americano John F. Kennedy subiu à tribuna em Houston para fazer o seu famoso discurso anunciando que os Estados Unidos levariam um homem à Lua até o fim daquela década. O presidente Kennedy se sentiu à vontade para arriscar a credibilidade americana no auge da Guerra Fria porque, em 1962, quase toda a tecnologia que permitiria um pouso bem-sucedido na Lua — os foguetes, a blindagem térmica, os sistemas de suporte à vida, computadores e cálculos matemáticos complexos — já existia. Ele não estava nem conjurando um futuro distante, como fez Júlio Verne, nem inventando ficção científica. Ele estava desenhando inferências muito claras da tecnologia existente, que só precisavam de alguns ajustes finos. Quase tudo já se encontrava no seu devido lugar, a realização era inevitável, apenas o momento certo era o problema. Sete anos depois, Neil Armstrong desceu as escadas da *Apollo 11* com seu famoso "um pequeno passo para o homem, mas um salto gigantesco para a humanidade".

ENTRANDO NA ERA GENÉTICA

Com a revolução genética, agora estamos mais próximos de 1962 do que de 1865. Falar em reformular a nossa espécie não é mais ficção científica especulativa, mas a extensão lógica de curto prazo de tecnologias, em rápido crescimento, que já existem. Hoje temos todas as ferramentas de que precisamos para alterar a composição genética da nossa espécie. A ciência está no lugar. A realização é inevitável. As únicas variáveis são se esse processo decolará algumas décadas mais cedo ou mais tarde e quais valores serão utilizados para guiar a evolução dessa tecnologia.

Nem todo mundo ouviu falar da Lei de Moore — a observação de que o poder de processamento dos computadores mais ou menos dobra a cada dois anos —, mas todos nós sentimos as suas implicações. É por isso que esperamos que cada nova versão dos iPhones e notebooks seja melhor e faça mais. Entretanto, está ficando cada vez mais claro que existe uma Lei de Moore equivalente para o entendimento e alteração de toda a biologia, incluindo a nossa.

Estamos começando a descobrir que nossa biologia é só mais um sistema de tecnologia da informação. Nossa hereditariedade não é mágica; nós aprendemos, mas o código é cada vez mais compreensível, legível, codificável e hackeável. Por causa disso, teremos, em breve, muitas das mesmas expectativas para nós, como temos para a tecnologia da informação. Cada vez mais nós nos veremos, de muitas maneiras, como parte da TI.

Essa ideia assusta muita gente, e deveria. Deveria também animar as pessoas com base nas suas possibilidades. Independentemente de como nos sentimos, o futuro genético chegará muito antes de estarmos preparados para ele, construído sobre a tecnologia já existente.

Para começar, usaremos as tecnologias já conhecidas de fertilização in vitro (FIV) e a seleção embrionária não apenas para rastrear as doenças genéticas mais simples e selecionar o gênero, como já é o caso, mas também para escolher e então alterar a genética dos nossos futuros filhos de uma forma mais ampla.

Em seguida, a fase sobreposta da revolução genética humana irá um passo adiante, aumentando o número de óvulos disponíveis para FIV ao induzir um grande número de células adultas, como células sanguíneas ou de pele, a se transformar em células-tronco para, a partir daí, criar óvulos e desenvolvê-los em zigotos.

Quando e se esse processo se tornar seguro para humanos, as mulheres que realizarem uma FIV serão capazes de ter não apenas dez ou quinze dos seus óvulos fecundados, mas centenas. Em vez de avaliarem um número pequeno dos seus próprios embriões, esses pais serão capazes de analisar centenas ou mais e de selecionar embriões superdotados por meio de um processo de análise com *big data*.

Muitos pais também considerarão a possibilidade de não somente selecionar, mas alterar geneticamente seus futuros filhos. As tecnologias de modificação de genes existem há anos, mas, recentemente, o desenvolvimento de novas ferramentas, como o CRISPR-Cas9, está tornando possível a modificação de genes de todas as espécies, incluindo a nossa, com muito mais precisão, velocidade, flexibilidade e acessibilidade. Com o CRISPR, e outras ferramentas como ele, será cientificamente possível dar aos embriões novas características e capacidade ao inserir DNA de outros humanos, animais, ou até, um dia, de fontes sintéticas.

Assim que perceberem que podem usar a FIV e a seleção embrionária para evitar o risco de várias doenças genéticas e potencialmente selecionar características aparentemente positivas como QI mais alto, ou até maior empatia e extroversão, mais pais desejarão que seus filhos sejam concebidos fora de suas mães. Muitos começarão a ver a concepção por meio do ato sexual como um risco desnecessário. Governos e companhias de seguro indicarão aos futuros pais o uso de FIV e seleção embrionária para evitar o custo de uma vida de cuidados médicos caros para doenças genéticas evitáveis.

Com o sucesso dos primeiros adeptos, seria quase impossível pensar que a nossa espécie não prosseguiria com a busca por tecnologias com o potencial de erradicar doenças terríveis, melhorar a qualidade da saúde e expandir a expectativa de vida. Abraçamos todas as novas tecnologias — dos explosivos para a energia nuclear aos anabolizantes e a cirurgia plástica — que prometeram melhorar a nossa vida apesar dos possíveis efeitos colaterais, e esta não será uma exceção. A própria ideia de alterar os nossos genes pede uma enorme dose de humildade,

ENTRANDO NA ERA GENÉTICA

mas seríamos uma espécie diferente se fôssemos guiados pela humildade, e não pela aspiração arrogante.

De posse dessas ferramentas, nossa vontade será eliminar as doenças genéticas em curto prazo, alterar e melhorar outras capacidades a médio prazo e, talvez, nos preparar para viver numa Terra mais quente, no espaço ou em outros planetas, a longo prazo. Com o tempo, dominar as ferramentas de manipulação genética de nós mesmos talvez venha a se tornar a maior inovação na história da nossa espécie, a chave para desbloquear um potencial inimaginável e um futuro inteiramente novo.

Mas isso não faz todo esse processo menos chocante.

À medida que essa revolução se desenrolar, nem todos ficarão confortáveis com as melhorias genéticas em decorrência de crenças religiosas, ideológicas ou preocupações com a segurança, sejam elas reais ou não. A vida não é apenas ciência e códigos. Envolve mistério, acaso e, para alguns, espírito.

Se a nossa espécie fosse ideologicamente uniforme, essa transformação já seria difícil. Em um mundo onde as diferenças de opinião e crença são tão vastas, e os níveis de desenvolvimento tão desiguais, existe o potencial para, se não formos cuidadosos, um cataclismo.

Temos que formular algumas questões realmente fundamentais e responder a elas. Usaremos essas poderosas tecnologias para expandir ou para limitar a nossa humanidade? Os benefícios dessa ciência serão apenas privilégio de alguns ou nós os usaremos para reduzir o sofrimento, respeitar a diversidade e promover a saúde e o bem-estar para todos? Quem tem o direito de tomar decisões individuais ou coletivas que poderiam impactar todo o gene humano? E que tipo de processo teremos que criar, talvez, para decidir coletivamente sobre a nossa futura trajetória evolutiva como uma ou possivelmente mais de uma espécie?

Não há respostas simples a nenhuma dessas perguntas, mas todo ser humano precisa fazer parte no processo de debatê-las. Cada um de nós deve se ver como o presidente Kennedy subindo à tribuna em Houston em 1962, preparando o nosso próprio discurso sobre o futuro da nossa espécie à luz da revolução genética e biotecnológica. Nossas respostas coletivas — lapidadas por nossos movimentos civis, conversas, organizações, estruturas políticas, instituições globais — determinarão, de várias formas, quem somos, o que valorizamos e o que faremos a seguir. Entretanto, para ser parte desse processo, todos temos uma necessidade urgente de aprender sobre essas questões.

— Senhor Metzl, é a sua vez — a recepcionista me chamou.

Balancei a cabeça e olhei para cima, ainda um pouco nervoso. Enquanto a porta para o corredor era aberta, levantei-me devagar, parei por um momento e, então, dei o primeiro passo.

Escrevi este livro para defender a ideia de que o modo — apesar de a revolução genética humana ser inevitável e se aproximar rapidamente — como essa revolução acontecerá não é *nem um pouco* inevitável e, de várias formas importantes, é de nossa responsabilidade. Para tomar as decisões coletivas certas pelo caminho a seguir, teremos que trazer o máximo de pessoas possível para o diálogo e para a compreensão do que está acontecendo e do que está em jogo. Este livro é o meu humilde esforço para iniciar esse processo.

A porta está aberta para todos nós. Gostando ou não, estamos todos marchando em direção a ela. Nosso futuro nos aguarda.

CAPÍTULO 1

Quando Darwin encontra Mendel

— Levante a mão quem está pensando em ter um filho daqui a mais de dez anos — pedi ao público de *millennials* agrupados na elegante sala de conferências em Washington, DC. Metade deles levantou a mão.

Eu gastara o meu latim por uns 45 minutos sobre como a revolução genética transformará a forma como nós fazemos bebês e, por fim, a natureza dos bebês que fazemos. Explicara por que acredito que é inevitável que nossa espécie adote e abrace nosso futuro geneticamente melhorado, por que isso era incrivelmente animador e, ao mesmo tempo, assustador, e o que eu achava que nós precisávamos fazer agora para tentar garantir a otimização dos benefícios e minimizar os danos das nossas tecnologias genéticas revolucionárias.

— Se você com a mão erguida é mulher, provavelmente deveria congelar seus óvulos. Se é homem, recomendo que congele seu esperma o mais cedo possível.

O público me olhou desconfiado.

— Não importa quão jovem e fértil você seja — continuei —, existe uma chance, nada insignificante, de você vir a conceber seus filhos em laboratório. Assim, é melhor que congele seus óvulos, ou seu esperma, agora, quando está no seu auge biológico.

Uma onda de apreensão atravessou o rosto daqueles jovens profissionais. Eu podia quase sentir o conflito se formando, pois me debatera por décadas com a mesma questão que parecia consterná-los:

como equilibrar a maravilha magnífica e a crueldade brutal da nossa própria biologia?

Todos nascemos por meio de um processo que parece nada menos que milagroso para então imediatamente começarmos nossa interminável e, em última análise, perdida batalha contra o tempo, contra as doenças e contra as intempéries. Temos uma forte atração pelo que consideramos natural, mas nossa espécie é definida pelos nossos esforços incansáveis de domar a natureza. Queremos que nossos filhos nasçam naturalmente saudáveis, mas quase não existem limites para quão longe os pais irão para desafiar a natureza e salvar os filhos de doenças.

Uma jovem de calça azul pediu a palavra.

— Você acabou de explicar para onde acha que a revolução genética está indo e como nós deveríamos nos preparar para ela. Mas e você? Alteraria os seus filhos geneticamente?

Atipicamente congelei. Vinha escrevendo e dando palestras sobre o futuro da reprodução humana por vários anos, mas, por incrível que pareça, aquela pergunta nunca aparecera de forma tão direta. Sem saber muito bem como responder à questão da jovem, olhei para cima, por um momento, para pensar.

A ciência da genética humana avançou tão depressa que todos ainda estamos nos esforçando para alcançá-la. Quando James Watson, Francis Crick, Rosalind Franklin e Maurice Wilkins identificaram a estrutura de dupla-hélice do DNA, em 1953, eles mostraram como o manual da vida é organizado em forma de escada espiral. Descobrir como sequenciar os genes — apenas um quarto de século depois — provou que o manual podia ser lido e cada vez mais compreendido. Então, desenvolver as ferramentas para modificar com precisão o genoma, algumas décadas mais tarde, permitiu aos cientistas escrever e reescrever o código da vida. Legível, editável, hackeável — os avanços da ciência ao longo do último meio século transformaram a biologia em outra forma de tecnologia da informação, e os humanos foram de seres indecifráveis a componentes *wetware** do nosso de software de código-fonte.

---

* Termo que descreve o elemento humano da tecnologia da informação. (N. E.)

Entender a nossa genética como um campo de TI nos levou a enxergar as variações genéticas e as mutações que causam doenças terríveis e aumentam o sofrimento como custos necessários para a diversidade evolutiva e, ao mesmo tempo, como bugs irritantes que interferem em qualquer computador. Continuando nessa metáfora, não deveríamos querer quaisquer atualizações de software que estivessem disponíveis para garantir que os nossos sistemas rodassem perfeitamente?

Senti meus pensamentos se aglutinarem. Meus olhos voltaram ao foco.

— Se fosse seguro e eu soubesse que poderia prevenir o sofrimento significativo do meu filho — falei, andando pelo palco —, eu faria. Se realmente acreditasse que poderia ajudar o meu filho a viver mais, com mais saúde e felicidade, eu faria. E, se fosse preciso dar ao meu filho capacidades especiais para que ele alcançasse sucesso em um mundo competitivo onde a maioria das pessoas tivesse essas capacidades, eu, pelo menos, consideraria seriamente. E você?

A mulher se remexeu na cadeira e afirmou:

— Compreendo o que você diz, mas algo sobre tudo isso não me parece natural.

— Vamos partir desse ponto de vista — respondi. — O que você quer dizer com *natural*?

— As coisas como elas são antes de serem modificadas pelos humanos, creio eu.

— Então, a agricultura é natural? Nós a desenvolvemos há apenas 12 mil anos.

— É e não é. — Ela agora se mostrava cautelosa; começava a perceber que a natureza era um conceito muito vago para se apegar como argumento.

— Milho orgânico é natural? Há 9 mil anos seria impossível encontrar qualquer coisa parecida com o milho de hoje. Você encontraria uma erva daninha chamada *teosinto* com alguns gomos patéticos pendurados. Adicione um milênio de modificação genética humana ativa, e você terá uma bela e amarela espiga gigante enfeitando nossa mesa de jantar atual. Muitas das frutas e de outros vegetais que comemos, até os orgânicos que você compra em lojas de produtos integrais, são de várias formas criações humanas vindas da seleção consciente de espécimes ao longo de milênios. Elas são naturais?

— Essa é uma área nebulosa — ela admitiu, ainda se agarrando ao seu conceito original de natureza.

— Seríamos mais naturais se vivêssemos em sociedades de caçadores-coletores como as dos nossos ancestrais?

— Provavelmente.

Eu não queria continuar discutindo, mas precisava montar um argumento essencial.

— Você gostaria de viver assim?

Ela esboçou um sorriso maroto.

— Teria serviço de quarto?

— Digamos que você, hospedada num hotel de luxo, seja acometida por uma terrível infecção bacteriana — prossegui. — Você gostaria de ser tratada como os nossos ancestrais, dezenas de milhares de anos atrás, com encantamentos e amoras ou preferiria tomar antibióticos que poderiam salvar a sua vida?

— Eu escolheria os antibióticos.

— É natural?

— Entendi.

Olhei para os demais na plateia.

— Todos temos um conceito subconsciente do que é natural, mas muito do que achamos ser natural não o é nem um pouco. Talvez seja o que nos era familiar nos primórdios, mas nós, humanos, temos alterado agressivamente o nosso mundo por milênios. E, se temos feito o serviço de alteração biológica e de outros sistemas ao nosso redor por tanto tempo, devemos pensar na biologia que herdamos dos nossos pais como sendo o nosso destino? Temos o direito ou mesmo a obrigação de trabalhar para remover os bugs e erros de codificação no hardware do nosso corpo e no dos nossos filhos?

O público se contorceu.

— Quem de vocês, sabendo de uma doença terrível do seu futuro filho que poderia matá-lo, estaria disposto a submetê-lo a uma cirurgia para salvar-lhe a vida? — continuei pressionando.

Todas as mãos se ergueram.

QUANDO DARWIN ENCONTRA MENDEL

— Se você, antes disso, pudesse prevenir que o seu filho tivesse essa doença, você preveniria?

As mãos continuaram levantadas.

— Mantenham as mãos levantadas os que estariam dispostos a fazer isso por meio de fertilização *in vitro* e triagem embrionária para garantir que não haveria risco para o seu futuro filho.

Mãos levantadas ainda.

— E que tal fazer uma pequena mudança nos genes do seu filho de forma segura quando ele for apenas um embrião pré-implantado?

Algumas mãos baixaram.

Eu me virei para um dos rapazes cujas mãos haviam descido, um garotão de 20 e poucos anos.

— Pode me dizer por quê?

— Quem somos nós para começar a projetar os nossos filhos? — ele disse. — Parece muito perigoso. Assim que começarmos, aonde vamos parar? Poderíamos acabar com Frankensteins. Isso me deixa tenso.

— Esse é um argumento válido. Deveria *mesmo* deixar você tenso. Deveria deixar todos nós tensos. No entanto, se você não estiver sentindo uma mistura de animação e medo é porque não está entendendo direito. As tecnologias genéticas nos permitirão fazer coisas incríveis que reduzirão o sofrimento humano e liberarão potenciais que mal conseguimos imaginar. Novas versões de nós, *Homo sapiens* 2.0 e além, usarão essas novas capacidades para inventar novas tecnologias, explorar novos mundos, criar arte fenomenal e experimentar emoções em um espectro cada vez mais amplo. Se nós, porém, não fizermos isso do jeito certo, as mesmas tecnologias poderão dividir sociedades, criar hierarquias opressivas entre indivíduos melhorados e não melhorados, desrespeitar a diversidade, guiar-nos a uma desvalorização e precificação da vida humana e até causar conflitos nacionais e internacionais.

— Então, quem determina qual caminho tomar? — outra mulher indagou.

— Essa será a pergunta mais importante e com maior consequência que nós, individual e coletivamente, faremos pelos próximos muitos anos que virão — afirmei. — O modo como responderemos determinará quem e o que nós somos, aonde iremos e onde poderemos viver, e o que é possível para nós como pessoas e como espécie.

A audiência se acomodou melhor nos seus assentos. Eu podia sentir a ansiedade aumentando na sala.

— Nós seremos os responsáveis por descobrir para onde ir com tudo isso. É por esse motivo que estou falando com vocês. A nossa espécie como um todo tomará decisões monumentais sobre o nosso futuro genético nos próximos anos. Algumas dessas decisões, como aprovação de legislação, acontecerão no nível da sociedade. Mas várias escolhas realmente importantes serão tomadas individualmente. Por exemplo: cada um de nós descobrindo se quer mesmo fazer um bebê. Cada indivíduo ou casal não sentirá que está decidindo o futuro da nossa espécie, mas coletivamente é o que estaremos fazendo.

Aquela familiar mistura de terror, admiração e confusão que passei a esperar das minhas palestras começou a se espalhar pela sala.

Então, como sempre, as mãos começaram a subir. Como os alunos do 7º ano com quem eu falara em Nova Jersey, os pensadores pesos-pesados como os do Google Zeitgeist, Tech Open Air e South by Southwest, os especialistas da Academia de Ciências de Nova York, os estudantes de direito de Stanford e Harvard, os cientistas, acadêmicos e empresários em conferências pelo mundo, a plateia começou a entender e internalizar a incrível responsabilidade que este momento histórico colocou sobre cada um de nós.

Trata-se de uma responsabilidade que vem em um grande ponto de inflexão na nossa história como espécie, quando a nossa biologia e a tecnologia estão em interseção como nunca antes, subvertendo algumas das nossas práticas e tradições mais sagradas. Como as outras plateias, os jovens de Washington começavam a compreender que o futuro do aprimoramento genético humano não tinha apenas a ver com fazer algumas pequenas mudanças nos nossos genes e nos dos nossos filhos, mas com criar um novo, e bem diferente, destino para a nossa espécie.

Todavia, para entender aonde estamos indo, primeiro temos que dar um passo para trás e saber de onde viemos.

QUANDO DARWIN ENCONTRA MENDEL

Nos primeiros 2,5 bilhões de anos de vida na Terra, nossos ancestrais unicelulares se reproduziram por clonagem*. Uma bactéria, por exemplo, se dividia em duas bactérias separadas com a mesma genética, e então o processo começava novamente. Essa foi uma ótima forma de fazer as coisas, porque não seria preciso desperdiçar tempo ou energia procurando um companheiro. Só era necessário encontrar alimento, dividir-se, e a linhagem poderia continuar. O lado ruim era que a reprodução pelo processo de clonagem criava muita consistência genética entre os organismos unicelulares de uma certa comunidade, o que limitava as opções disponíveis para a seleção natural comparado ao que viria depois.

Essa consistência, no entanto, não era completa. As bactérias evoluíram para capturar genes de outras bactérias usando arpões microscópicos que chamamos de *pili*.[1] Ainda assim, enquanto a reprodução por clonagem ajudava as bactérias a passar adiante mutações benéficas, também deixava colônias inteiras abertas ao perigo, como o surgimento de vírus predadores, já que a bactéria clonada possuía muitas das mesmas inadequações nos seus mecanismos de defesa. A reprodução sexuada mudou isso de uma forma importante.

Cópias exatas na biologia são raramente perfeitas. Apesar de ser impossível apontar para o momento exato, o registro fóssil sugere que, por volta de 1,2 bilhão de anos atrás, um desses organismos desenvolveu uma estranha mutação. Em vez de apenas copiar ou agarrar um pouco de material genético de outros microrganismos, ele, de alguma forma, ligou-se a outros micróbios para criar uma prole combinando o DNA de ambos os pais — *et voilà*, o sexo nasceu, aumentando drasticamente as possibilidades evolutivas.

Era necessário mais energia para encontrar um parceiro do que para clonar-se — por definição não existiam outros pretendentes com os quais competir. Aqueles à procura de parceiros ideais tiveram que desenvolver novas e cada vez melhores capacidades para atrair parceiros perfeitos e lutar com os competidores, mas, assim que o parceiro

---

* Cerca de 3,5 bilhões de anos atrás, o primeiro micróbio unicelular se dividiu em dois ramos: bactéria e arquea.

era assegurado, o indivíduo se via capaz de misturar o seu material genético de uma forma mais completa e arbitrária por meio da procriação — uma grande vantagem.

Organismos que se reproduziam sexuadamente tinham mais perdedores genéticos do que seus ancestrais clonais, mas também possuíam um potencial muito maior para fazer evoluir os vencedores genéticos. Com tantos modelos diferentes de organismos sexuadamente reprodutivos sendo gerados continuamente, as espécies que se reproduziam sexuadamente foram capazes de se adaptar mais rápido às mudanças no ambiente, proteger-se melhor contra invasores, encontrar comida e acelerar o processo de evolução. Como ocorreu com um desses organismos, toda a nossa história evolutiva é feita de mutações genéticas e variações muitas vezes aleatórias, criando uma infinidade de novas características que se espalharam pela nossa espécie. Armados com essas diferenças, nossos ancestrais competiram por vantagens uns com os outros e com o ambiente à nossa volta no processo que Darwin chamou de *seleção natural*.

Com o tempo, o processo do sexo em si enfrentou pressões evolutivas às quais diferentes criaturas reagiram de formas distintas. Algumas espécies, como o salmão de hoje, liberaram o máximo de óvulos possível no mundo com a esperança de que alguns deles encontrassem o esperma. Liberar milhares de óvulos em buracos no fundo de rios aumentou as chances de que pelo menos alguns fossem fertilizadas por esperma, mas essa abordagem também elimina a possibilidade de criar os descendentes. Não importa o que você pense dos seus pais, a criação dos filhos confere enormes vantagens evolutivas.

Em vez de liberarem uma enorme quantidade de óvulos no ambiente, outros organismos — incluindo nossos ancestrais mais recentes — os mantiveram dentro das fêmeas até que a fertilização gerasse embriões no interior dos corpos. Se o sexo fosse um jogo de roleta, seria o equivalente a dizer que criaturas como o salmão colocaram suas fichas em todos os números, mas criaturas como nós apostaram suas fichas em um único. Ao produzirem uma prole menor que a de outros mamíferos e mantê-la mais perto de casa, nossos ancestrais investiram mais na criação de seus filhos, o que significa que nossos descendentes puderam ter habilidades muito superiores que as de um salmão criado sozinho.

A reprodução sexuada potencializou a diversidade, criando uma corrida armamentista evolutiva contínua. Quando os salmões venceram, eles se reproduziram em grande número, mas não conseguiram, por definição, fazer nada para criar seus filhos, que já haviam partido fazia muito tempo. Por outro lado, nós protegemos nossos bebês indefesos depois do nascimento, permitindo que seu cérebro continuasse a crescer e nutrindo-os para prover novas habilidades. Nossa natureza propiciou a possibilidade evolutiva para a criação de filhotes. Quando nós vencemos, construímos civilizações.

O desejo sexual garantiu que nossos ancestrais continuassem a se reproduzir sexuadamente mesmo que eles não compreendessem o que, pelo menos em um nível técnico, estava acontecendo. As primeiras civilizações atribuíam a magia da reprodução aos deuses, mas nosso cérebro inerentemente curioso era programado para continuar a procurar um entendimento mais profundo do mundo à nossa volta. Por milênios, a compreensão da nossa biologia passou por um progresso muito lento, mas nosso conhecimento se expandiu consideravelmente com o advento das filosofias e das ferramentas criadas durante a Revolução Científica.

Naquela madrugada de 1677, o inventor holandês Antonie van Leeuwenhoek pulou da cama. Inventor de um microscópio muito melhor do que os anteriores, ele já havia, sozinho, espiado profundamente dentro dos nossos fluidos corporais como sangue, saliva e lágrimas. Dessa vez, no entanto, ele chamou a esposa. Depois de um encontro sexual, Van Leeuwenhoek colocou um pouco da sua ejaculação sob o microscópio e ficou maravilhado ao ver os "vermes seminais" se debatendo "como enguias nadando na água"[2]. Mas que papel teriam, ele imaginou, aqueles pequenos vermes contorcionistas?

Uma visão proeminente na Europa daquela época, originada dos gregos antigos, era de que o sêmen continha um homúnculo, um nome dado a pequenas pessoas esperando para crescer. O corpo feminino, de acordo com essa hipótese, era como o solo no qual uma semente cresce. Uma crença alternativa era que os óvulos, femininos, continham pequenos *eus*, cujo crescimento era catalisado pelo sêmen, masculino. Um terceiro grupo de indivíduos, considerados os mais obtusos, acreditava que a vida era gerada espontaneamente, como moscas surgindo ao redor de carne podre.

No século XVIII, o brilhante padre católico italiano e estudioso Lazzaro "Magnífico" Spallanzani elaborou um experimento engenhoso para testar a sua hipótese sobre a procriação. Costurando pequenas calças para sapos, ele tornou impossível para os sapos machos passarem seus "fluidos" para as fêmeas. Todo jovem aprende isso em aulas de educação sexual hoje, mas no século XVIII era uma grande novidade descobrir que as fêmeas de sapo não podiam engravidar quando o esperma do macho era filtrado pelas calças. Quando Spallanzani inseminou artificialmente as fêmeas com o esperma dos sapos, elas engravidaram. Assim ficou claro que o esperma era um componente essencial do sêmen necessário para emprenhar as fêmeas[3]. Magnífico! Levou mais um século para que os cientistas descobrissem que as células sexuais de ambos, machos e fêmeas, contribuem igualmente para a fertilização dos óvulos.

Desenho do homúnculo feito pelo físico holandês Nicolas Hartsoeker em 1694.

Aprender mais sobre como os seres humanos são feitos então fundiu-se com outra percepção que os nossos ancestrais intuitivamente tiveram, mas nunca compreenderam completamente — a ciência da hereditariedade.

Durante milênios, nossos ancestrais devem ter tido uma ideia sobre o funcionamento da hereditariedade. Sempre que um homem alto e uma mulher alta tinham um filho alto, eles recebiam uma dica. Quando um homem alto e uma mulher alta tinham uma criança baixa, eles deviam se sentir confusos e, talvez, o homem chegasse a ficar desconfiado do casanova baixinho que morava na caverna ao lado. Nossos ancestrais usavam desse conhecimento limitado da hereditariedade para começar a moldar o mundo à sua volta.

Nossos ancestrais caçadores-coletores nômades, por exemplo, começaram a perceber que alguns dos lobos que fuçavam seu lixo eram mais amigáveis que outros. Começando por volta de 15 mil anos atrás, provavelmente na Ásia Central, eles passaram a cruzar esses lobos amigáveis uns com os outros, eventualmente criando os cães. Se não tivesse sido alterado pelos humanos, a natureza sozinha provavelmente não teria transformado o imponente lobo em um chihuahua irritante, mas nossos ancestrais impulsionaram a criação de uma subespécie inteiramente nova.

O mesmo processo de domesticação humana também transformou as plantas. Depois que a vasta camada de gelo desapareceu, quase 12 mil anos atrás, nossos ancestrais começaram a replantar vegetais particularmente úteis que eles haviam colhido da natureza selvagem[4]. Bem antes de a Monsanto criar as sementes transgênicas, nossos ancestrais humanos perceberam que algumas plantas em particular faziam algo diferente e mais desejável do que outras que estavam sendo cultivadas. Eles descobriram que, se plantassem sementes dessas plantas, a próxima geração faria mais vezes a mesma coisa boa. Com o correr dos milênios, esse processo de cruzamento seletivo passou a ser utilizado para transformar as plantas silvestres naquilo que nós conhecemos hoje como trigo, cevada e ervilhas do Oriente Médio, arroz e painço da China, e abóbora e milho do México. Conforme os humanos pelo mundo descobriam como fazer o plantio sozinhos ou eram expostos a sementes e plantações cultivadas por outros, nossa espécie continuou a questionar cada vez mais a natureza da hereditariedade.

Nossos ancestrais sabiam como passar adiante as características hereditárias, mas não conseguiam compreender como elas funcionavam. Por milênios, grandes pensadores como Hipócrates e Aristóteles na Grécia antiga, Charaka na Índia, Abu al-Qasim al-Zahrawi e Judah

Halevi na Espanha muçulmana criaram hipóteses sobre a hereditariedade humana, mas nenhum deles acertou.

Em 1831, um explorador inglês com enorme curiosidade deu um jeito de participar de uma viagem de pesquisa de cinco anos para desbravar a costa da África, América do Sul, Austrália e Nova Zelândia. Com um olho para os detalhes, Charles Darwin estudou esses ambientes com cuidado, coletando um grande número de espécimes e tomando notas meticulosas dos seus resultados. Ao retornar à Inglaterra, em 1836, ele passou os 23 anos seguintes matutando obsessivamente sobre suas descobertas e juntando as peças para a construção de uma hipótese poderosa sobre como os organismos evoluíam. Darwin reconheceu que sua teoria chocaria a moralidade cristã, por isso queria garantir estar certo antes de publicar o seu trabalho. Quando descobriu que um concorrente com ideias perigosamente próximas às suas estava pronto para ir a público, Darwin finalmente publicou o seu *Da origem das espécies por meio da seleção natural*, em 1859.

Na sua obra-prima, Darwin descreveu a sua teoria de que toda a vida está relacionada e que as espécies evoluem porque pequenas mudanças hereditárias competem em um processo chamado *seleção natural*. Com o tempo, a espécie com características que garantem vantagens específicas em um dado ambiente tem sucesso e se reproduz mais do que aquelas com configurações menos vantajosas. Se o ambiente muda, as características diferentes encontram diferentes pressões seletivas num processo sem fim de evolução. Uma característica extremamente vantajosa em um ambiente talvez se torne uma fraqueza em outro, e vice-versa. Darwin acertou na mosca com sua teoria da evolução, mas ele sabia pouco sobre como a hereditariedade realmente funcionava em um nível molecular. Foi preciso outro gênio para desvendar esse mistério.

Na época em que o grande trabalho de Darwin foi publicado, Gregor Mendel, um obscuro frade agostiniano, vinha usando seu tempo livre, sua mente analítica e sua meticulosa manutenção de registros para descobrir como as características eram passadas adiante pelas gerações.

Brilhante filho de pais camponeses, Mendel ingressou no Mosteiro Agostiniano de Santo Tomás em Bruno (na atual República

Checa) em 1843, onde ele de imediato se interessou ativamente pelo trabalho que já vinha sendo realizado por outros monges para entender melhor como as características eram transmitidas em ovelhas. Reconhecendo as habilidades de Mendel, o abade enviou o jovem Gregor para estudar física, química e zoologia na Universidade de Viena. Ao retornar dos seus estudos, Mendel convenceu o seu abade a dar-lhe autonomia para desenvolver experimentos cada vez mais ambiciosos. Assim, Mendel cruzou mais de 10 mil pés de ervilha de 22 variedades, entre 1856 e 1863, e registrou meticulosamente como várias características eram passadas das plantas-mãe para a prole e, desse modo, deduziu por tentativa e erro as leis da hereditariedade, muitas das quais vigoram ainda hoje.

Primeiro, Mendel confirmou, cada característica hereditária é definida por um par de genes, com um gene provido de cada um dos pais. Segundo, cada característica é determinada independentemente das demais pelos dois genes responsáveis por aquela característica. Terceiro, se um par de genes tiver dois genes diferentes para a mesma característica, uma forma desses genes sempre será dominante. Mendel publicou suas descobertas revolucionárias no seu estudo seminal de 1866, "Experimentos na hibridização de plantas", e então... nada aconteceu. Poucos cientistas sabiam sobre o artigo, que originalmente fora publicado em um pequeno folheto: *Proceedings of the Natural History Society of Brünn*. O incrível trabalho de Mendel, pelo menos por ora, passou despercebido.

No entanto, quando outros cientistas começaram a explorar a natureza da hereditariedade em 1900, eles se depararam com cópias do grande trabalho de Mendel e, assim, a semente da Era Genética foi replantada. Dez anos depois, o biólogo americano Thomas Hunt Morgan provou que os genes descritos por Mendel eram organizados em estruturas moleculares chamadas *cromossomos*. Com o passar das décadas, os cientistas mostraram como a genética funcionava em vários organismos diferentes. A genética mendeliana se tornou o veículo de sustentação de toda a vida. Combinada com a evolução de Darwin, ela proveu as chaves essencialmente necessárias para abrir a porta e então transformar toda a biologia, incluindo a nossa.

HACKEANDO DARWIN

* * *

Todo código genético é feito de longas cadeias de ácido desoxirribonucleico, ou DNA, que fornecem instruções para as células produzirem proteína. Espécies que se reproduzem sexuadamente como a nossa têm dois pares de cadeias de DNA no núcleo de quase todas as células (nossos glóbulos vermelhos não têm núcleo), um proveniente da nossa mãe e o outro do nosso pai. Se fôssemos um bolo, cada um dos nossos pais teria contribuído com metade dos ingredientes.

Mas, em vez de ser composto de farinha, açúcar e fermento, o nosso DNA é feito de quatro tipos de moléculas chamadas *nucleotídeos*. Essas "bases" de nucleotídeos são a *guanina*, a *adenina*, a *timina* e a *citosina*, mas são mais comumente identificadas pela letra inicial de cada uma: G, A, T ou C. Os *Gs, As, Ts* e *Cs* são emendados como trilhos em duas linhas paralelas que se tocam. A ordem dos trilhos, a sequência de DNA que chamamos de *genes*, cria um grupo específico de instruções entregues pelos mensageiros chamados *ácidos ribonucleicos*, ou RNAs, às células para produzir as proteínas. As proteínas são os verdadeiros agentes nas nossas células que realizam qualquer tarefa que lhes é atribuída — como virar um tipo específico de célula, estruturar e regular os nossos tecidos e órgãos, transportar oxigênio, gerar reações bioquímicas e crescer.

Nossos genes humanos são então normalmente empacotados em 23 pares de filamentos de DNA nas nossas células — nossos cromossomos — com cada cromossomo dirigindo um conjunto de funções específicas no nosso organismo. Humanos têm cerca de 21 mil genes e 3,2 bilhões de pares de base — pontos no genoma, o conjunto completo de genes nos nossos corpos —, onde *Gs* formam pares com *Cs*, e *As* com *Ts*.

Os genes que mais nos impactam são os que dão instruções às nossas células para criar proteínas, mas quase 99% do DNA não codifica para proteínas. Esses genes não codificantes costumavam ser chamados de DNA *lixo*, porque os cientistas pensavam que eles não tinham nenhuma função biológica significativa. Hoje, podemos pensar nos genes não codificantes como os jogadores de futebol no banco de reserva encorajando seus colegas em campo. Esses genes não codificantes têm um papel importante na direção da criação de certas moléculas de RNA

34

que transportam instruções dos nossos genes fora do núcleo e na regulação de como os genes codificantes de proteína se expressam.

Cada uma das nossas células que têm um núcleo possui o diagrama para todo o nosso corpo, mas o resultado seria caótico se cada uma delas estivesse tentando criar um corpo todo. Em vez disso, o nosso DNA genético é regulado por um processo chamado *epigenética* para determinar quais genes são expressos. Uma célula de pele, por exemplo, contém o projeto das células do fígado e de todos os outros tipos de células, mas as "marcas" epigenéticas dizem para a célula de pele que produza pele. Na nossa analogia do time de futebol, cada jogador conhece o plano de jogo completo, mas precisa apenas cumprir a sua função específica[5].

É por isso que a célula única do nosso óvulo fertilizado original consegue se transformar em um ser tão complexo como nós. Essa primeira célula contém as instruções para gerar todos os tipos diferentes de células. Essas células, então, começam a se especializar de formas diversas para realizar funções específicas. No entanto, as células especializadas não são atores independentes, mas partes diferenciadas de um ecossistema celular interconectado. E, assim como os nossos órgãos colaboram uns com os outros dentro do sistema do nosso corpo, nossos genes influenciam uns aos outros dentro do nosso genoma. Essa perspectiva pode nos levar a enxergar nossos genes não apenas como planejamentos, mas também como as partes móveis dentro desses planejamentos.

Tudo isso parece muito complicado, e é mesmo. É por esse motivo que foram necessárias centenas de anos para que se entendesse como esse sistema funciona, e nós ainda estamos apenas no começo. Ainda assim, ter a receita em mãos e entender a linguagem das instruções e a natureza dos ingredientes já é um bom começo para fazer um bolo. Uma vez que os cientistas reconheceram que os genes eram o alfabeto na linguagem da vida, ainda precisavam descobrir o que as letras diziam para poder ler o livro. A dupla-hélice do DNA era o manual feito de letras, mas o que as letras estavam dizendo?

Ler o genoma humano de uma forma significativa era muito mais difícil para os seres humanos sozinhos, mas não, em última análise, para os humanos combinados com máquinas. Em meados de 1970, os cientistas Frederick Sanger e Alan Coulson, de Cambridge, inventaram uma forma engenhosa de fazer uma corrente elétrica percorrer um gel que quebrava o genoma de uma célula; eles então coloriram os fragmentos e organizaram os diferentes nucleotídeos com base no comprimento de cada um. A primeira geração do processo de sequenciamento do genoma foi lenta e cara, mas também um passo gigantesco à frente.

Ao descobrirem como automatizar esse processo e melhorar a leitura dos feixes de luz que passavam pelas "letras" do DNA, pesquisadores como Lee Hood e Lloyd Smith aumentaram de forma significativa a velocidade e a eficiência do sequenciamento do genoma e, assim, criaram a fundação para outro grande passo à frente. Quando, em 1988, os Institutos Nacionais da Saúde americanos lançaram uma grande iniciativa para acelerar o desenvolvimento da próxima geração dessas máquinas de sequenciamento de DNA, o cenário estava pronto para iniciativas ainda mais ambiciosas para sequenciar o genoma por completo[6].

O Projeto Genoma Humano, um esforço internacional audacioso liderado pelos EUA para sequenciar e mapear o primeiro genoma humano, começou em 1990, custou 2,7 bilhões de dólares e levou 13 anos para ser completado, o que aconteceu em 2003. Nessa mesma época, uma empresa privada liderada pelo cientista empreendedor Craig Venter havia criado uma abordagem alternativa pioneira para o sequenciamento do genoma humano menos abrangente, mas muito mais rápida que aquela impetrada pelo esforço governamental. Juntas, essas iniciativas foram um salto gigantesco para a raça humana, e, desde então, temos avançado. Mais recentemente, a abertura de empresas como a Illumina, localizada em San Diego, e a chinesa BGI-Shenzhen transformou o sequenciamento do genoma em uma indústria global competitiva, em rápido crescimento e multibilionária. A nova geração de sequenciadores de nanoporos, que carregam o DNA eletricamente por pequenos orifícios em proteína para que o seu conteúdo seja lido, tem o potencial de revolucionar ainda mais o sequenciamento genético[7].

À medida que a tecnologia foi se tornando mais precisa e poderosa, os custos passaram a cair drasticamente. O gráfico a seguir dá uma

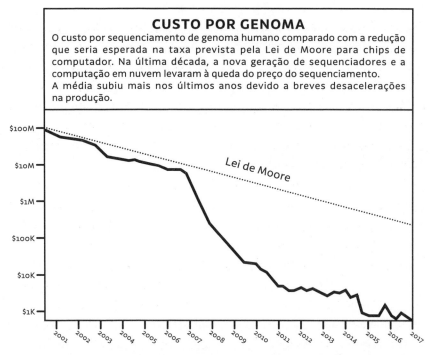

Fonte: "The Cost of Sequencing a Human Genome", NIH. Última modificação: 6 jul. 2016. Disponível em: <https://www.genome.gov/27565109/the-cost-of-sequencing-a-human-genome/>.

indicação do quão rápido o custo para o sequenciamento do genoma caiu na última década e meia.

Hoje, sequenciar um genoma completo leva cerca de um dia e custa aproximadamente mil dólares. O CEO da Illumina, Francis deSouza, anunciou no começo de 2017 que a companhia esperava ser capaz de sequenciar um genoma por cerca de 100 dólares no futuro próximo. Com o custo do sequenciamento diminuindo para o dos materiais necessários e o sequenciamento do genoma se tornando comercializável, mais dados estarão disponíveis por um preço mais baixo. Porque a genômica é o maior desafio na ciência de *big data*, correntes de dados maiores e mais baratos serão a fundação para maiores descobertas.

Mas, mesmo que o sequenciamento fosse inteiramente onipresente, comercializado e gratuito, não significaria nada a não ser que os cientistas pudessem entender o que os genomas estão falando.

Se um marciano viesse à Terra querendo aprender como os humanos organizam a informação, ele precisaria entender que nós temos coisas chamadas livros. Então ele teria de entender que nesses livros há páginas cheias de palavras, formadas por letras. Isso é o equivalente ao que obtemos quando identificamos que o DNA é organizado em genes embalados em cromossomos, que codificam proteínas, que instruem as células sobre o que fazer. Se o marciano então quisesse entender o que estava escrito nos livros, teria que compreender o significado das palavras e como lê-las. Do mesmo modo, uma vez que os cientistas descobriram o básico de como os genes eram organizados, eles ainda precisavam entender o que cada gene realmente fazia.

A boa notícia é que eles tinham um número crescente de truques na manga. À medida que os pesquisadores sequenciavam mais genes de minhocas, moscas, ratos e outros "modelos de organismos" relativamente simples, usados para ajudar a entender melhor o processo biológico mais geral, eles tentavam correlacionar as diferenças entre tipos similares de organismos e as diferenças nos seus genes. Assim que eles formavam uma hipótese, cruzavam organismos com a mesma mutação genética para ver se os resultados eram expressos nas características da sua prole. Por fim, os cientistas foram capazes de ligar e desligar diferentes genes em animais vivos para observar os resultados nas mudanças das suas características específicas. Eles usaram ferramentas de computação avançadas para analisar as interações entre vários genes e fizeram estudos de associação mais amplos para examinar agrupamentos de dados genéticos cada vez maiores.

Entender os agrupamentos de dados genéticos já seria difícil o bastante se toda a biologia fosse baseada apenas na expressão dos genes, mas o problema é significativamente mais complicado. O próprio genoma é um ecossistema tão incrivelmente complexo que interage com outros sistemas complexos dentro do organismo e com o ambiente em mutação à sua volta. Apenas uma pequena porcentagem das características e doenças resulta da expressão de genes únicos — a maioria vem de grupos de genes trabalhando e interagindo juntos com o ambiente mais amplo.

Ninguém sabe o número exato, mas estima-se que centenas ou até milhares de genes desempenham um papel na determinação de características complexas como inteligência, altura e tipo de personalidade. Esses genes não agem sozinhos. O ácido ribonucleico, ou RNA, que era considerado apenas um mensageiro entre o DNA e o maquinário produtor de proteínas das células, hoje é considerado como tendo um papel importante na expressão dos genes. As marcas epigenéticas ajudam a determinar como os genes são expressos. Entender como esses processos simultâneos influenciavam as características genéticas complexas era difícil demais na primeira fase da pesquisa genética, mas descobrir a porcentagem relativamente pequena de características e doenças causadas por mutações em genes únicos era mais viável.

Fibrose cística, doença de Huntington, distrofia muscular, anemia falciforme, doença de Tay-Sachs são exemplos de males causados por mutação monogênica, também conhecidos como *doenças mendelianas* por seguirem claramente as regras de hereditariedade de Mendel. Algumas dessas desordens são chamadas de *dominantes*, porque uma criança precisará herdar apenas uma cópia da mutação de um dos pais para ter a doença. Para desordens recessivas, como Tay-Sachs, a criança precisaria herdar a mutação de ambos os pais para estar em risco. (Em alguns casos raros, pessoas com essas mutações não são afetadas pela doença, muito provavelmente por causa do contraposição de outros genes.) De aproximadamente 25 mil doenças mendelianas que foram identificadas até agora, cerca de 5 mil são conhecidas bem o suficiente para corresponder a uma relação direta entre o gene e sua doença resultante[8]. Só existem tratamentos, hoje, para cerca de 5% dessas doenças.

Essas doenças mendelianas são muito raras. Apenas uma em cada 30 mil pessoas, por exemplo, nasce nos Estados Unidos com fibrose cística; uma em 10 mil herda a doença de Huntington; e um em cada 7.250 homens herda a distrofia muscular de Duchenne. Um em cada 365 afro-americanos nasce com anemia falciforme, que é uma doença mais proeminente entre grupos cujos ancestrais viveram em áreas altamente afetadas por malária. Outras doenças mendelianas podem ser uma em

HACKEANDO DARWIN

milhões ou dezenas de milhões[9]*. Muitas causam sofrimento terrível e morte prematura. Elas são tão raras que há pouco investimento para a descoberta de sua cura, diferentemente do que ocorre com outros males mais comuns, como câncer ou doenças cardíacas e pulmonares, que afetam segmentos da população com mais voz e poder político. Apesar de novas pesquisas sugerirem que variantes dos genes mendelianos talvez desempenhem um papel maior em doenças mais comuns como câncer de próstata metastático, essas descobertas preliminares até agora não foram capazes de mudar a estrutura de incentivo[10].

Com tantas doenças genéticas raras recebendo pouca atenção e poucos dos recursos necessários para desenvolver curas, pais e comunidades em risco começaram a procurar por conta própria formas de proteger seus futuros filhos.

Crianças nascidas com Tay-Sachs, uma doença genética resultante de uma única mutação genética no cromossomo 15, muitas vezes parecem normais ao nascer, mas a destruição do sistema nervoso começa logo depois. Por volta de 2 anos de idade, a maioria delas sofre com convulsões terríveis e um declínio da capacidade mental. Muitas ficam cegas e não respondem a estímulos. A maior parte morre em agonia antes dos 5 anos. Cerca de um em cada 27 judeus asquenazes carrega a mutação causadora de Tay-Sachs, e centenas de judeus pelo mundo morreram a cada ano por causa da doença. Hoje, quase não existem casos registrados, um milagre da ciência e da organização social.

Depois que os cientistas identificaram, em 1969, a enzima associada aos portadores da Tay-Sachs, um exame de sangue foi desenvolvido para determinar o status de portador entre os possíveis pais — e as

---

* Um pequeno número de estudos recentes sugere que as mutações que colocam pessoas sob o risco de doenças mendelianas estão presentes em cerca de 15% da população. Se for esse o caso, nossa avaliação do risco que essas mutações representam poderia também aumentar os incentivos financeiros para o melhor entendimento e possível tratamento. Como humanos geram dezenas de novas mutações ao produzir seus óvulos e esperma, também é possível, apesar de menos provável, que doenças mendelianas possam se desenvolver em filhos cujos pais não são portadores da mutação.

QUANDO DARWIN ENCONTRA MENDEL

comunidades judaicas de todo o mundo entraram em ação a partir daí. Os centros de comunidades judaicas e sinagogas nos Estados Unidos, no Canadá, na Europa, em Israel e em outros lugares começaram a realizar exames. Casais em que ambos os futuros pais eram portadores do gene foram aconselhados a adotar ou a fazer o teste logo após a gravidez. As mães que carregavam os embriões portadores da doença quase sempre escolhiam interromper a gestação — uma escolha difícil, mas talvez menos dolorosa do que assistir ao seu futuro filho morrer por causa da doença. A comunidade judaica ortodoxa empoderou casamenteiros a testar geneticamente seus candidatos a matrimônio e não unir casais portadores.

Com o advento do sequenciamento genético, a mutação genética responsável pela Tay-Sachs foi identificada em 1985, e múltiplas mutações do gene responsável foram identificadas desde então. A Tay-Sachs é agora uma doença raríssima entre as populações judaicas.

À luz dos benefícios comprovados da triagem genética para Tay-Sachs, alguns pesquisadores e legisladores estão agora pedindo pelo que eles chamam de "teste amplo de portadores", para avaliar se outras categorias de possíveis pais têm o potencial de passar doenças mendelianas adiante e, assim, arriscar a saúde dos seus filhos[11].

O sequenciamento do genoma e a dosagem bioquímica de enzimas foram descobertas monumentais que ajudaram a prevenir a transmissão de doenças genéticas relativamente simples como Tay-Sachs, mas a análise genética sozinha não poderia mudar a forma como humanos fazem bebês a não ser que fosse combinada com um método palatável para aplicar esse conhecimento. A combinação da revolução da fertilização *in vitro*, ou FIV, com a triagem embrionária criou um mecanismo no qual a análise genética poderia transformar fundamentalmente a produção de bebês humanos. Essas revoluções já eram esperadas havia muito tempo.

Ao estudar os óvulos de coelho em 1878, mais de um século depois dos experimentos de Spallanzani com o preservativo para sapos, o embriologista vienense Samuel Leopold Schenk — que, coincidentemente, estudou na Universidade de Viena na mesma época de Gregor Mendel

— descobriu que, quando ele adicionava esperma aos óvulos isolados em uma placa de cultura de vidro, os óvulos começavam a se dividir. Esses foram os primeiros anos do entendimento do processo de reprodução, mas Schenk deduziu corretamente que os óvulos estavam sendo fertilizados. O fato de que os óvulos daquele mamífero podiam ser fertilizados em placas de cultura sugeriu que esses óvulos poderiam ser implantados na mãe para gestação. Em teoria, sim; mas na prática, ainda não. Levaria mais oitenta anos até que o cientista americano M.C. Chang pudesse engravidar com sucesso uma coelha com um óvulo fertilizado em placa de cultura de vidro (in vitro). Apesar disso, fazer um coelhinho ainda estava bem distante de produzir um bebê humano.

Em um encontro histórico na Real Sociedade de Medicina em Londres, em 1968, o pesquisador biomédico Robert Edwards, um dos maiores especialistas mundiais em desenvolvimento de embriões humanos, abordou o principal desenvolvedor do processo cirúrgico para inspeção da pélvis feminina, o obstetra Patrick Steptoe. Edwards propôs que eles explorassem a possibilidade do tratamento para infertilidade com o uso da fertilização in vitro. Durante uma década, os dois trabalharam fervorosamente e publicaram um conjunto de artigos científicos proeminentes descrevendo todos os aspectos do que seria necessário para tornar possível a fertilização humana in vitro.

Em 1972, Steptoe e Edwards começaram os testes em humanos. Trabalhando com a enfermeira Jean Purdy, eles cuidadosamente extraíram os óvulos de mais de uma centena de mulheres, fertilizaram-nos com esperma e, então, tentaram implantá-los cirurgicamente em mães em potencial. Cada uma dessas tentativas falhou. Em 1976, uma mulher finalmente ficou grávida de um óvulo fertilizado in vitro, mas sofreu aborto quando o embrião em estágio inicial se implantou fora do útero. Então, em 1977, Leslie Brown, uma dona de casa de Bristol, na Inglaterra, entrou na clínica. Leslie e seu marido, John, um trabalhador de ferrovia, por nove anos haviam tentado sem sucesso ter um bebê, e estavam desesperados.

A gravidez de Leslie aconteceu com o primeiro óvulo implantado. Nove meses depois, em 25 de julho de 1978, seu saudável bebê, Louise, nasceu. Jornais do mundo todo a chamaram de "o bebê do século". Apenas alguns meses depois, um chocante número de 93% de

QUANDO DARWIN ENCONTRA MENDEL

americanos entrevistados afirmou ter ouvido falar sobre um bebê inglês nascido de um óvulo fertilizado fora de sua mãe[12].

Apesar de Louise ter sido concebida em uma placa de cultura, a percepção popular era de que ela e bebês como ela foram criados em tubos de ensaio. O termo pejorativo *bebês de proveta* pegou. Muitas pessoas, como a maioria dos americanos questionados por uma pesquisa naquele ano, tinham uma visão favorável sobre o processo[13]. Outros eram de opinião oposta.

Os teólogos católicos chamaram o processo de produção de bebês de proveta de "não natural" e uma "abominação moral", porque não envolvia a consumação sexual entre marido e mulher e porque o processo gerava embriões que não eram implantados e, portanto, precisavam ser descartados[14]. A Associação Médica Americana se opôs ao processo de criação de bebês em tubos de ensaio como sendo muito agressivo. A revista *Nova* o chamou de "a maior ameaça desde a bomba atômica". Leon Kass, o principal bioeticista conservador, disse que o procedimento levava a questionar "a ideia de humanidade da nossa vida humana e do significado do nosso corpo físico, o nosso ser sexual e a nossa relação com ancestrais e descendentes"[15]. Leslie e John Brown foram inundados por cartas de ódio, incluindo pacotes com sangue contendo fetos de plástico.

Mas, como acontece em situações como essa, um processo que uma vez era chocante e controverso se tornou mais aceitável e normal com o tempo. À medida que a ciência dos "bebês de proveta" se tornava menos controversa e desenvolvia um nome mais técnico, um grupo de cientistas já estava imaginando a próxima fronteira. Por que as células

Fonte: "The Birth of the World's First Test-Tube Baby Louise Brown in 1978" ["O nascimento do primeiro bebê de proveta do mundo, Louise Brown, em 1978"], New East West, 21 jul. 2013, Disponível em: <https://bit.ly/2J3Ymcr>

não podiam, eles se perguntavam, ser recolhidas de um embrião pré--implantado em estágio inicial durante a FIV e então sequenciado usando a tecnologia cada vez mais avançada de sequenciamento?

Já em 1967 os pioneiros da FIV, Robert Edwards e o seu colega britânico Richard Gardiner, descreveram seu processo para remoção de algumas células de embriões de coelho pré-implantados para analisá--las sob o microscópio e determinar o sexo do futuro coelhinho[16]. Em 1990, 12 anos depois do nascimento de Louise Brown, médicos pela primeira vez conseguiram com sucesso fazer a triagem para o gênero de um embrião humano pré-implantado e para algumas desordens conectadas a gene único e gênero. Esse processo de seleção se tornou conhecido como *diagnóstico genético pré-implantacional*, ou PGD, na sigla em inglês. O procedimento de PGD se desenvolveu depressa, sobretudo em casos de gravidez de risco para a mãe em potencial. Um processo paralelo e relacionado chamado *análise genética pré-implantacional* (ou PGS, na sigla em inglês) também é usado agora para rastrear embriões que não tenham um risco de doença conhecido e avaliar suas chances de prosperar. O PGD e a PGS foram agrupados semanticamente dentro de um termo mais amplo, chamado *teste genético pré-implantacional*, ou PGT, na sigla em inglês.

O PGT vem sendo realizado nos últimos trinta anos, mas esse período só representa o começo para esse procedimento tão importante. De início, os cientistas usaram o PGT principalmente para encontrar anormalidades nos cromossomos que pudessem provocar aborto espontâneo. Em seguida, ele passou a ser utilizado para testar um pequeno número de mutações monogênicas causadoras de doenças específicas. Hoje, o PGT também é empregado para rastrear algumas das estimadas 10 mil desordens causadas por mutações monogênicas[17]. Diferentemente de outros testes pré-natais de embriões que já estão no útero da mãe, o PGT pode ser realizado em múltiplos óvulos fertilizados em estágio inicial, ou *blastócitos*, que ainda não foram implantados.

Na maioria dos casos, doenças que podem ser testadas pelo PGT são cada vez mais raras individualmente. *Coletivamente*, no entanto, elas não são. A estatística varia, mas estudos recentes estimam que a

QUANDO DARWIN ENCONTRA MENDEL

probabilidade de uma criança concebida pelos meios tradicionais ser portadora de uma dessas doenças é de cerca de 1% a 2%[18]. Para o crescente número de doenças por mutação monogênica rastreáveis, o risco de se conceber um filho portador de uma delas, usando a FIV e o PGT, é reduzido consideravelmente[19].

À medida que a FIV e o PGT tornam possível evitar um número cada vez maior de anormalidades genéticas danosas, os pais têm que considerar o custo-benefício de gerar uma criança por meio do sexo ou em laboratório. E, enquanto a saúde considerável e outros benefícios da concepção dentro da mulher através do sexo permanecerem constantes — e algum pequeno risco adicional associado ao processo de FIV poderia ser descoberto —, os benefícios perceptivos e reais da FIV e da triagem embrionária provavelmente aumentarão com o tempo.

Pense em todas as precauções tomadas pelos pais para proteger os seus filhos do perigo e ajudá-los a ter sucesso. Mães tomam vitaminas pré-natais, aplicam desinfetantes bactericidas nas suas mãos e nas dos seus filhos, fazem com que os filhos usem o cinto de segurança no carro, capacetes ao andar de bicicleta e lhes servem comida saudável. Apesar de o risco de cada perigo variar, pais modernos decidiram que grande parte do seu trabalho envolve reduzir esses riscos o máximo possível e, às vezes, até desdenham outros pais que fazem escolhas diferentes. A resposta da maioria dos pais americanos ao movimento antivacinação é um exemplo disso.

Quando 147 crianças não vacinadas foram infectadas com sarampo em 2015, depois de serem expostas na Disneylândia, os seus pais foram firmemente condenados por colocar centenas de outras crianças em risco[20]. Já os defensores da antivacinação argumentam que estão fazendo algo "natural" ao não vacinar os filhos contra doenças infecciosas. É difícil argumentar positivamente essa resolução deles.

A vacinação salvou milhões de vidas desde que a primeira vacina contra a varíola foi introduzida, no século XIX, na Inglaterra. Repetidos estudos por todo o mundo têm provado, sem sombra de dúvida, a segurança e os gigantescos benefícios da vacinação para indivíduos e comunidades[21]. Ainda assim, medos irracionais e mal informados sobre

HACKEANDO DARWIN

a vacinação têm persistido. Recentemente, celebridades como Jenny McCarthy, Jim Carrey e Donald Trump[22] vêm levantando denúncias não embasadas pela ciência sobre os perigos das vacinas, o que tem fornecido combustível para quadruplicar o número de pais americanos que se recusam a vacinar os filhos desde 2001[23]. Esse mesmo tipo de conflito entre grupos de pais tomando medidas para aproveitar ou rejeitar os avanços científicos não naturais acontecerá novamente com a triagem embrionária.

Com o aumento da qualidade dos exames de sangue pré-natais não invasivos muitos pais já têm mais informações sobre o estado genético do embrião crescendo dentro da mãe. A ansiedade, porém, de decidir por interromper a gravidez com base em anormalidades genéticas que poderiam levar a problemas futuros vai parecer mais dolorosa e menos benéfica do que selecionar embriões pré-implantados com base nas probabilidades estatísticas de saúde[24].

À medida que o número de doenças causadas por mutações monogênicas que podem ser rastreadas durante a FIV e o PGT continua a aumentar, o custo a diminuir e a segurança da FIV e do PGT a melhorar, o valor de triagem e seleção de embriões em laboratório antes da implantação aumentará. No começo, os pais vão equilibrar sua fé na reprodução pelo sexo contra os benefícios da triagem embrionária. Com o tempo, a escolha entre esses dois será óbvia. Conforme as doenças genéticas se tornarem evitáveis, os pais que escolherem ter seus filhos à moda antiga se parecerão com os pais antivacinação de hoje.

À medida que as normas sociais sobre a produção de bebês muda, mais pais em potencial começarão a ver a concepção sexuada como desnecessariamente perigosa. Ainda vamos fazer sexo pelas razões maravilhosas pelas quais fazemos agora, só que não para fazer bebês. Mais pais vão querer que seus filhos sejam concebidos fora da mãe para que os embriões possam ser sequenciados, selecionados e, no futuro mais distante, alterados.

Embora alguns pais venham a optar por não fazer o procedimento por razões ideológicas ou porque ficaram animados demais no banco traseiro de um carro, a concepção sexuada virá com seus custos.

QUANDO DARWIN ENCONTRA MENDEL

Quantas pessoas verão o filho do vizinho morrer de uma doença genética evitável antes de começarem a culpar os pais? Esses pais serão vistos como os heróis "naturalistas" da Disneylândia ou como ideólogos que assumiram um risco desnecessário e prejudicaram seus filhos?

Um recente estudo na Islândia analisou até que ponto pais em potencial estão dispostos a prevenir anormalidades genéticas nos seus filhos.

Bebês com síndrome de Down nascem com uma cópia extra do cromossomo 21, que pode levar a defeitos no coração, comprometimentos cognitivos e de desenvolvimento, aumento do risco de incidência de câncer e mortalidade, entre outros desafios. Ainda assim, muitos crescem até se tornarem adultos felizes e funcionais que dão contribuições importantes às pessoas à sua volta e à sociedade. A maioria das pessoas com filhos, irmãos, cônjuges ou amigos com síndrome de Down os reconhece como a bênção que são.

Desde o começo dos anos 2000, médicos islandeses são obrigados a informar às gestantes sobre a disponibilidade de exames, pagos pelo plano nacional de saúde, que podem indicar com alto nível de certeza se seus futuros filhos terão síndrome de Down e outras desordens genéticas. Na década em que os testes se tornaram disponíveis, quase todas as mulheres que receberam um diagnóstico positivo para síndrome de Down escolheram interromper a gravidez[25]. Na Islândia, a taxa de abortos de fetos com síndrome de Down é basicamente a mesma comparada à de vários outros países. Na Austrália, China, Dinamarca e no Reino Unido, por exemplo, a taxa de abortos varia de 90% a 98% nesses casos[26].

Com o debate religioso sobre aborto acalorado, os Estados Unidos são, em muitos aspectos, uma exceção entre os países desenvolvidos. Em uma pesquisa feita em 2007, apenas 20% dos americanos entrevistados acreditavam que os pais deveriam ter a permissão de terminar a gravidez caso o feto "tivessd uma séria, mas não fatal, doença ou condição genética como a síndrome de Down"[27]. Mas 67% das americanas escolheram interromper a gravidez depois de o feto ter sido diagnosticado com síndrome de Down[28]. Os dados contraditórios mostram como essas decisões podem ser difíceis*.

Os críticos do exame universal e da eliminação dos fetos indicados com a síndrome de Down têm um argumento muito válido. Quem pode decidir que alguém com síndrome de Down tem menos valor do que qualquer outra pessoa? Quais critérios morais poderiam ser usados para fazer essa determinação? Essas perguntas profundamente pessoais vão ao cerne da nossa humanidade. Mas essas questões existenciais não serão necessariamente aquelas em que os pais pensarão quando a FIV e a seleção embrionária pré-implantacional se tornarem a norma.

Se a maioria dos pais e mães em países desenvolvidos já está tomando essa decisão complicada de interromper a gravidez de fetos diagnosticados com síndrome de Down e outras desordens genéticas, imagine o que vai acontecer quando a decisão se tornar apenas escolher entre qual dos 15 embriões da placa de cultura implantar. Todos esses embriões se tornarão crianças "naturais" na visão dos seus pais, mas apenas um ou dois desses poderão ser escolhidos por vez para levar a termo.

Médicos que realizam FIV em clínicas de fertilidade já estão selecionando embriões para reduzir o risco de aborto espontâneo. Achamos mesmo que uma mãe em potencial não deveria ter opinião na escolha do embrião a ser implantado, sabendo que alguns dos embriões poderiam herdar uma doença debilitante ou que reduzisse a expectativa de vida do bebê? Será que gostaríamos de legalizar a escolha dos futuros pais de selecionar um bebê com síndrome de Down ou até com uma doença que se manifesta como uma sentença de morte, como Huntington ou Tay-Sachs, se eles assim desejassem?

Durante a produção deste livro, perguntei na minha página no Facebook se meus amigos estariam dispostos a modificar os genes dos seus embriões pré-implantados para dar a seus futuros filhos características e capacidades adicionais. Uma velha amiga escreveu:

---

* Ohio, Indiana e Dakota do Norte aprovaram leis estaduais em 2017 tornando ilegal que médicos fizessem o aborto de embriões por causa de um diagnóstico de síndrome de Down. Se encontrarmos um número maior de bebês nascidos com síndrome de Down nesses estados pelos próximos anos, saberemos que leis como essas funcionam. Se não, poderemos considerar que os pais encontraram uma forma alternativa de ter os seus desejos reprodutivos expressados.

QUANDO DARWIN ENCONTRA MENDEL

Como mãe de um filho com síndrome de Down, esse é um dilema difícil. Se pudesse ter escolhido, acredito que teria preferido [um filho] que NÃO tivesse SD [Síndrome de Down], mas nossa vida tem sido realmente enriquecida por esse diagnóstico. Temos uma "segunda família" que está sempre lá para ajudar, não importa o que aconteça. E ele me ensina algo novo todo dia. É uma das crianças de 5 anos mais divertidas que conheço. Por outro lado, se eu pudesse evitar as dificuldades que ele já enfrentou e aquelas que ele continuará a enfrentar, acho que gostaria de evitá-las. Todo pai quer que o filho seja feliz e tenha sucesso naquilo que o faz feliz.

Dizer que os pais não escolheriam implantar embriões que carregassem a síndrome de Down não tem nada a ver com sugerir que a vida das crianças que lidam com anormalidades como essa tem menos valor que a de quaisquer outras. Mas, porque pais pelo mundo afora já estão tomando a muito mais difícil decisão de interromper a gravidez quando esses tipos de anormalidades surgem, parece provável que escolham eliminar as doenças genéticas antes mesmo de a gravidez começar. Escolher a partir de embriões pré-implantados no laboratório soará bem menos brutal do que fazer um aborto.

Governos e empresas de seguro — pelo menos aquelas em jurisdições que incluem sistemas de saúde pública racionais e onde o debate do aborto já acabou — também terão incentivos significativos para encorajar a FIV e a triagem de embriões pré-implantados para evitar os custos de uma vida inteira de cuidados médicos por algo que será considerado uma doença genética evitável*. Um cálculo relativamente simples nos ajuda a entender esse argumento.

A maioria dos bebês recém-nascidos com doenças genéticas de início precoce passa cerca de três semanas na UTI neonatal dos hospitais a um custo médio de 3 mil dólares por dia, ou seja, cerca de 60 mil dólares cada um, e o custo costuma subir rapidamente a partir daí[29]. A média adicional anual do custo nos Estados Unidos para a fibrose cística é de 15.571 dólares. Como a expectativa de vida média para pessoas com

---

* No irracional sistema de saúde americano, em que as pessoas mudam seu plano de seguro aproximadamente a cada dois anos, esses incentivos diminuem.

fibrose cística é de 37 anos, o custo de vida adicional por pessoa com fibrose cística chega a quase 600 mil dólares. Considerando que existem 30 mil pessoas nos Estados Unidos com a doença, o total anual de gastos apenas com fibrose cística é de cerca de 467 milhões de dólares[30]. O mesmo modelo de cálculo leva a um custo de vida de 100 milhões a 150 milhões de dólares para o tratamento dos 30 mil americanos com doença de Huntington e 850 milhões de dólares para o tratamento de aproximadamente 200 mil americanos com síndrome de Down[31*]. Todos esses custos são investimentos necessários nas pessoas que amamos, que merecem cada oportunidade para atingir o seu potencial e aproveitar a vida que elas têm, e nenhum preço pode ser tabelado para diminuir o sofrimento de até mesmo um único ser humano.

E ainda assim nós tomamos essas decisões todo dia em nossas instituições. Se os Estados Unidos usassem todo o seu produto interno bruto para curar ou tratar uma doença em particular, é bem possível que pudéssemos realizar um progresso significativo. Não é por sermos indiferentes a uma única doença que não fazemos esse investimento, mas porque as sociedades precisam equilibrar diferentes mas valiosos interesses entre si para funcionar. Logo, para que a triagem de embriões pré-implantados se torne acessível para todos, os benefícios sociais teriam que ser maiores do que os custos financeiros e de outras naturezas.

Se fosse possível examinar todos os embriões dos Estados Unidos para um espectro de desordens genéticas pré-implantacional a 1 dólar a menos do que o custo total de tratamento das pessoas nascidas com tais desordens, a sociedade sairia no lucro economicamente e, ao mesmo, tempo reduziria os níveis de dor e sofrimento. Dividir o custo total anual para o tratamento de todas essas doenças pelo número total de bebês nascidos por ano nos Estados Unidos nos dá uma perspectiva inicial sobre o ponto no qual cada possível pai poderia receber a FIV e o exame

---

* As desordens genéticas mais comuns têm maior custo agregado porque mais pessoas as possuem, mas o custo para o tratamento delas também pode diminuir devido a economias de escala. Algumas das 5 mil doenças genéticas de mutação monogênica mais raras e tratáveis são extremamente caras porque são tão raras que se pode levar muito tempo e energia para descobrir o problema e como melhor tratá-lo.

QUANDO DARWIN ENCONTRA MENDEL

embrionário pré-implantacional sem nenhum custo adicional para a sociedade. Um cálculo aproximado nos ajuda a entender esse argumento.

Cerca de 4 milhões de crianças nascem nos Estados Unidos a cada ano. Considerando que 2% delas nascem com alguma doença genética, teríamos um número de 80 mil crianças[32]. Se cada uma dessas crianças tivesse uma doença genética com custo equivalente aos aproximados 600 mil dólares gastos com o tratamento vitalício para uma pessoa com fibrose cística, isso significaria um gasto adicional de 48 bilhões de dólares nos próximos 37 anos. Se criássemos um investimento em exames embrionários para cobrir esses gastos futuros e o aplicássemos hoje, teríamos cerca de 16,5 mil dólares para gastar com FIV e PGT para cada mulher americana que quisesse ter um filho*. Se incluíssemos no cálculo o custo de várias outras doenças genéticas, em particular as que aparecem mais tarde — como diabetes, Alzheimer e certos tipos de câncer —, o valor de 16,5 mil aumentaria ainda mais.

A FIV é caríssima nos Estados Unidos, podendo custar entre 12 mil e 30 mil dólares por rodada. Como os casais passam em média por três ciclos de tratamento, esses custos rapidamente se tornam inacessíveis para a maioria dos americanos[33]. Mas o custo da FIV é bem menor em outros países. Na Turquia, sai por cerca de 8,5 mil dólares; na Inglaterra, 8 mil dólares; na Espanha, 5,6 mil dólares; no México, 4 mil dólares; na Coreia do Sul, 3 mil dólares; e na Polônia, 1,2 mil dólares[34]. Em Israel, onde a FIV sem limitações de tentativas é paga pelo plano de saúde nacional para mulheres abaixo dos 45 anos, as taxas de FIV nacionais estão crescendo para a casa das centenas, a taxa de sucesso é alta e o custo para turistas que chegam buscando tratamento é baixo[35].

Se o custo da FIV e da seleção de embriões nos Estados Unidos continuar alto, mesmo pais de renda moderada poderão ir para outros países encontrar esses serviços. À medida que a FIV e o exame embrionário se tornarem a norma, no entanto, pais em potencial pelo mundo todo farão com que aumente a demanda para que esses serviços façam parte da cobertura dos seus planos de saúde, gerando a competição entre clínicas de FIV, o que forçará a queda dos preços conforme o acesso, a

---

* Seriam 48 bilhões de dólares divididos por 37 anos, e então esse valor divido por 80 mil mães.

qualidade e o entendimento sobre o processo de seleção genética de embriões pré-implantados[36]. Os consumidores, as clínicas e as companhias de seguro-saúde, além dos pagadores de impostos, serão incentivados a buscar o mesmo resultado.

Empregadores com visão de futuro já estão seguindo nessa direção. Em 2014, a Apple e o Facebook anunciaram que cobririam o custo do congelamento de óvulos de suas funcionárias. Essa ação foi condenada por um número de mulheres proeminentes como sendo um truque para atrasar a maternidade e manter as mulheres trabalhando[37]. No entanto, outras pessoas, incluindo Sheryl Sandberg, a chefe operacional do Facebook, viram a medida como um passo inevitável em direção ao empoderamento feminino ao aumentar as opções reprodutivas[38]. Desde então, muitas companhias como Amazon, Google, Intel, Microsoft, Spotify e Wayfair seguiram logo atrás. Mais recentemente, Starbucks, Facebook, Uber, NewsCorp e outras empresas começaram a cobrir a FIV como parte do plano de saúde dos seus funcionários. De acordo com um levantamento da FertilityIQ, mulheres que trabalham para companhias que disponibilizam FIV como benefício sentiram um aumento significativo na sua lealdade ao empregador[39]. À medida que mais empregados exigirem esse tipo de cobertura, os melhores e mais competitivos empregadores irão oferecê-la.

A interseção de sequenciamento genético onipresente e barato, FIV, seleção embrionária, alteração da percepção cultural e modelos de financiamento impulsionará mais de nós a ter bebês no futuro de uma forma bem diferente de como os temos hoje. O que fizemos no banco de trás do carro ficará realmente para trás, porque pais não terão os benefícios da seleção genética se conceberem seus filhos pelo sexo. Essa mudança para longe da concepção natural seria provável se o nosso entendimento do genoma avançasse de forma linear, mas se torna inevitável em vista do progresso exponencial do nosso entendimento sobre nossos genes e como eles são expressos[40].

Todavia, avaliar quanto podemos aprender da extração e do sequenciamento das células provenientes de embriões pré-implantados durante o PGT requer que formulemos perguntas ainda mais complexas sobre o que os genes fazem e quão importantes eles são em determinar quem nós somos.

CAPÍTULO 2

Subindo a escada da complexidade

A revolução genética nos proveu de novas formas de entender a nós mesmos que nossos ancestrais dificilmente poderiam ter imaginado. Tentar explicar para alguém 20 mil anos atrás que os humanos são feitos de código teria sido muito além do que a sua experiência de vida o havia preparado para absorver. Mas, apesar de nossa grande e bem fundamentada fé na ciência, seria recomendável manter a mesma apreciação humilde do mundo além do nosso alcance que nossos antepassados possuíam. As doenças causadas por mutações monogênicas demonstram esse argumento.

Conectar com confiança as mutações de gene único a doenças genéticas específicas representa décadas de progresso duramente conquistado. Porém, até mesmo essa história é mais complicada do que parece. Como muitos dos genes ligados a determinadas doenças genéticas têm sido encontrados em pessoas que apresentam os sintomas dessas doenças, os pesquisadores não sabem o bastante sobre outras pessoas que podem carregar mutações genéticas similares e que não tenham a doença em particular por algum motivo, talvez por terem algum outro gene ou genes a protegê-las. Por causa disso, é bem provável que quanto mais pessoas — de todos os tipos, não apenas as que demonstram os sintomas particulares das doenças — sequenciarmos, mais vamos descobrir sobre a complexidade da genética. Aprenderemos que somos todos mutações genéticas de um jeito ou de outro,

HACKEANDO DARWIN

carregando mutações que talvez causem doenças em outros indivíduos mas que, de alguma forma, não nos afetam, ou vice-versa.

Nossa genética complexa e interativa existe dentro de múltiplos sistemas biológicos de complexidade ainda maior: *epigenoma, transcriptoma, proteoma, metaboloma, microbioma* e *viroma*, entre outros. Nossa biologia individual é então incorporada no contexto mais amplo do nosso ambiente[1].

É por isso que, depois do estágio inicial de euforia que aconteceu há uma ou duas décadas, muitos cientistas têm, mais recentemente, se mostrado cautelosos ao predizer o tempo necessário para o entendimento da nossa genética e de outros sistemas que interagem com ela e ao nosso redor. Fizemos tremendos avanços após desenvolver um sequenciamento do genoma mais barato, rápido e preciso, mas a nossa habilidade de coletar dados ainda não foi alcançada pela nossa habilidade de entender os dados que coletamos. James Collins, bioengenheiro da Universidade de Boston, disse para a *Nature*: "Nós cometemos o erro de igualar o recolhimento de informações com um aumento correspondente de entendimento e discernimento"[2].

Como a nossa espécie muitas vezes faz, no entanto, equilibramos essa humildade justificável sobre a tecnologia genética com a nossa arrogância prometeica, e isso acontece por um bom motivo. Cada um dos sistemas biológicos complexos dentro de nós se tornará cada vez mais decodificável, e nossos genes os acompanharão.

Como abordar o genoma humano em uma tacada só é uma tarefa impossível, os geneticistas estão subindo aos poucos pela escada da complexidade ao tentar entender os sistemas biológicos de organismos mais simples e de rápida reprodução, como as leveduras, moscas-das-frutas, lombrigas, sapos, ratos e peixes-zebra, todos com muitos sistemas biológicos e genéticos similares aos nossos. Pelo fato de todos os seres vivos compartilharem um ancestral em comum, a genética dessas criaturas é mais ou menos como a humana, dependendo de onde nos separamos deles. Humanos e moscas-das-frutas, por exemplo, tiveram um ancestral comum cerca de 700 milhões de anos atrás. Nós nos separamos dos ratos, nossos parentes mais próximos, cerca de 80 milhões de anos atrás, o que talvez explique por que ambas as

SUBINDO A ESCADA DA COMPLEXIDADE

espécies gostam tanto de queijo (brincadeirinha). Por esse motivo, compartilhamos 60% do nosso DNA com as moscas-das-frutas, mas 92% com os ratos.

Infelizmente para eles, nossos parentes têm que sofrer para que possamos desenvolver nossas pesquisas genéticas. No início, eles eram bombardeados com radiação nociva para que desenvolvessem mutações nos seus genes e pudéssemos ver como as mudanças genéticas variadas podiam levar a alterações físicas específicas. Hoje, um amplo acervo de ferramentas genéticas é utilizado para separar genes em organismos modelo, e laboratórios por todo o mundo alteram ratos geneticamente, entre outros animais, para ajudar nos estudos sobre características e doenças genéticas*. De forma lenta mas consistente, esses processos estão nos ajudando a entender o funcionamento de sistemas biológicos complexos como o nosso.

Por anos, pesquisadores como Eric Davidson, biólogo do Instituto de Tecnologia da Califórnia, têm trabalhado para mostrar como o sistema biológico complexo de organismos modelo pode ser compreendido cada vez mais. Davidson sistematicamente separou múltiplas proteínas controladoras da expressão dos genes de ouriços-do-mar e monitorou quanto cada alteração teve resultado nas outras proteínas e na expressão dos genes. Com essa informação, ele e sua equipe estão desenvolvendo meticulosamente um mapa dinâmico de quantas proteínas e genes diferentes interagem uns com os outros em um esforço para desenvolver princípios básicos para o sistema biológico geral dos ouriços-do-mar. Ainda há muito a ser feito, mas Davidson descreve o seu trabalho como "a prova do princípio de que você poderá entender tudo sobre o sistema que deseja entender se conseguir analisar suas partes móveis"[3].

---

* Cerca de 60% dos genes relacionados às doenças humanas têm correlatos nas moscas. Pesquisadores desenvolveram centenas de linhagens de camundongos, nossos parentes mais próximos, para lhes dar todos os tipos de doenças humanas e ajudar a encontrar a cura. A pesquisa em organismos modelo é absolutamente essencial para encontrar a cura para doenças humanas, mas pode causar dor significativa aos animais. É por isso que precisamos garantir tanto que a experimentação animal continue e que ela seja supervisionada usando fortes diretrizes éticas.

HACKEANDO DARWIN

Novas ferramentas genéticas tornam possível a ativação e a desativação de múltiplos genes, mas realmente entender como os genes contribuem para as características humanas complexas requer um processo muito mais sofisticado de integração. Estudos de associação ampla do genoma, ou GWAS, na sigla em inglês, estão começando a fazer exatamente isso.

Apesar de todos os humanos serem bem semelhantes entre si geneticamente falando, nossa pequena porção de diferenças genéticas é responsável pela maioria da diversidade e das doenças, o que a torna bem importante. Em contraste com os velhos tempos em que procurávamos por esses tipos de mutação monogênica em grupos que compartilhavam a mesma doença, o processo de GWAS analisa centenas, milhares ou até milhões de variações genéticas conhecidas para encontrar diferenças e padrões que podem se combinar em diferentes resultados.

Assim que os genes são sequenciados, a ordem das bases G, A, T e C é traduzida em um documento digital. O GWAS envolve um algoritmo de computador para escanear o genoma de grandes grupos populacionais, procurando por variações genéticas associadas com uma doença ou característica genética específica. Cada GWAS pode buscar milhares dessas variações (o que os cientistas chamam de *polimorfismos de nucleotídeo único*, ou SNPs, na sigla em inglês). Quanto mais relevantes forem as mutações encontradas, mais precisos se tornarão os estudos futuros.

Para entender melhor como o GWAS e outros processos conseguem interpretar as quantidades imensas de dados genéticos, imagine como seria tentar compreender uma floresta. Imagine que outras pessoas que têm viajado por labirintos de árvores e galhos por anos identificaram milhares dos lugares mais relevantes onde as coisas mais importantes acontecem — talvez as cachoeiras, locais de alimentação para os animais, plantas especiais etc. Baseados na nossa experiência em viajar por muitas florestas, sabemos que lugares assim são importantes. Uma forma de melhor entender essa floresta seria visitar cada um desses locais de alto impacto e ver o que está acontecendo. Um GWAS faz a mesma coisa dentro do vasto espaço do genoma ao ver o que os marcadores genéticos específicos — os que já foram indicados como relevantes ao que estamos procurando — vêm fazendo.

Além do GWAS, modernas ferramentas de sequenciamento de nova geração (NGS, na sigla em inglês) vêm tornando possível aos pesquisadores sequenciar todos os genes codificantes de proteína e então todos os genes em um determinado genoma. Olhar para os genes codificantes de proteína é como encontrar uma trilha que conecta os lugares mais importantes na nossa floresta e nos permite entender como todos os pontos diferentes que percorrem a trilha se conectam e interagem uns com os outros. Sequenciar o genoma inteiro é como olhar para a floresta toda, um trabalho maior e mais complicado, mas que, no final, nos ajuda a entender a floresta de forma muito melhor do que apenas olhando para os lugares mais importantes.

Concentrar-se em um conjunto de dados tão grande como a floresta inteira ou o genoma inteiro é uma tarefa analítica intimidante. Para nós é mais fácil ter uma ideia de algumas cachoeiras e plantas, ou de alguns genes selecionados, do que entender o ecossistema mais amplo e mais complicado da floresta ou do genoma como um todo. No entanto, se conseguirmos compreender esses ecossistemas amplos, saberemos muito mais sobre a floresta e, no caso do genoma humano, sobre nós mesmos.

Quanto mais analisamos como uma mutação genética causa uma doença ou característica e como um padrão complexo de genes e outros sistemas cria um certo resultado, menos possível se torna definir a causalidade usando apenas nosso limitado cérebro humano. É por isso que a interseção entre as revoluções genética e biotecnológica, de um lado, e as revoluções da inteligência artificial e da análise de *big data*, do outro, é tão essencial para a nossa história.

O antigo jogo chinês de Go, considerado por muitos o jogo de tabuleiro mais complicado do mundo, tem há muito tempo desempenhado um papel central na cultura e no pensamento estratégico da China. Inventado há mais de 2,5 mil anos, o tabuleiro do Go é feito de 361 quadrados nos quais um jogador coloca pedras pretas e outro coloca pedras brancas. Jogado em turnos, cada jogador tenta circundar as peças do outro para tirá-las do tabuleiro. Quem controla a maior parte do território quando o jogo termina é o vencedor. Para colocar a complexidade do Go em perspectiva, a média de movimentos do xadrez depois dos dois primeiros movimentos é de 400 opções. A média de movimento do Go é de cerca de 130 mil opções.

Mesmo depois de o computador Deep Blue da IBM derrotar o grande campeão de xadrez Garry Kasparov, em 1996, a maioria dos observadores acreditava que ainda muitas décadas seriam necessárias até que um computador pudesse derrotar o campeão mundial de Go, devido ao fato de que a complexidade matemática do Go tornava inútil o método computacional do Deep Blue. Mas, quando o programa Alpha-Go do Google DeepMind implantou novos recursos avançados de *machine learning* [aprendizagem de máquina] para derrotar os campeões mundiais de Go coreano e chinês numa série de competições amplamente divulgadas em 2016 e 2017, o mundo parou para olhar.

O programa AlphaGo aprendeu a jogar Go, em parte, ao analisar centenas de milhares de partidas de Go jogadas por humanos e gravadas digitalmente na sua memória. No fim de 2017, a DeepMind do Google introduziu seu novo programa, o AlphaGo Zero, que não precisava estudar os jogos humanos. Em vez disso, os programadores entregaram ao algoritmo as regras básicas do Go e o instruíram a jogar contra si mesmo para, assim, aprender as melhores estratégias. Três dias depois, o AlphaGo Zero derrotou o programa original de AlphaGo que havia, por sua vez, derrotado os grandes mestres humanos.

O AlphaGo Zero consegue destruir qualquer jogador de Go humano porque reconhece as camadas de padrões em um campo gigantesco de dados muito além das capacidades que qualquer humano pode sonhar em alcançar sozinho. O avanço rápido da inteligência artificial (IA) assusta muitas pessoas, entre elas o empreendedor tecnológico Elon Musk, que teme que a IA venha a sobrepujar e, um dia, potencialmente prejudicar os humanos[4]. Esses tipos de medos são teóricos em nosso estágio atual do desenvolvimento tecnológico, mas a ideia de usar a IA para começar a decifrar os segredos da nossa biologia não é. Hoje, já ficou muito claro que a tecnologia de IA não está nos substituindo; ela está nos aprimorando.

SUBINDO A ESCADA DA COMPLEXIDADE

Milhares de livros têm sido escritos sobre como as revoluções da informação e computação vêm transformando a forma como armazenamos e processamos informações. Na década de 1880, os cartões perfurados foram uma grande inovação para o processamento do que na época pareciam ser grandes quantidades de dados. A fita magnética foi usada pela primeira vez na década de 1920, para armazenar informações e tornar possível para as máquinas decifrar os códigos secretos nazistas e japoneses e ganhar a Segunda Guerra Mundial. Logo depois, o gênio húngaro-americano John Von Neumann criou as fundações da computação moderna ao iniciar o desenvolvimento do *mainframe*, do computador pessoal e da eventual revolução da internet. Agora, as revoluções do *big data* e da inteligência artificial conectadas nos permitem interpretar as crescentes montanhas de dados sendo gerados dentro de nós e à nossa volta.

Não é coincidência que a primeira palavra em análise de *big data* seja *big*. Mais dados foram gerados nos últimos dois anos do que em toda a história humana antes disso, o que nos tem permitido fazer coisas ainda maiores em um processo de aceleração contínua[5]. Essa revolução na análise de dados está expandindo de forma massiva as capacidades para a solução de problemas da nossa espécie.

Em Menlo Park, Nova Jersey, durante a invenção do fonógrafo, da lâmpada elétrica, da rede elétrica, da câmera de filme flexível e de muito mais, Thomas Edison, ao se deparar com um desafio que não podia resolver sozinho, tinha apenas um número de pessoas relativamente pequeno a quem recorrer, talvez na casa das centenas, ou um número limitado de livros e artigos para consultar. Entretanto, hoje, a maioria das pessoas está conectada por meio da internet; nós podemos ultrapassar os problemas do passado que outros já resolveram e nos concentrar nos novos desafios que somos capazes de resolver.

Quando alguém brilhante como Edison morria, muito do seu conhecimento ia para o caixão com ele. Hoje, muito mais do nosso conhecimento e informação é capturado nos nossos registros digitais acessíveis, e as ferramentas de processamento de dados e de acumulação de conhecimento que estamos desenvolvendo viverão para sempre. A morte humana continua sendo uma tragédia para a família e para o indivíduo (e basicamente é uma droga), mas tem muito menos impacto no avanço do nosso conhecimento coletivo para a nossa espécie do que costumava ter. Atualmente, a maioria de nós é, de várias formas, muito mais inteligente com os nossos smartphones do que os grandes pensadores do passado. Estamos nos fundindo funcionalmente com as nossas incríveis ferramentas e, de forma significativa, melhoramos por causa disso.

As revoluções do *big data* e da *machine learning* vêm nos ajudando a desvendar todo tipo de sistemas, desde o planejamento urbano até veículos autônomos e viagem espacial, mas entre os impactos mais significativos ainda estarão o nosso entendimento e a nossa habilidade de manipular a biologia. Considerando quão difícil é dominar o jogo de Go, reconhecer os padrões na biologia humana é uma tarefa ainda mais complexa. As regras do Go que foram entregues ao AlphaGo Zero são simples e diretas. As "regras" para a nossa biologia poderiam muito bem ser conhecidas por nós um dia, mas hoje nós, humanos, mesmo trabalhando com ferramentas de IA, temos dificuldade para decifrá-las.

Para chegarem lá, cientistas de vanguarda estão utilizando ferramentas de análise de *big data* e de *deep learning* [aprendizagem profunda] para ajudá-los a entender melhor o genoma humano. O software de *deep learning* vem sendo usado não apenas para tornar os diagnósticos de câncer de mama e de outros tipos mais precisos do que os feitos por radiologistas humanos, mas também para sintetizar a informação contida no genoma e nos registros médicos eletrônicos dos pacientes para começar a diagnosticar e até mesmo prever doenças.

Empresas em todo o mundo também estão acelerando esse processo. A inovadora companhia canadense Deep Genomics, por exemplo, está conectando IA à genômica para descobrir padrões no modo como as doenças funcionam porque, nas suas palavras, "o futuro da medicina dependerá da inteligência artificial, pois a biologia é complexa demais para que os humanos a entendam"[6]. O Google e a companhia chinesa WuXi NextCODE lançaram recentemente sistemas de IA sofisticadíssimos, baseados em nuvem, desenvolvidos para ajudar a entender a quantidade massiva de dados que provêm do sequenciamento genético. A Biogen, sediada em Boston, vem pesquisando ativamente como a computação

SUBINDO A ESCADA DA COMPLEXIDADE

quântica pode acelerar nossa habilidade de encontrar padrões importantes a partir desses gigantescos conjuntos de dados[7].

A interseção da genômica e da inteligência artificial se tornará mais poderosa à medida que as técnicas de *deep learning* ficarem mais sofisticadas, mais e maiores conjuntos de dados de genomas sequenciados se tornarem disponíveis e a nossa habilidade para decifrar princípios subjacentes dos nossos sistemas biológicos crescer.

À medida que os conjuntos de dados genômicos se expandirem, os cientista usarão ferramentas de IA para melhor entender como padrões genéticos complexos podem levar a resultados específicos. Os benefícios reais não vêm apenas do sequenciamento de um grande número de pessoas, mas também da comparação dos seus genótipos (material genético) com os seus fenótipos (como esses genes são expressos no decorrer da sua vida). Quanto mais genomas sequenciados puderem ser combinados com registros detalhados da vida dos pacientes e compartilhados no banco de dados comum, mais facilidade teremos para descobrir o que os nossos genes e outros sistemas biológicos estão fazendo.

"O recurso mais valioso do mundo", escreveu a revista *The Economist*, em 2017, "não é mais o petróleo — são os dados."[8] No caso da genômica, são dados de alta qualidade, combinando a biologia das pessoas com as informações mais específicas possíveis sobre muitos outros aspectos da vida delas[9].Unir esses vastos conjuntos de dados genéticos e registros de vida vai requerer um sistema relativamente uniforme de registros de saúde e vida eletrônicos para ser analisado por algoritmos de IA. A diversidade nos sistemas de registro de saúde, médicos e de vida, hoje, faz o compartilhamento de grandes quantidades de dados genéticos mais difícil do que precisa ser. Num mundo ideal, todos teriam seu genoma completo sequenciado e todos os seus dados médicos e pessoais registrados de forma precisa em um prontuário médico padronizado e compartilhável com pesquisadores em uma rede aberta.

No mundo real, entretanto, a ideia de nossos dados mais íntimos serem disponibilizados para pessoas que não conhecemos em um banco de dados pesquisável é assustadora para muitos de nós — e por um bom motivo. Mas pesquisadores, companhias e governos pelo mundo todo estão explorando diferentes abordagens para balancear a nossa

HACKEANDO DARWIN

necessidade coletiva das pesquisas de *big data* e nosso desejo individual pela privacidade de dados*.

A Islândia é uma das sociedades mais geneticamente homogêneas do mundo. Estabelecida por um pequeno número de ancestrais comuns no século IX, com relativamente poucos imigrantes chegando desde então, e possuindo registros detalhados de genealogia, nascimentos, mortes e saúde por centenas de anos, o país é um laboratório ideal para pesquisa genética. Em 1996, o neurologista islandês Kári Stefánsson cofundou o deCODE Genetics, uma companhia com o objetivo ambicioso de garimpar o patrimônio genético dos islandeses para, assim, entender melhor e encontrar a cura de diversas doenças. Para conseguir os dados necessários, a deCODE convenceu o Parlamento islandês a garantir à companhia o acesso aos registros de saúde nacionais e convenceu os islandeses, muitos dos quais se tornaram acionistas da empresa, a doar seu sangue para análise.

Quando o gigante farmacêutico suíço Fritz Hoffmann-La Roche comprou a deCODE por 200 milhões de dólares, em 1998, muitos islandeses se sentiram traídos. Foi então movido um processo legal que negou à deCODE acesso ao sistema de registros de saúde nacional e requereu o consentimento individual de cada pessoa atrelada aos registros compartilhados. Porém, depois que a deCODE e a Hoffmann-La Roche ofereceram a cada islandês acesso gratuito a qualquer remédio desenvolvido durante a colaboração, muitos islandeses assinaram novamente seus contratos. Hoje, a deCODE possui 100 mil amostras de sangue e tem usado os dados genéticos para descobrir genes ligados a várias doenças, e até desenvolveu novos tratamentos para ataques cardíacos[10].

Outro gigante farmacêutico, a AstraZeneca, anunciou no início de 2018 que planejava sequenciar meio milhão de genomas nos seus testes clínicos até 2026[11]. Governos também estão bem envolvidos nos esforços para acumular gigantescas quantidades de dados genéticos.

---

* Falaremos mais sobre a privacidade de dados mais à frente no livro, porém eu gostaria de sinalizar o assunto aqui.

SUBINDO A ESCADA DA COMPLEXIDADE

O Projeto dos 100.000 Genomas Britânicos pelo Genomic England, lançado com grande alarde pelo então primeiro-ministro David Cameron, em 2012, está sequenciando pacientes do Serviço Nacional de Saúde (NHS) do país com doenças raras e câncer, assim como suas famílias. Com o objetivo de combinar informações genéticas com os registros de saúde para entender melhor e gerar avanços no tratamento de doenças genéticas, o Projeto dos 100.000 Genomas procura dar o "pontapé inicial no desenvolvimento da indústria genômica no Reino Unido"[12]. Aumentando as apostas, o Serviço de Medicina Genômica do NHS anunciou em outubro de 2018 que todos os adultos com certos tipos de câncer e doenças raras receberiam sequenciamento completo do genoma com o objetivo de sequenciar 5 milhões de britânicos nos próximos cinco anos.

Os americanos talvez achem que a falta de um sistema nacional de saúde unificado torne esse tipo de esforço governamental mais difícil nos Estados Unidos, mas o plano americano recentemente lançado é ainda mais ambicioso do que o britânico. Após anos de atraso, na primavera de 2018, os Institutos Nacionais da Saúde dos Estados Unidos começaram a recrutar um público-alvo de milhões de americanos de todas as faixas socioeconômicas, étnicas e raciais para submeter seus genomas sequenciados, registros médicos, amostras regulares de sangue e outras informações pessoais ao programa All of Us Research[13]. O Congresso autorizou um orçamento gigantesco de 1,45 bilhão de dólares por dez anos para esse programa, e sites de cadastramento começam a entrar no ar por todo o país. Se as preocupações com a privacidade e a inércia burocrática puderem ser resolvidas, essa iniciativa poderá ajudar bastante no avanço das pesquisas genéticas futuras. O Departamento de Assuntos dos Veteranos Americanos [US Department of Veteran Affairs] também lançou seu próprio banco de dados biológicos, com o Programa Milhões de Veteranos, que planeja sequenciar 1 milhão de veteranos até 2025 para combinar seus genótipos aos seus registros de saúde e serviço militar[14].

Modelos desenvolvidos pelo setor privado também estão emergindo para tentar balancear o interesse social pela acessibilidade das informações genéticas em big data com o interesse de muitos indivíduos em manter algum controle sobre seus dados genéticos. A LunaDNA, uma jovem companhia situada em San Diego criada por veteranos da Illumina, busca reunir os diversos conjuntos de dados genéticos pequenos e dispersos de múltiplas empresas e clínicas em um mesmo banco de dados coletivo pesquisável, recompensando os indivíduos dispostos a compartilhar sua informação genética com criptomoedas[15]. Esse tipo de abordagem faz sentido, visto que o genoma sequenciado das pessoas, assim como seu histórico de pesquisas na internet, logo terá um valor comercial significativo cujos benefícios merecem ser compartilhados com os consumidores. O Personal Genome Project, sediado em Boston, está tentando construir uma coalizão de dados genéticos nacionais em um banco de código aberto[16].

Talvez não surpreenda que a China tenha embarcado em um caminho mais agressivo para a construção de um banco genético *big data* em escala industrial. Seu recém-anunciado investimento de 15 anos e 9 bilhões de dólares para melhorar o posicionamento do país na liderança da medicina de precisão, por exemplo, supera iniciativas similares em todo o mundo[17]. A Reforma e Desenvolvimento Nacional chinês no seu 13o Plano de Cinco Anos para o desenvolvimento da indústria biotecnológica tem como objetivo sequenciar pelo menos 50% dos seus recém-nascidos (incluindo testes pré-gravidez, pré-natal e neonatal) na China até 2020 e auxiliar outras centenas de projetos independentes para sequenciar genomas e coletar dados clínicos em parceria com governos locais e companhias privadas[18]. A China também está se movimentando de forma agressiva para estabelecer um formato único e compartilhável para todos os registros eletrônicos médicos pelo país e, assim, garantir que as proteções da privacidade não impeçam o acesso a esses dados pelos pesquisadores, pelas empresas e pelo governo.

Como resultado de todos esses tipos de esforços pelo mundo, é estimado que cerca de 2 bilhões de genomas humanos talvez sejam sequenciados na próxima década[19]. Interpretar essa quantidade massiva de dados, correlacioná-los aos registros eletrônicos de saúde e vida e integrá-los a conjuntos de dados ainda maiores dos outros sistemas biológicos humanos vai requerer um poder computacional significativamente maior do que o que nós temos hoje; mas, com o avanço da capacidade dos supercomputadores pelo mundo, não temos dúvida alguma de que vamos acabar chegando lá[20].

Colocar tanta informação genética e pessoal em bancos de dados digitais compartilháveis seria uma tarefa quase impossível se cada indivíduo estivesse tomando suas próprias decisões sobre ter o seu genoma sequenciado ou não. Em vez disso, a maioria das pessoas nascidas por FIV e seleção embrionária ou que visitarem o consultório do médico ou hospital em algum momento da vida será sequenciada como procedimento-padrão — do mesmo jeito que o seu pulso é testado hoje em dia — em nossa mudança coletiva do sistema médico generalizado para um novo mundo de tratamentos personalizados, também conhecido como medicina de precisão.

Nosso mundo médico atual é baseado em grande parte em médias. Nem todo remédio, por exemplo, funciona para toda pessoa, mas, se funciona para um número moderado de pessoas, os órgãos reguladores geralmente o aprovam. Se você aparecer em uma clínica médica tradicional com uma condição que poderia ser tratada com esse remédio, de modo geral haverá um jeito bem fácil de saber se ele vai funcionar — experimentando. Se você tomar o afinador de sangue comum varfarina e ele ajudar, isso provará que é o remédio certo para a sua biologia. Se você estiver entre aquele 1 em 100 que sofre de hemorragia interna e possível morte ao tomar varfarina, vai aprender do jeito difícil que não funciona.

A medicina generalizada era nossa única forma de fazer as coisas quando nosso entendimento de como cada humano individual funciona era diminuto. No mundo que está por vir da medicina personalizada, essa abordagem parecerá equivalente ao uso medicinal de sanguessugas. Em vez de só visitar o médico, você o visitará junto de um agente de inteligência artificial. O seu tratamento para males desde dores de cabeça até câncer será escolhido com base em como eles funcionarão para uma pessoa como você. Toda a biologia individual de uma pessoa — incluindo o seu gênero e idade, o estado do seu microbioma, seus indicadores metabólicos e seus genes — será a fundação para o seu registro e tratamento médico.

"Os médicos sempre reconheceram que cada paciente é único", o presidente americano Barack Obama disse no seu pronunciamento ao Estado da União em 2015, "e sempre buscaram desenvolver seus tratamentos da melhor forma para cada indivíduo. É possível combinar a transfusão de sangue com o tipo sanguíneo: essa foi uma descoberta importante. E, se combinar a cura do câncer com o nosso código genético fosse tão fácil quanto, como se fosse normal? E se descobrir a dose certa de remédio fosse tão simples quanto tirar a sua temperatura?" Logo depois, o governo Obama anunciou a Iniciativa de Medicina de Precisão desenvolvida para "possibilitar uma nova era para a medicina por meio de pesquisa, tecnologia e políticas que capacitem os pacientes, pesquisadores e provedores a trabalhar juntos em direção ao desenvolvimento do tratamento individualizado"[21].

O progresso em direção a esse objetivo está sendo medido por uma iniciativa de cada vez. Em 2018, a Geisinger Health System (com sede em Danville, Pensilvânia) anunciou que ofereceria o sequenciamento gratuito do genoma a todos os pacientes como cuidados preventivos de tratamento. A pesquisa preliminar da Geisinger encontrou ações possíveis para melhorar a saúde de 3,5% dos pacientes[22]. Para eles, encontrar potenciais perigos futuros pode ser útil e potencialmente salvar sua vida. Para o sistema de saúde, o sequenciamento de pacientes potencialmente possibilita melhor tratamento e poderia levar até a um aumento de receita a curto prazo, proveniente de serviços preventivos adicionais prestados, e proporcionar economias futuras, ao prevenir o aparecimento posterior de doenças mais sérias. Para a sociedade, a identificação precoce de anormalidades genéticas tem o potencial de tornar a população como um todo mais saudável e reduzir o custo da saúde em um efeito cascata*.

Apesar de as ineficiências dos sistemas de saúde, a falta de conhecimento especializado em genética dos médicos da atenção básica e as culturas médicas em geral conservadoras ao redor do mundo poderem desacelerar a transição, milhões e então bilhões de pessoas pelo mundo

* Tudo isso, é claro, é definido no altamente irracional do sistema de saúde norte-americano, que cria muitos incentivos perversos para todos.

SUBINDO A ESCADA DA COMPLEXIDADE

acabarão tendo seu genoma sequenciado como parte de uma mudança em direção à medicina personalizada[23]. No final, os dados sobre genética, vida e saúde da nossa espécie serão alocados em registros eletrônicos, o que permitirá uma análise em escala industrial da nossa biologia complexa.

À medida que o número de pessoas sequenciadas aumentar, o custo de sequenciamento continuar a cair e o nosso poder computacional para fazer a análise de *big data* necessária subir, o nosso entendimento de padrões cada vez mais complexos crescerá. Além de entender melhor o impacto das mutações monogênicas, começaremos a acompanhar padrões genéticos mais complexos que poderão levar a condições poligênicas — ou de múltiplos genes —, como doenças cardíacas, diabetes e hipertensão.

Esse processo já está acontecendo. Pesquisadores do Instituto Broad estão construindo um algoritmo e um website desenvolvidos para dar às pessoas a pontuação de risco que avalia sua predisposição genética para uma gama de doenças complexas, incluindo doença arterial coronariana, fibrilação atrial, diabetes tipo 2, doença inflamatória intestinal e câncer de mama. "[Para] um certo número de doenças comuns", de acordo com a sua carta à *Nature Genetics* em agosto de 2018, "a pontuação do risco poligênico pode agora identificar uma fração substancialmente maior da população do que a encontrada por mutações monogênicas raras, com um risco comparável ou maior de doença"[24]. A Genomic Prediction, uma *startup* fundada em 2017 por Stephen Hsu, usa esses tipos de técnicas avançadas de modelagem por computador para pontuar o risco percentual de um certo embrião pré-implantado desenvolver um espectro de desordens genéticas complexas, incluindo características físicas e deficiências intelectuais[25]. A empresa é um exemplo inicial do futuro esperado para o PGT expandido. Esse tipo de "pontuação poligênica" com base em probabilidades estatísticas será a ponte que conectará a alta confiança que existe hoje em prever muitos distúrbios de mutação de gene único e nossa capacidade futura de prever distúrbios muito mais complexos influenciados pela contribuição mínima de muitas centenas ou de milhares de genes.

Mas não há possibilidade de que tratar desordens genéticas complexas seja o fim da nossa jornada genética. Esse será, na verdade, apenas o começo. A combinação das tecnologias de reprodução assistida com a análise de *big data, machine learning* e inteligência artificial também transformará cada vez mais não apenas a forma como fazemos bebês, mas também a natureza dos bebês que fazemos.

Ao tentar desvendar a complexa genética das doenças, precisaremos conhecer seu impacto nos sistemas do corpo. Para interpretar a genética do declínio cognitivo, por exemplo, será necessário entender a genética da inteligência. Para acessar a genética do envelhecimento precoce, teremos que entender os mecanismos genéticos genéricos do próprio processo de envelhecimento. Para compreender o nanismo, precisaremos entender a biologia da estatura. Ao procurar entender as anormalidades genéticas e subir a escada do conhecimento da nossa complexidade genética, em outras palavras, vamos nos forçar a compreender a genética do ser.

E começar a entender as fundações genéticas das nossas características mais humanas nos forçará a reconhecer que a revolução genética vai muito além do sistema de saúde. Em uma série de etapas incrementais, ela alterará a nossa trajetória evolutiva como espécie.

CAPÍTULO 3

Decodificando a identidade

Bem-vindo de volta à clínica de fertilidade. O ano é 2035.

Quando esteve aqui, dez anos atrás, você passou por uma FIV e um processo de análise embrionária para ter certeza de que a sua linda filha não nasceria com uma terrível doença genética causada por uma mutação monogênica. A filha agora tem 10 anos e está florescendo, reforçando sua fé no papel que a análise embrionária pode ter em melhorar a saúde das crianças. Ao olhar para ela e para as outras crianças correndo para fora da escola no fim do dia, você sentiu pena daquelas nascidas com anormalidades genéticas que poderiam ter sido evitadas se os pais as tivessem gerado em laboratório em vez de serem egoístas e confiarem na concepção perigosa e aleatória do método sexual.

Ao criar sua filha nos últimos dez anos, você prestou uma atenção especial à contínua sequência de descobertas na identificação do papel que múltiplos genes têm no desenvolvimento de um número cada vez maior de características e desordens.

Você está de volta à mesma clínica de fertilidade que visitou há uma década, indo da mesma sala de espera ao mesmo consultório, mas muita coisa parece ter mudado.

— Doutora — você diz, entrando no consultório —, é bom te ver. Tive uma ótima experiência com a FIV e a seleção embrionária da última vez. Gostaria de fazer novamente.

O consultório, assim como a sala de espera, parecia diferente, muito mais confortável do que da última vez. O branco asséptico das paredes foi trocado por tons pastel de azul-claro e lavanda. As cadeiras foram dos modelos industriais para os contemporâneos. A clínica tem um leve aroma de rosas.

A médica se levanta para recebê-la com um sorriso no rosto.

— É o que todo mundo fala. Posso lhe oferecer um café?

A pergunta a deixa nervosa. Desde quando é oferecido serviço de barista numa clínica médica? Parece que a reprodução assistida se tornou um serviço competitivo desde a última vez.

— Você tem descafeinado?

— Esse processo vai ser relativamente fácil. — A médica, então, para um momento para ditar seu pedido para a máquina de café. — Você estava à frente do jogo uma década atrás, quando decidiu fertilizar dez dos seus óvulos.

— Tenho dormido mais tranquila nos últimos anos porque sabia que os outros nove embriões ainda estavam congelados. É difícil imaginar que eu já considerava essa opção. Não tinha muita certeza se queria outro filho, mas com o passar dos anos não consegui escapar da sensação de que precisava de mais um.

— E nós vamos fazer tudo ao nosso alcance para que essa sensação se torne um anjinho fofo de verdade. Açúcar?

— Só uma colher, por favor.

— Então aqui está a minha recomendação. — A médica se aproxima com a xícara de cerâmica. — Vamos descongelar seis dos nove embriões e depois extrair cinco células de cada um usando PGT como fizemos da última vez.

— Tudo bem — você responde, notando que a médica não perdeu a abordagem prática de uma década atrás.

— Então, vamos sequenciar as células de cada um desses seis embriões e lhe informar quais dessas crianças em potencial seriam portadoras das doenças de gene único, como da última vez.

— Certo — você diz com confiança, tomando um gole do seu café, que foi perfeitamente moído. Você já passou por esse processo antes, por isso se sente confiante ao saber o que esperar.

— Mas muita coisa mudou desde então. — A médica se inclina na sua direção. — Naquela época nós só podíamos analisar desordens de

DECODIFICANDO A IDENTIDADE

mutações de gene único e algumas características, como gênero, cor do cabelo e dos olhos. Agora aprendemos muito mais sobre padrões de múltiplos genes que podem levar a desordens genéticas mais complexas, algumas das quais talvez não apareçam até a vida adulta. Porque esses padrões variam de pessoa para pessoa e porque nós ainda não entendemos completamente o genoma complexo como um todo, podemos apenas ver esse tipo de análise como sendo preventiva. Não estamos mais lidando com resultados binários, o botão de ligar e desligar das doenças e desordens genéticas monogênicas de que falamos há cerca de uma década. Seremos capazes de fazer previsões em percentual, como haver a chance de 70% de que a criança nascida daquele embrião, por exemplo, pegue a doença X antes que ela tenha Y anos de idade. Não estou afirmando que a criança em potencial pegaria essa doença, apenas que alguém com aquela genética teria uma chance de pegar. Claro, isso não levaria em consideração os fatores ambientais que a criança experimentaria depois de nascer. Isso faz sentido para você?

— Faz — você diz, com um pouco mais de cautela. São águas ainda inexploradas.

— Contudo, somos capazes de fazer esse tipo de previsão para muitas das doenças mais sérias e dolorosas influenciadas pela genética, como Alzheimer, doença cardíaca e alguns tipos de câncer. Você não poderá prevenir essas doenças com a seleção embrionária, mas com certeza conseguirá melhorar as chances de o seu futuro filho evitá-las ou retardá-las.

— Muita coisa mudou mesmo...

— Sou obrigada por lei a perguntar se você quer essa informação preditiva. É claro que você tem o direito de recusá-la. Se quiser receber a informação, será preciso que assine o formulário neste tablet.

Você pensa por um momento, pega a caneta digital e assina. Afinal, por que não iria querer essa informação? Você tem que implantar um embrião, de qualquer forma. Por que não escolher o que tem as maiores chances de viver uma vida saudável?

— A lei também requer que eu pergunte se você gostaria de saber mais sobre a probabilidade de os seus embriões expressarem outras características não relacionadas a doenças se eles forem implantados. A decisão fica a seu critério.

Um frio sobe por sua espinha à medida que você começa a compreender a pergunta. Você sente que sabe a resposta, mas indaga mesmo assim:

— Que tipo de características?

— Alguns dos padrões mais populares de genes que sugerem uma chance maior de ter uma vida saudável e mais longa.

— Essa parece a decisão óbvia — você afirma, aliviada, pois viver uma vida longa e saudável já é o objetivo desse processo.

— Que bom. Algumas pessoas ficam tensas se vamos além de só prevenir doenças. Muitas enfermidades são correlacionadas com a idade, então, se queremos lutar contra doenças, também precisamos defender as nossas crianças contra o envelhecimento.

— Essas outras pessoas pensam que médicos como você estão brincando de deus.

A médica dá um sorriso pensando na ideia.

— Algumas, sem dúvida, sentem que a reprodução assistida está indo longe demais, que nós estamos dando às pessoas escolhas que a natureza, ou o seu deus de preferência, não queria que os humanos tivessem. É por isso que é tão importante descobrir com o que cada pai se sente confortável. Você nos conta o que prefere e, então, podemos ajudar a fazer acontecer.

— Eu estava muito mais cautelosa quando vim há uma década, mas agora acho que não selecionar os embriões com maior chance de uma vida longa e saudável é como tomar algo dessa criança futura. Não me parece que estou proporcionando esses anos a mais para ela, mas evitando que lhe sejam tirados. — Você ergue a caneta para assinar de novo.

A médica lhe faz um sinal com a mão para que espere.

— Longevidade é só uma das facetas genéticas. Também conseguimos prever com precisão a estatura. Devo continuar?

— Li que pessoas mais altas tendem a ter maior autoestima do que as mais baixas. Isso é verdade?

— A maioria dos estudos sugere que sim.

Alguns centímetros de altura fariam tanta diferença para você a ponto de levá-la a escolher outro embrião? Mas também é verdade que todos esses embriões são potencialmente seus filhos naturais, então por

DECODIFICANDO A IDENTIDADE

que não tentar escolher o mais alto se todas as outras características vão ser iguais? Escolher um filho futuro mais alto, você se justifica para si, é o mesmo que não escolher um mais baixo. Você respira fundo.

— Por que não? Tanto faz, certo? Já estou selecionando tantas outras coisas... — A caneta começa a parecer mais pesada, mas ainda assim você a levanta.

A médica torna a erguer a mão, com gentileza.

— O próximo teste é o de QI — ela informa com calma, mas também com seriedade. A doutora claramente reconhece as implicações das suas palavras.

Você tem visto os novos artigos, mas ainda lhe parece errado escolher o QI potencial do seu futuro filho.

— Qual é o nível de precisão desse teste? — você pergunta, tentando ganhar tempo. — Podemos mesmo saber algo assim?

— É tudo uma questão de probabilidade, mas estamos ficando melhores em fazer esse tipo de previsão. O QI não tem a ver somente com a genética. A maneira como você cria e educa o seu filho ainda tem um grande peso. No entanto, o QI é uma característica em grande parte genética, particularmente à medida que envelhecemos.

— Mas o meu filho será mais feliz se tiver um QI mais alto, doutora?

— Ninguém sabe ao certo. O QI ainda é controverso. Muitos dizem que ele tem um viés cultural. A própria sociedade, porém, também pode ter um viés cultural, então não tenho certeza de onde isso nos leva. E não há como negar a correlação do QI com vários resultados importantes na vida.

Você inspira novamente. "Eu quero mesmo me meter a escolher as funções cerebrais do meu futuro filho?", você se pergunta. Se não otimizar o QI do seu filho, ele vai amá-la ou odiá-la por causa disso?

— Repetidos estudos em todo o mundo mostram que pessoas com QI mais alto tendem a viver uma vida mais longa, em média, em comparação com pessoas com QI mais baixo — ela completa.

— Como sabemos disso? — você indaga cautelosamente, com uma leve suspeita humanista presente na sua voz.

— De várias formas. O governo escocês deu testes de QI a todas as crianças de 11 anos na Escócia em um único dia, em 1930. Sessenta anos depois, pesquisadores começaram a correlacionar o QI dos testes com a experiência de vida daquelas crianças. Mesmo quando eles controlaram para a classe social e muitos outros fatores, os resultados mostraram que as crianças com QI mais alto, na média, viveram mais. Outros estudos similares tiveram o mesmo resultado.

— Mas o QI não é uma coisa só. Como eles podem saber? — você pregunta, não querendo reduzir a identidade do seu futuro filho a resultados de pesquisas.

— Você tem razão. O QI é um conceito complicado que muitas pessoas rejeitam. Algumas chegam a dizer que um QI alto nem te faz inteligente.

— E, se alguém tem um QI alto, isso faz com que seja um artista melhor, um amigo mais leal, um pai ou mãe mais amoroso?

— Essas são boas questões. A resposta para todas elas é "não". Não existe evidência de nada disso. Mas há muita pesquisa estatística que sugere que um alto QI tem correlação com sucesso na escola, na carreira, acumulação de riquezas e sociabilidade.

Você sente que está cedendo, apesar de si mesma. Você sabe que o QI não mede tudo e que um ser humano é muito mais do que sua simples pontuação de QI. Porém, você está preparada para rejeitar o conceito de QI logo de cara e deixar seu futuro filho sofrer as consequências caso esteja errada? Isso também seria arriscado. Se você não selecionar o embrião com maior QI, não há garantia de que o embrião que você selecionar terá uma predisposição maior para ser um artista melhor ou uma pessoa mais compassiva. Até onde você sabe, essas qualidades talvez sejam, como tudo o mais, também correlacionadas positivamente com o QI.

Mas um frio na sua barriga lhe diz que tem algo errado — não sobre escolher um embrião com um QI relativamente mais alto que o dos outros, mas sobre *não* escolher o embrião com o maior QI. Esse não é o pensamento mais politicamente correto que você já teve, mas agora você percebe que é o momento para honestidade brutal. Você pressiona a caneta entre os dedos e olha para cima.

— Tem mais — a médica continua, com um olhar grave. — Preciso lhe falar sobre algumas das mais novas pesquisas sobre estilos de personalidade.

DECODIFICANDO A IDENTIDADE

— Estilos de personalidade? — você repete, como se houvesse um caroço entalado na garganta. O que restou de mistério no ser humano?

— Imagino que você conheça pessoas que são mais extrovertidas que outras.

— Ah, sim — você afirma, pensando na sua irmã.

— E outras que são mais abertas ou mais neuróticas?

— Conheço. — O seu marido, e agora, com 6 meses de idade, o seu cachorrinho nervoso e comilão.

— Ou até pessoas que são sádicas e cruéis.

Sua mente se lembra do vizinho, ontem, chutando o irrigador de jardim defeituoso.

— O estilo de personalidade tem várias fundações — a médica prossegue —, mas a genética é provavelmente a maior de todas.

— Só um momento. — Você sente outro golpe na sua humanidade. — Está me dizendo que posso selecionar qual desses embriões aqui no seu freezer será a próxima Madre Teresa e qual será um *serial killer*?

A médica parece não conseguir decidir se você está brincando; de todo modo, prefere se manter cautelosa. Ela se aproxima e se senta na cadeira ao seu lado.

— O que estou dizendo — ela fala com sutileza, enunciando cada palavra — é que estamos começando a entender a genética de padrões subjacentes em diferentes estilos de personalidade, e pessoas que querem essa informação ao selecionar os seus embriões para implante têm esse direito por lei, desde que assinem esse documento antes de conseguir as informações.

— A personalidade de um indivíduo vem de várias fontes diferentes — você afirma, ainda tentando se segurar ao desconhecido mágico do ser humano. — Como se pode reduzir tudo isso à genética?

— Não podemos, ponto-final. — Ela pausa um momento para deixar aquilo bem claro. — Contudo, podemos oferecer probabilidades estatísticas. Se você escolher fazê-lo, poderá selecionar o embrião entre os seus seis que tenha a maior chance estatística, relativa aos outros, de possuir o estilo de personalidade de sua preferência.

— Algo nisso não me parece certo. É como se eu estivesse pedindo pelo meu filho numa cafeteria: um *espresso* com um pouco de leite e uma colher de chantili.

75

— Não estou aqui para convencê-la de nada. — Ela se reclina na cadeira. — Estou apenas explicando as suas opções. É você quem decide.

Agora sua mente está agitada. Você volta à infância, com a surpresa que seus pais tiveram ao descobrir que você era boa em matemática quando nenhum dos dois conseguia fazer as contas do talão de cheques. Você recorda o orgulho que experimentou ao superar a sua timidez ao participar do concurso de talentos da escola. Lembra de todos os mistérios desconhecidos que se desenrolaram no curso da sua vida. Será que se sentiria da mesma forma se os seus pais tivessem selecionado opções para você a partir de um cardápio? Eles teriam ficado tão felizes ao vê-la cantar no show de talentos ou já saberiam que seria assim, porque você, afinal, havia sido otimizada geneticamente para ser extrovertida?

Mas então, novamente, você lembra que todos aqueles embriões são seus filhos naturais. Um deles vai nascer em um mundo onde pais estão tomando essas mesmas decisões. "Se vou investir as próximas décadas da minha vida em ajudar meu futuro filho a florescer, por que não escolheria o embrião com a melhor chance?" Você sente seu braço se esticando. Sua mão pressiona a caneta digital contra o tablet com ainda mais força.

Assinar ou não assinar, eis a questão.

Quanto mais entendermos sobre como a genética funciona, melhor seremos em selecionar mais características — e características genéticas cada vez mais complexas — de nossos futuros filhos.

Embora devamos sempre nos manter humildes sobre os limites do nosso conhecimento, também somos uma espécie agressiva e orgulhosa que precisa sempre forçar os próprios limites. Como os nossos ancestrais desenvolveram a capacidade cerebral que criou a caçada em grupo, a linguagem, a arte e estruturas sociais complexas possíveis, começamos a desenvolver ferramentas para mudar o ambiente à nossa volta. Quando desenvolvemos a agricultura, as cidades e a medicina, nós mostramos o dedo do meio para a natureza como ela nos encontrou e como nós a encontramos.

Mas, mesmo assim, os tipos de escolhas feitas em nossa clínica de fertilidade hipotética ainda vão requerer descobrir quanto das nossas características vem da nossa biologia inata e quanto vem do amplo ambiente ao nosso redor. Se uma doença ou uma característica é minimamente genética, selecioná-la durante a FIV e o PGT faz pouca diferença. Para doenças geradas por mutações monogênicas, como a doença de Huntington, ou características genéticas, como a cor dos olhos, os genes são quase inteiramente determinantes. Câncer de pulmão adquirido numa vida de fumante não é o caso de que estamos falando.

Para corrigir nossas doenças genéticas e potencialmente selecionar características genéticas é preciso primeiro descobrir quão amplamente nós e cada uma das nossas desordens genéticas e características são determinados pelos genes. O processo de acessar onde a biologia termina e onde o ambiente começa é outra forma de descrever o nosso debate de eras sobre equilíbrio entre a influência do natural contra o social.

Nossos antepassados têm debatido esse assunto por milênios. Platão acreditava que os humanos nasciam com o conhecimento inato, uma afirmação depois contestada por seu pupilo Aristóteles, que argumentou que o conhecimento é adquirido. Confúcio escreveu, no século VI antes de Cristo, a famosa frase "Eu não nasci com a posse do conhecimento", dando um voto às opiniões de Aristóteles. No século XVII, Descartes expressou sua opinião platônica de que os humanos nascem com um conjunto inato de ideias que projetam nosso comportamento geral e as atitudes no mundo. Hobbes e Locke, por outro lado, acreditavam que a experiência de vida é o que determina exclusivamente as características de alguém. Quase todos hoje em dia concordam que a resposta do debate da natureza contra as vivências sociais é "as duas", porque a natureza e as vivências são ambas sistemas dinâmicos que interagem continuamente. Mas o fato de isso ser uma verdade indubitável não faz com que a descoberta de quão geneticamente determinados nós somos seja menos importante.

Essa não é só uma questão filosófica. Se nós somos sobretudo naturais e se a nossa genética determina em larga escala quem somos, então consertar um problema ou fazer uma mudança vai demandar uma intervenção no nível genético. Se nós somos principalmente experiência, majoritariamente influenciados pelos fatores ambientais à nossa volta, então seríamos malucos de pensar sobre alterar a nossa genética complexa para mudar resultados quando criar um ambiente mais benigno já resolveria a questão.

É impossível desenhar uma linha exata entre o natural e a experiência, mas gerações de estudos com gêmeos têm ajudado cientistas a entender o papel que a genética tem em influenciar quem nós somos. Gêmeos idênticos separados ao nascer oferecem uma ótima oportunidade para entender melhor o papel da genética. Quanto maior o papel da genética, maiores as chances de gêmeos idênticos criados separadamente terem comportamentos semelhantes.

Gêmeos idênticos são praticamente cópias um do outro ao nascer; então, se humanos fossem 100% seres genéticos, esses gêmeos teriam se mantido completamente idênticos durante sua existência. Esquizofrenia em gêmeos é um bom estudo de caso. Cerca de metade dos gêmeos idênticos compartilha essa desordem crônica do cérebro, comparados a menos de 15% no caso de gêmeos fraternos — isso sugere que a esquizofrenia tem uma fundação genética significativa. Mas, porque nem todos os gêmeos idênticos compartilham essa condição, sabemos que uma parcela significativa dos fatores envolvidos provém do ambiente e de outras variáveis não genéticas.

O psicólogo e geneticista Thomas Bouchard, que durante décadas estudou gêmeos separados ao nascer, descobriu que gêmeos idênticos criados separadamente tinham a mesma probabilidade de compartilhar características de personalidade, interesses e atitudes que os gêmeos idênticos criados juntos[1]. Todos nós já ouvimos falar sobre as histórias incríveis de gêmeos idênticos separados ao nascer que se reencontraram mais tarde e descobriram ser similares de maneiras chocantes.

Os gêmeos idênticos Jim Lewis e Jim Springer foram separados quando tinham apenas 4 semanas de vida. Quando se conheceram, trinta anos depois, em 1979, descobriram que ambos roíam as unhas, tinham enxaquecas, fumavam a mesma marca de cigarros, dirigiram o mesmo tipo de carro, na mesma praia da Flórida. Histórias como essa não são mera curiosidade, mas indicadores de uma mensagem genética mais profunda. Apesar de os estudos com gêmeos demonstrarem que

DECODIFICANDO A IDENTIDADE

as similaridades entre gêmeos têm mais a ver com fatores genéticos e biológicos do que com os ambientais, isso não nega a importância crítica do amor, da criação, da família e todos os tipos de influências sociais[2]. Estudos como esses têm sido replicados por todo o mundo.

Em 2015, uma coalisão de cientistas, usando as descobertas da maioria dos estudos com gêmeos dos últimos quinze anos, tentou criar conclusões a partir de uma coleção gigantesca de 2.748 publicações sobre o assunto, explorando 17.804 características entre 14.558.903 pares de gêmeos em 39 países. Utilizando a análise de *big data* para apontar melhor o equilíbrio entre as influências genéticas e ambientais, eles confirmaram que todas as características humanas medidas são pelo menos parcialmente hereditárias, mas algumas são mais do que outras. Entre elas, as desordens neurológicas, cardíacas, de personalidade, oftalmológicas, cognitivas e otorrinolaringológicas foram consideradas as mais afetadas pela genética. Entre todas as características, os autores descobriram que a média de todas as características hereditárias era de 49%[3]. Se essas descobertas estiverem corretas, praticamente metade do que somos é definida pela genética. Essa seria uma boa notícia para os classicistas. Platão e Aristóteles estavam ambos certos.

Que sejamos, em geral, provavelmente metade natureza, metade criação intuitivamente parece certo. A maioria dos pais diz que, de imediato, sentiram que seu filho recém-nascido tinha uma disposição alegre, ansiosa ou rabugenta logo de cara. Parte disso, tenho certeza, é um revisionismo histórico depois que a criança cresceu se mostrando mais otimista, nervosa ou agressiva, mas parte também vem da nossa capacidade de reconhecer que uma grande parcela de quem somos é baseada na nossa biologia inerente. Considerando por um momento que somos metade natureza, com algumas características sendo mais genéticas do que outras, quão longe devemos ir para entender a parte genética e biológica de nós mesmos?

Sabemos a partir da nossa constituição e de pesquisas que a altura é uma característica predominantemente genética, mas não sempre. Proteína, cálcio, vitaminas A e D são essenciais para ajudar crianças a crescer em seu potencial. Quando uma fome devastadora atingiu a Coreia do Norte nos anos 1990, a má nutrição em grande escala reduziu o

HACKEANDO DARWIN

crescimento de toda uma geração de jovens norte-coreanos, que ficaram cerca de 10 centímetros mais baixos que seus vizinhos sul-coreanos[4]. Isso nos diz que não importa a previsão da sua genética, a altura pode ser reduzida se você não recebe os nutrientes necessários na infância.

Se a altura é em sua maior parte genética, o próximo passo é descobrir quais genes têm maior influência na sua altura. Existe um pequeno número de mutações monogênicas que pode fazer uma pessoa ficar muito alta ou muito baixa. Uma mutação no gene *FBN1*, por exemplo, pode causar síndrome de Marfan, uma condição que usualmente faz as pessoas ficarem muito altas e magras com uma envergadura dos braços extralonga. (O nadador olímpico Michael Phelps e o presidente americano Abraham Lincoln apresentaram sintomas dessa mutação.) A acondroplasia, por outro lado, é uma mutação no gene *FGFR3*, que causa nanismo.

Mas exemplos como esses de mutações monogênicas tendo um impacto importante na altura são raríssimos. Na maioria dos casos, a altura é influenciada por centenas, ou até milhares, de genes, bem como por fatores ambientais como nutrição[5]. Os especialistas acreditam que cerca de 60% a 80% das diferenças de altura entre as pessoas são baseadas na genética[6]. Isso faz sentido intuitivamente. Uma pessoa não é alta porque tem uma única parte do corpo alongada, como uma girafa. Em vez disso, somos altos porque cada parte de nós é um pouco mais longa. Até agora, foram identificados cerca de 800 genes diferentes que, acredita-se, influenciam na altura de um jeito ou de outro.

Apesar de a lista completa de determinantes genéticos para a altura não ter sido ainda descoberta, Stephen Hsu, um físico teórico e vice-presidente em pesquisa na Universidade Estadual de Michigan, fez um incrível trabalho demonstrando como a altura pode ser prevista com precisão apenas com os fatores genéticos já conhecidos. Recorrendo a 500 mil genomas sequenciados do UK Biobank, Hsu e seus colaboradores procuraram prever a altura das pessoas com base apenas na sua genética. Assim que esses cálculos foram realizados, eles compararam a predisposição para a altura dos indivíduos. De forma impressionante, foram capazes de prever a partir dos dados genéticos a altura verdadeira de uma pessoa com margem de erro de cerca de 2,5 cm[7].

Prever a altura de alguém a partir da sua genética é útil para identificar problemas de crescimento mais cedo na vida das crianças, mas o valor dessa pesquisa é consideravelmente maior. Ser capaz de prever essa característica complexa abre portas para as possibilidades de entender, prever, selecionar e, no fim, alterar qualquer característica complexa e muitas doenças genéticas complexas e hereditárias. Hsu e outros já têm aplicado algoritmos computacionais similares para prever a densidade óssea, e essa abordagem logo será usada para prever predisposições genéticas para doenças como Alzheimer, câncer de ovário, esquizofrenia, diabetes tipo 1 e outras características poligênicas, assim que os genomas sequenciados de pessoas suficientes com cada doença e característica tiverem seus dados adicionados em um banco de dados compartilhável[8].

Faz sentido que prever uma característica completamente genética seria mais fácil se a característica fosse influenciada por apenas alguns marcadores genéticos do que por centenas. Por isso é que precisamos de maiores acervos de dados para prever características mais complexas do que para as geneticamente mais simples. Por outro lado, se a característica é apenas em parte genética, podemos apenas utilizar os conjuntos de dados genéticos para prever a parte hereditária. Se tivermos tanto senso de quanto uma característica é hereditária, quanto um palpite sobre o número de genes influenciando tal característica, poderemos então começar a estimar quantos genomas sequenciados e registros médicos seriam necessários para prever a porção genética dessa característica a partir apenas dos dados coletados. Para a maioria das doenças crônicas em adultos, esse número é estimado em cerca de 1 milhão. Para muitas doenças psiquiátricas, é estimado em cerca de 1 milhão a 2 milhões[9]. A maioria das características poligênicas complexas provavelmente pode ser prevista a partir de um conjunto de dados na casa dos milhões; quanto maior o conjunto de dados, melhor.

A altura e o risco de doenças genéticas são extremamente complexos, e em sua maioria determinados como características genéticas, mas a inteligência, entre outras características ainda mais complexas que também são importantes para os humanos, será um desafio ainda mais difícil de superar.

Desde que o conceito de inteligência existe, as pessoas têm debatido sobre o que ela é e como medi-la. A inteligência geral é dificílima de definir, mesmo que muitos já tenham tentado. "A habilidade de raciocinar, planejar, resolver problemas, pensar de forma abstrata, compreender ideias abstratas, aprender rapidamente e aprender a partir da experiência" captura muito, mas também perde muito[10].

A inteligência, assim como todas as características, só tem valor dentro de um determinado contexto, e existem tantos tipos diferentes de inteligência como de pessoas. Ninguém é esperto, lindo ou forte em termos absolutos. Tire alguém do seu ambiente e seu tipo de inteligência poderá ser mais ou menos valioso. Albert Einstein era mais inteligente do que a maioria de nós, mas não tenho certeza se o tipo de brilhantismo dele ajudaria a encontrar comida ou água em um momento de escassez.

Todavia, apesar de ser tentador argumentar que qualquer tipo de ranqueamento da inteligência constitui uma discriminação inerente, nosso progresso como espécie demanda que criemos uma hierarquia para inteligência de forma geral e também para tarefas específicas, e que façamos o nosso melhor para garantir que os mais capazes estejam realizando as tarefas para as quais eles têm maior habilidade (de preferência, não deixar que artistas abstratos gerenciem nossas estações de energia nuclear). Em um mundo onde as capacidades genéticas das pessoas talvez sejam combinadas com os seus papéis na sociedade, e onde a inteligência geral talvez seja uma prioridade, teríamos que respeitar por definição muitos tipos de inteligência para que pudéssemos maximizar os benefícios dessa variedade (enquanto entendemos melhor nossa própria humanidade). Dizer que a inteligência é diversa, no entanto, não pode impedir nosso reconhecimento de que muitas das suas formas são também hierárquicas, especialmente dentro de um contexto particular.

Talvez entre todas as características a batalha sobre a hereditariedade da inteligência seja a que tem sido travada por mais tempo. No fim dos anos 1800, o cientista e estudioso inglês Sir Francis Galton — que nós encontraremos novamente mais tarde ao explorar o horror da eugenia — tentou medir e comparar as qualidades sensoriais entre outras

DECODIFICANDO A IDENTIDADE

características dos nobres britânicos e das pessoas comuns. Esse esforço enviesado para demonstrar a superioridade genética da nobreza levou a lugar nenhum e acabou dando destaque à ideia de que medir a inteligência era uma fraude desde o princípio. Algumas décadas depois, o psicólogo francês Alfred Binet desenvolveu uma série de questionários para crianças com o objetivo de determinar quais precisavam de ajuda especial na escola. Com base na crença de que se tratava de perguntas a que um estudante médio conseguiria responder, as crianças que não tiveram êxito em responder-lhes foram consideradas com inteligência inferior à média.

Essa ideia de ter uma média normal para a inteligência, com as pessoas pontuando acima ou abaixo do nível, foi desenvolvida adiante pelo psicólogo alemão William Stern, que cunhou o quociente de inteligência média, QI, em 100. Se alguém tivesse um QI de 120, teria, de acordo com o modelo, um QI 20% maior do que a média das pessoas. Um QI de 80 seria 20% menor. O psicólogo americano Chales Spearman reconheceu que as habilidades cognitivas das crianças eram correlacionadas para múltiplas disciplinas — as que iam bem em uma área tendiam a se sair bem em outras —, e criou o conceito de *fator geral* de inteligência[11].

Nos anos que se seguiram, o conceito de QI se espalhou rapidamente pelo mundo e passou a ser utilizado por diversas organizações, sobretudo pelo Exército americano durante a Primeira Guerra Mundial, para avaliar a aptidão geral aplicada a múltiplas tarefas. Apesar de os testes de QI provavelmente terem ajudado o Exército americano a medir certos tipos de aptidão, o resultado deles mostrou que as disparidades de QI entre grupos também foram utilizadas por acadêmicos reconhecidos como Carl Brigham, de Princeton, para argumentar contra a imigração e a integração racial que enfraqueceriam a base genética americana.

Apesar desse passado questionável, muitos estudos demonstraram que o QI — como a nossa hipotética médica geneticista explicou — é bem correlacionado com saúde, nível educacional, prosperidade e longevidade[12]. Muitas das habilidades cognitivas gerais que foram mais benéficas aos nossos antepassados — incluindo memória,

83

reconhecimento de padrões, habilidades de linguagem e proficiência matemática — são positivamente correlacionadas, e pessoas com QI alto tendem a pontuar bem na maioria dos testes cognitivos. Para muitos críticos, no entanto, o QI continua sendo autovalidador, impreciso, desrespeitoso com as diferenças, racial e socioeconomicamente tendencioso, perigoso e, no geral, altamente questionável[13].

Esse debate alcançou seu ápice nos Estados Unidos depois da publicação, em 1994, do livro *The Bell Curve: Intelligence and Class Structure in American Life* ["A curva normal: inteligência e estrutura de classe na vida americana"] por Richard Herrnstein e Charles Murray, que descreveu a inteligência como a nova linha divisória na sociedade americana. No início do livro, os autores assumem uma posição defensiva de que o fator geral da habilidade cognitiva pode ser medido com precisão, é diferente entre as pessoas e é cerca de 40% a 80% hereditário. Apesar de Herrnstein e Murray reconhecerem que a inteligência tem componentes ambientais e genéticos, eles sugeriram de maneira controversa que a genética explica por que alguns grupos têm pontuação mais baixa do que outros em testes de QI, e que restringir os incentivos governamentais para mulheres pobres procriarem aumentaria o QI médio da população americana[14]. Ao simultaneamente levantarem o assunto tabu da diferença de QI entre pessoas, grupos e raças, Herrnstein e Murray bateram de frente com a opinião pública progressista.

Bob Herbert, colunista do *New York Times*, chamou *The Bell Curve* de "uma peça escabrosa de pornografia racial mascarada como um estudo acadêmico sério"[15]. Stephen Jay Gould, da Harvard, e crítico de longa data do conceito do *fator geral* de inteligência, argumentou que outros fatores ambientais como nutrição pré-natal, vida no lar e acesso à educação de qualidade tinham maior influência na inteligência de uma pessoa do que Herrnstein e Murray consideraram[16]. Outros críticos atacaram o livro como sendo reducionista, cientificamente imaturo e perigosamente tendencioso[17].

Mesmo nesse ambiente altamente polêmico, um número significativo de pesquisadores defendeu o princípio de que a habilidade cognitiva geral era em grande parte genética e hereditária enquanto tentava evitar ao máximo o perigo claro de conectar a ciência genética à

DECODIFICANDO A IDENTIDADE

política controversa de raça e gênero. Cinquenta e dois acadêmicos de vanguarda publicaram um pronunciamento em conjunto no *Wall Street Journal*, em dezembro de 1994, confirmando que a inteligência pode ser definida e testada com precisão, que ela é em grande parte genética e hereditária e que o "QI está fortemente correlacionado, provavelmente até mais do que qualquer outra característica humana mensurável, a muitos resultados educacionais, ocupacionais, econômicos e sociais importantes"[18]. Apesar de Herrnstein e Murray serem de várias formas mensageiros falhos fazendo recomendações políticas condenáveis, a ideia de que o QI tinha um componente genético real, mensurável e hereditário foi mais difícil de ignorar.

Estudos com gêmeos idênticos e irmãos têm por décadas ajudado a ilustrar quanto do nosso QI é baseado nos nossos genes *versus* a nossa experiência. O Estudo da Família de Gêmeos de Minnesota, conduzido entre 1979 e 1990, acompanhou 137 pares de gêmeos — 81 idênticos e 56 fraternos — separados na infância e criados longe um do outro. De forma similar às descobertas dos pesquisadores sobre a composição genética da altura, os cientistas de Minnesota descobriram que 70% do QI era baseado na genética, com apenas 30% resultando da diferença em experiência de vida, um resultado similar ao de outros estudos com gêmeos[19]. Uma revisão mais recente da literatura de muitos estudos na genética da inteligência estimou que o QI é cerca de 60% hereditário[20]. Como o QI é uma medida de algo expresso e desenvolvido conforme aprendemos e crescemos (por causa disso é que não testamos QI em recém-nascidos), a herdabilidade genética do QI tende a aumentar conforme as pessoas envelhecem[21].

Mesmo assim, o próprio conceito de que o QI é em parte baseado na genética ainda é um tópico sensível. Questionamentos têm surgido repetidas vezes sobre se pesquisas como o Estudo da Família de Gêmeos de Minnesota teriam um viés socioeconômico. Em 2003, o professor Eric Turkheimer, acadêmico da Universidade de Virgínia, decidiu testar se o mesmo percentual de herdabilidade da inteligência era verdade tanto para pessoas mais pobres como para as de classe média em grupos de gêmeos testados em muitos dos outros estudos. De forma interessante, ele descobriu que as previsões genéticas do QI eram menos precisas para

85

crianças com famílias menos abastadas[22]. Uma explicação para isso poderia ser que os testes de QI são fatalmente tendenciosos e falhos. Outra poderia ser que os fatores negativos do ambiente tiveram um impacto relativo maior do que os positivos nessas situações de desvantagem — semelhante a como a escassez de comida na Coreia do Norte tornou mais importantes os fatores ambientais para crianças nascidas nos anos 1990 do que para o resto da população.

Se aceitarmos as descobertas da vasta maioria dos estudos de que o QI é majoritariamente, mas não completamente, genético, a questão se torna como podemos entender a genética específica por trás do QI. Para responder a essa questão, cientistas vêm realizando um grande número de estudos para tentar identificar os milhares de genes que influenciam o QI. Embora apenas algumas variantes genéticas[23] conectadas à inteligência mais alta do que a média tenham sido encontradas até 2016, quase 200 foram descobertas desde então[24]. Apesar de ser um tremendo progresso, cada um dos genes e variantes de genes identificados representa apenas uma pequena porcentagem das diferenças de QI estimadas entre as pessoas[25]. Identificar algumas centenas de genes dentre milhares em potencial que impactam a inteligência nos diz muito pouco sobre a real inteligência potencial de uma pessoa no quadro geral.

E mesmo assim...

O fato de estarmos identificando esses genes tão rapidamente ainda nos estágios iniciais da revolução genética sugere fortemente que encontraremos um número ainda maior à medida que o número de pessoas sequenciadas e o acesso a seus registros de saúde aumentarem; que novas ferramentas de computação e capacidades de análise de *big data* evoluirão e que mais recursos monetários, pessoais, educacionais e governamentais serão utilizados[26]. O número total de genes que influenciam o QI precisaria ser, por definição, um número muito menor do que 21 mil (o número total de genes no genoma humano). Nosso caminho para identificar os 200 genes tem acelerado exponencialmente nesses últimos anos, por isso até um número na casa dos milhares já parece alcançável.

Progressos gigantescos têm sido feitos para decifrar o código genético do QI, e nós ainda temos um longo caminho a percorrer, mas

DECODIFICANDO A IDENTIDADE

quão mais geneticamente complicado é o QI em comparação, por exemplo, à altura? Duas vezes mais, três vezes mais, cinco vezes? Com certeza, não é dez vezes mais complexo.

A análise preliminar de Steve Hsu e o trabalho impressionante da bioestatística Yan Zhang e de seus colegas na Universidade Johns Hopkins sugerem que a maioria das características hereditárias terão 50% ou mais probabilidade de ser previstas com relativa precisão assim que 1 milhão de pessoas sequenciarem o seu genoma e disponibilizarem o acesso aos seus registros de saúde[27]. Digamos que a inteligência humana seja cinco vezes mais complicada do que Hsu e Zhang consideraram. Isso significaria que precisaríamos de 5 milhões de genomas sequenciados e registros. Isso é muita gente para os padrões de hoje, mas não se compararmos aos 2 bilhões de pessoas que serão provavelmente sequenciadas na próxima década.

Talvez uma característica humana ainda mais complicada para entender e quantificar seja o estilo de personalidade. A personalidade está entre as características humanas mais íntimas, o que justifica por que as pessoas ficam tão tensas ao pensar nela como uma opção a ser selecionada na clínica de fertilidade. Apesar de testes como o Myers--Briggs terem procurado quantificar diferentes tipos de personalidade, o processo ainda parece mais arte do que ciência.

Uma das principais teorias sobre a personalidade desde os anos 1950 divide os estilos de personalidade humana em cinco grandes categorias: extroversão, neurose, abertura, consciência e afabilidade. Cada um de nós, claro, está em algum lugar dentro do espectro dessas categorias, e medidas como essas são necessariamente relativas e subjetivas. Mas nós podemos facilmente classificar os nossos amigos e familiares de mais a menos extrovertidos, neuróticos etc., então fica claro que as categorias têm significado.

Como é usual, os estudos com gêmeos também têm muito a dizer sobre os estilos de personalidades. "Em múltiplas medidas de personalidade e temperamento, ocupação, interesses de lazer e atitudes sociais", os pesquisadores dos Estudos de Gêmeos de Minnesota descobriram que "gêmeos [idênticos] monozigóticos criados separados são tão similares quando gêmeos monozigóticos criados juntos [...] o efeito de ser criado no mesmo lar é insignificante para muitas características psicológicas"[28].

Os estudos de gêmeos não são a única maneira pela qual os pesquisadores estão investigando a genética do estilo de personalidade. Cientistas da Universidade da Califórnia, em San Diego, reuniram dados para comparar centenas de milhares de genomas com as informações de personalidade medidas em um questionário com essas mesmas pessoas, em um estudo reportado em 2016, na revista científica *Nature Genetics*. Quando compararam o genoma sequenciado dos indivíduos que se descreveram como tendo tipos de personalidade similares, os pesquisadores identificaram seis marcadores genéticos que eram significativamente associados com as características de personalidade. A extroversão estava associada a variantes nos genes *WSD2* e *PCDH15*, e a neurose com as variantes no gene *L3MBTL2*[29]. Apenas olhando para alguns pontos do genoma, os pesquisadores da UC San Diego sentiram que podiam prever vagamente que estilo de personalidade uma pessoa teria.

Quase não existe possibilidade de que os nossos complexos estilos de personalidade, com exceção de um pequeno número de raros casos, sejam influenciados única ou significativamente por mutações monogênicas como essas, mas existe uma alta chance — uma certeza até — de que a personalidade venha a ser identificada na genética nos próximos anos.

Estudos sobre a genética da altura, inteligência e estilo de personalidade mostram que nós teremos cada vez mais capacidade para decodificar os componentes genéticos até das características humanas mais íntimas e complexas, com um grau crescente de precisão. Mesmo que não desvendemos por completo a genética subjacente a essas características por muitas décadas, não vamos precisar de um entendimento tão completo para utilizar o nosso conhecimento limitado, mas em expansão, da genética na medicina e na reprodução com crescente confiança.

As implicações humanas de ter esse tipo de escolha é o que deixa a maioria das pessoas desconfortável em situações como as que a médica apontou, na clínica de fertilidade, baseadas no seu conhecimento avançado, porém incompleto, de como os genes funcionam. Até com esse

DECODIFICANDO A IDENTIDADE

conhecimento limitado, no entanto, cada um de nós vai, de um jeito ou de outro, precisar decidir se vai ou não assinar o tablet do médico.

Tomar esse tipo de decisão na clínica de 2035 terá um grau relativamente baixo de segurança comparado ao que virá a seguir. Cada um desses embriões, em 2035, será natural e não modificado pelos pais genéticos como você. Mesmo que o nosso entendimento da genética se prove completamente incorreto, todos os pais que usarem a FIV e a seleção de embriões pré-implantados vão terminar com uma criança tão "natural" como qualquer outra*. Mas, com o passar do tempo, quando hackear a biologia vier a se tornar o novo modo de operação para a nossa espécie, será quase impossível que a nossa aplicação de tecnologias genéticas de reprodução pare apenas com a seleção de alguns poucos embriões pré-implantados.

---

* Esse cálculo mudaria se fosse provado que ter filhos por meio da FIV e do PGT é menos seguro do que com a reprodução sexuada. Como a FIV e o PGT tradicionais foram realizados em mulheres mais velhas, com maior risco durante a gravidez, fazer essa afirmação requereria comparar mães "em igual condição". Até agora, há pouca indicação de que esse seja o caso.

CAPÍTULO 4

O fim do sexo

Não confessei tudo na introdução deste livro. Parei minha história antes da hora. Escondi uma palavra.

O médico no banco de esperma me contou que a simpática recepcionista, que também operava como enfermeira, me levaria ao *masturbatorium*. É um termo verdadeiro[1].

Fiquei um pouco vermelho ao ser guiado pelos corredores por ela, que me entregou o frasco de plástico. A recepcionista abriu a porta para um quartinho que um dia deveria ter sido um armário de vassouras. Branco esterilizado e abarrotado de armários médicos, a única indicação do propósito daquele ambiente se revelava nos vídeos pornográficos que já estavam passando na tevê. Imaginei se alguém havia decidido de quais filmes eu gosto de assistir e escolhido um DVD para colocar no aparelho. Algo em mim sugere que aprecio tatuagens?

— As revistas estão nessa prateleira — ela disse em um tom profissional, apontando para uma pilha de publicações bem gastas. — Se você não gostar desse aqui, tem outros DVDs na gaveta, organizados por categoria. Apenas coloque o seu depósito no frasco e lacre-o firmemente com a tampa. Deixe a amostra na bancada quando terminar, e eu volto para recolher. Precisa de mais alguma coisa?

Balancei a cabeça. Um buraco para me esconder?

Ela deu meia-volta e fechou a porta ao sair, e eu olhei ao meu redor, para o estranho quarto, começando a me sentir enjoado com o som de grunhidos baixos vindos da tevê. Aquilo era mesmo o que a evolução tinha planejado para nós? Havia poucos ambientes que eu poderia imaginar menos propensos para a atividade que eu tinha em mãos do que aquele. Uma cadeira de dentista me veio à mente[2*].

Mas não importava quão desconfortável fosse, eu retornaria ao trabalho antes que meu horário de almoço acabasse. Na verdade, não foi tão ruim assim. Isso porque sou homem.

O homem saudável em média produz mais de 500 bilhões de espermatozoides durante a vida, e tem entre 40 milhões e 1,2 bilhão de espermatozoides ejetados em cada ejaculação. Como muitas outras espécies de mamíferos, produzimos tantos espermatozoides porque temos competido com outros machos por centenas de milhões de anos para conseguir com que o nosso esperma se aproxime o máximo possível do óvulo feminino. Na forma como a nossa espécie é construída, o esperma é produzido aos montes. Por causa disso, o *masturbatorium* é um mal disfarçado armário de vassouras com nenhuma tecnologia além de um televisor e um velho aparelho de DVD.

Para as mulheres, no entanto, a história é diferente.

As mulheres nascem com 2 milhões de folículos ovarianos que vão, com o tempo, se tornar óvulos. A maioria desses folículos se fecha antes da puberdade, deixando apenas entre 300 e 400 com a chance potencial de amadurecer como óvulos para fertilização nas décadas seguintes. Essa é uma grande diferença: cerca de 500 bilhões de células masculinas contra no máximo 400 óvulos femininos. Em contraste com a fácil extração do esperma masculino, extrair o óvulo feminino é tudo menos isso.

Ao ter seus óvulos extraídos durante a FIV, a mulher deve primeiro suportar até cinco semanas de pílulas de hormônio sexual e/ou injeções para garantir o desenvolvimento máximo de folículos e óvulos para recolha. Essas drogas de estimulação do ovário aumentam os níveis de estrogênio, causando náusea, inchaço, dores de cabeça, visão embaçada e ondas de calor, além de um aumento no risco de perigosos coágulos sanguíneos e hiperestimulação ovariana.

---

* Minhas desculpas a qualquer dentista que estiver lendo este livro!

HACKEANDO DARWIN

Usando ultrassom para monitorar o desenvolvimento dos óvulos da mulher fixados na parede do folículo nos seus ovários, os médicos de FIV esperam até que os folículos tenham atingido maturidade antes de anestesiar a mulher para o procedimento de retirada. Uma agulha é então passada através do topo da vagina para alcançar o ovário e sugar os óvulos, os quais são então dispostos em uma placa de plástico. Depois que a mulher acorda da sedação e descansa, ela é mandada para casa, e pode vir a ter um pouco de cólica por algumas horas, mas às vezes mais do que isso.

Milhões de mulheres aguentam a dor e o potencial, embora raro, perigo da retirada dos óvulos porque a promessa na sua mente de ser mães supera essa inconveniência. Mas isso não faz o processo ser menos difícil.

A FIV não é impossível, mas também não é fácil. Também é menos interessante emocionalmente e mais clínica do que a concepção pelo sexo. A concepção pelo sexo sempre terá um apelo emocional, e alguns de nós sempre confiarão mais nos 3,8 bilhões de anos de evolução do que nos médicos de fertilidade. Com a sua combinação de custos e benefícios, porém, a FIV vai competir cada vez mais com o sexo como forma principal de procriação humana, particularmente à medida que for sendo considerada mais segura e mais versátil.

Desde o nascimento de Louise Brown, em 1978, mais de 8 milhões de bebês FIV nasceram sem nenhuma diferença na sua saúde em relação a outros bebês. Nos Estados Unidos, cerca de 1,5% de todos os bebês nasce por meio da FIV. No Japão, esse número subiu para quase 5%[3].O uso da FIV não apenas ajudou mães mais velhas ou com risco mais elevado a conceber como também fez com que novas categorias de casais, como de gays e lésbicas, conseguissem ter os próprios filhos biológicos.

A partir dos anos 1980 e 1990, serviços de fertilidade, doadores de sêmen, barrigas de aluguel e a mudança de normas sociais pavimentaram o caminho para que mais casais homossexuais pudessem ter os próprios filhos nos Estados Unidos e em alguns outros países. A decisão histórica da Suprema Corte em 2015 no caso Obergefell Vs. Hodges, que declarou o casamento gay protegido pela Constituição, facilitou essa normalização da família gay.

O FIM DO SEXO

Com a tecnologia de hoje, os homens gays que desejam ter filhos biológicos precisam encontrar uma doadora do óvulo, que muitas vezes será fertilizado pelos espermatozoides de um dos integrantes do casal e depois gestado em uma barriga de aluguel. Casais de lésbicas precisam, claro, de um doador de esperma. Isso significa que, para os estimados 4% da população que se descreveram no Gallup como membros do grupo LGBT, a reprodução assistida não é mais a exceção, mas a regra[4]. Como em outras áreas, a comunidade LGBT se mantém na vanguarda da mudança social.

Para a FIV se tornar uma forma mais comum de conceber para todas as mulheres, esse tipo de pensamento distinto sobre a concepção terá que se tornar o novo normal. O modelo da FIV também terá que ser mais fácil, menos clínico e menos doloroso para as mulheres, e esse processo já está em progresso.

Imagine que você deseje ter outro filho em 2045, uma década depois de o seu segundo ter nascido. Você é uma executiva ocupada, com cada momento da sua agenda lotado. Tem orgulho dos seus ancestrais e do seu parceiro e, por isso, deseja ter um filho 100% biológico. Sua experiência selecionando o que você achou serem as características mais positivas para o seu segundo filho reafirmou seus instintos de confiar nos dados; por isso, dessa vez você não tem nenhum medo de selecionar seu embrião pré-implantação com o máximo de informação genética possível. Você está disposta a engravidar porque quer ter certeza de que seu futuro filho será bem cuidado no seu útero, apesar de que muitas pessoas já utilizam barrigas de aluguel e alguns experimentos com úteros sintéticos. Mas você ainda gosta de fazer esse processo do jeito mais fácil, desde que garanta o máximo benefício. Por sorte, você não tem que passar pelo difícil processo de retirada dos óvulos, porque pode hackear o seu processo reprodutivo ainda mais do que imaginava.

Você está liderando a reunião matutina com os seus funcionários quando seu assistente chega ao escritório e coloca no seu braço um pequeno TAP [*Touch Activated Phlebotomy*, ou Flebotomia Ativada pelo Toque, um dispositivo que coleta sangue sem o uso de agulha]. Sem sentir dor alguma, você continua com a sua apresentação enquanto o aparelho coleta 100 mililitros do seu sangue, o equivalente a sete colheres de sopa, em um pequeno receptáculo. É isso. Nesse momento, você conseguiu fazer mais do que com todo o modelo antigo de FIV, com base em outra maravilha humana da imaginação e do progresso científico: o desbloqueio da magia das células-tronco.

O trabalho de cientistas como Spallanzani, o Magnífico, mostrou que a reprodução humana acontece quando o espermatozoide masculino fertiliza o óvulo feminino. Se nós começamos como um óvulo fertilizado, que então se desenvolve em vários tipos diferentes de células que compõem uma pessoa, então é lógico que essas células jovens devam ser capazes de crescer a partir da célula inicial como plantas a partir de sementes. Mas como?

Não foi coincidência que, em 1908, o cientista russo Alexander A. Maximow, ao descrever uma célula precursora que poderia se desenvolver em muitos outros tipos de células, também usou a analogia da planta. Com o passar dos anos, os cientistas foram aprendendo mais sobre essas incríveis "células-tronco" que cresciam em todos os tipos de células necessárias para criar um organismo, e então, de forma mais especializada, continuavam a regenerar cada tipo de célula para manter o corpo funcionando. As células-tronco são as sementes que depois se tornam capazes de criar vários galhos.

Por décadas, os pesquisadores se esforçaram para tentar entender, identificar e isolar as células-tronco. Até que, em 1981, os pesquisadores britânicos Martin Evans e Matthew Kaufman conseguiram, pela primeira vez na história, extrair células-tronco de embriões de ratos; com humanos esse processo foi realizado pela primeira vez por duas equipes de pesquisadores americanos dezessete anos depois. A descoberta das células-tronco embrionárias humanas lançou uma onda de expectativa primeiramente entre os cientistas, e então entre o público em geral.

Em 1998, Jamie Thomson, biólogo de desenvolvimento da Universidade de Wisconsin, e John Gearhart, da Universidade Johns Hopkins, ambos líderes na pesquisa de células-tronco embrionárias humanas, descreveram para a CNN os muitos milagres que as

O FIM DO SEXO

células-tronco poderiam operar. Elas poderiam, afirmaram Thomson e Gearhart, ser usadas para reparar lesões na espinha, em células cardíacas depois de infartos e danos a órgãos causados por doença ou radiação; estimular a produção de insulina para diabéticos e células cerebrais para secretar dopamina para o tratamento da doença de Parkinson; e para alterar geneticamente as células sanguíneas para que resistam a doenças como o HIV[5].

A ideia de fazer uso das células-tronco embrionárias para desenvolver esse tipo de milagre encantou muitas pessoas pelo mundo, mas também aterrorizou outras. Células-tronco embrionárias são, como o nome já diz, derivadas de embriões. Esses embriões, em quase todos os casos, são embriões não implantados de clínicas de fertilidade. Para pessoas que acreditam que a vida começa na concepção, esses embriões em estágio inicial em placas de cultura são pessoas. Se assim for, destruir embriões descartados para desenvolver essa pesquisa de ponta — mesmo se ela descobrir tratamentos que salvem vidas — seria nada menos do que assassinato. O movimento americano pró-vida rapidamente se mobilizou contra a pesquisa em biologia das células-tronco.

"De repente as células-tronco estão por toda parte", reportou a revista *Time,* em julho de 2001.

Outrora relegados às profundezas dos artigos científicos esotéricos, os agrupamentos microscópicos conseguiram chegar à primeira página dos jornais do país [...] [e] se tornaram o caso político do momento em Washington. O debate sobre as células ameaça quebrar alianças tradicionais, desafiando a nossa compreensão da vida e deixando alguns oponentes ao aborto em uma posição desconfortável: É possível proteger as barreiras restritas da "santidade da vida" e ainda assim aproveitar os benefícios dessas células para a nossa qualidade de vida? [...] Alguns defensores do movimento pró-vida têm conectado o uso de células-tronco em pesquisas ao que os médicos nazistas fizeram durante a Segunda Guerra Mundial. Mas essas células guardam consigo a promessa de cura para milhões de pacientes e seus familiares[6].

HACKEANDO DARWIN

Pego entre o avanço científico e a base conservadora, e entre as visões conflitantes de diferentes membros do seu próprio gabinete, o presidente americano George W. Bush dividiu a diferença. Em 9 de agosto de 2001, ele anunciou a proibição do financiamento federal para pesquisas envolvendo novas linhas de células-tronco embrionárias humanas . Isso significava que as 71 linhas de pesquisa que atendiam aos critérios do governo americano que já estavam em uso por pesquisadores ainda poderiam ser acessadas. Qualquer outra nova pesquisa que envolvesse células-tronco, no entanto, não poderia receber a verba do governo americano.

O esforço salomônico do governo Bush não agradou a ninguém. Para os defensores da pesquisa com células-tronco, limitar o número de linhas de células-tronco disponíveis apenas atrasou uma pesquisa essencial que provavelmente salvaria e melhoraria a vida de muita gente. Para muitos oponentes, o uso de qualquer linha de células-tronco violava a santidade da vida e, por isso, era uma abominação. Alguns pesquisadores americanos levaram seu trabalho para lugares como Singapura e Reino Unido para continuar seu trabalho sem intromissões. Ativistas em Nova York e na Califórnia contrariaram as restrições do governo Bush ao criar organizações de apoio à pesquisa bem fundamentadas e financiadas pelo Estado, a New York Stem Cell Foundation e o California Institute for Regenerative Medicine.

Mas então a descoberta de um instituto de pesquisa japonês um tanto obscuro abriu as portas da pesquisa com células-tronco e transformou para sempre o nosso entendimento da plasticidade biológica.

A maioria de nós pensa na biologia como um processo que se move em linha reta. Começamos como uma única célula e então crescemos até nos tornarmos seres complexos. Nascemos, envelhecemos e então morremos. Mas a natureza algumas vezes esconde seus truques à vista de todos. Não esperávamos fazer queijo perfeitamente fresco com leite azedo, mas para nós parece perfeitamente normal que dois humanos adultos de 30 anos consigam ter um filho com zero ano de idade e não com 30 ou 60. Claramente, nossas células já conhecem um jeito de zerar o relógio.

O FIM DO SEXO

Na década de 1950, John Gurdon, biólogo de Oxford, refletia sobre como algumas células animais pareciam conseguir rejuvenescer. Ele se perguntou se células já especializadas — como as da pele, do fígado ou outros tipos de células adultas — poderiam reter a habilidade de reverter para seu estado pré-diferenciado. Para testar essa hipótese, substituiu o núcleo de óvulos de sapo pelo núcleo de células adultas e especializadas de sapos. Depois de uma série (literalmente) de óvulos adulterados falharem em se multiplicar após ser inseminadas pelo esperma de sapos, alguns, miraculosamente, foram fertilizados e geraram girinos saudáveis. Gurdon provou que qualquer célula adulta, sob as condições certas, tinha a capacidade inata de retroceder o seu desenvolvimento e se tornar equivalente a células-tronco embrionárias.

A incrível descoberta de Gurdon abriu a mente dos pesquisadores para a possibilidade de as células se comportarem como Benjamin Button, mas não proveu o manual de como fazer isso acontecer. Um pesquisador veterinário japonês chamado Shinya Yamanaka foi quem acabou descobrindo.

Quando criança em Osaka, Yamanaka gostava de desmontar relógios e rádios e remontá-los. Depois de iniciar sua carreira como cirurgião, sua frustração por ser incapaz de curar algumas das piores doenças que assolavam seus pacientes o inspirou a ir mais fundo no entendimento da biologia das células. Assim, Yamanaka voltou para a universidade para conseguir seu doutorado em farmacologia, com foco particular na genética de camundongos. Quando soube do trabalho de James Thomson na geração de células-tronco humanas e das descobertas de John Gurdon sobre como o DNA nuclear pode ser reprogramado, ele decidiu decifrar as potências ocultas das células.

Depois de anos de árdua pesquisa, em 2006 Yamanaka e a sua equipe descobriram que proteínas codificadas por apenas quatro "genes mestres" poderiam retroceder o relógio e transformar qualquer célula adulta em uma célula-tronco. Assim como uma célula-tronco pode se diferenciar e se desenvolver com o tempo em pele, sangue, fígado, coração ou qualquer outro dos 200 tipos de células humanas, esses fatores descobertos por Yamanaka poderiam reverter essas células ao equivalente de células-tronco embrionárias — as quais ele chamou de *células-tronco pluripotentes induzidas*, ou iPSCs, na sigla em inglês. Yamanaka desconstruiu a célula e mostrou como o relógio biológico poderia andar para trás.

Yamanaka e Gurdon ganharam o Prêmio Nobel em 2012 pelo potencial das suas descobertas em revolucionar muito da biologia — incluindo como nós, humanos, criamos zigotos.

Em 2012, os biólogos celulares japoneses Katsuhiko Hayashi e Mitinori Saitou anunciaram que usariam os fatores de Yamanaka para reprogramar as células da pele de ratos em uma amostra de células iPS. Eles, então, adicionaram mais substâncias químicas para transformar essas células-tronco em células progenitoras de óvulos e espermatozoides, os precursores de óvulos e espermatozoides. Em seguida, colocariam essas mesmas células artificiais nos ovários de ratazanas, até que as células amadurecessem em óvulos. Quando eles colocaram o precursor de esperma induzido nos testes com ratos, essas células amadureceram e se tornaram espermatozoides. Esses óvulos e espermatozoides induzidos foram usados na FIV de ratazanas e resultaram em bebês ratos perfeitamente saudáveis. Apesar de a taxa de sucesso para esses espermatozoides e óvulos gerados por iPSC na FIV ser extremamente baixa, esse foi um avanço espetacular[7]. Esperma e óvulos foram gerados a partir de células de pele e usados para dar à luz ratos saudáveis.

Dois anos depois, em 2014, cientistas na Inglaterra e em Israel descobriram como replicar os mesmos resultados, mas com óvulos e esperma humanos gerados a partir de amostras de células de pele humanas[8]. A eficiência desse método foi mais uma vez baixíssima, e o grande número de variáveis desconhecidas torna esse processo nada seguro para humanos a curto prazo. Apesar disso, a ciência está evoluindo rapidamente, e as implicações são gigantescas para o futuro da reprodução humana (e para a sua experiência na clínica de fertilidade de 2045)[9].

A mulher média que participa do processo de FIV tem cerca de quinze óvulos extraídos para potencial fertilização. Como alguns desses óvulos frequentemente se mostram inaptos para fertilização, ou

O FIM DO SEXO

porque o embrião tem algum problema, é comum que a FIV tenha uma alta taxa de atrito. O número de embriões em estágio inicial disponíveis para seleção é, portanto, muito menor do que quinze. A tecnologia de células-tronco induzidas poderia, porém, multiplicar esse número de forma significativa.

Aqueles 100 mililitros de sangue que o seu assistente retirou durante a reunião contêm 300 milhões de células sanguíneas mononucleares, ou PBMCs — células sanguíneas com um núcleo celular. Cada uma dessas PBMCs (ou qualquer outro tipo de célula adulta, a propósito) pode ser transformada pelos fatores de Yamanaka em células-tronco induzidas. Então, usando o processo que Hayashi e Saitou desenvolveram, cada uma desses milhões de células-tronco poderia se transformar em célula precursora de óvulos e, no final, em óvulo.

Agora você tem centenas, milhares ou até milhões de óvulos. E os espermatozoides do pai já estão na casa das centenas de milhões. Mas, ainda que o esperma do pai não esteja disponível ou caso ele seja infértil, o mesmo processo poderia ser empregado para gerar esperma a partir das células iPS. Coloque esse esperma e esses óvulos juntos em uma placa na temperatura certa, ou injete as células do esperma nos óvulos, e agora, em vez de quinze óvulos fertilizados, você terá centenas ou milhares. Então o laboratório consegue usar máquinas para selecionar os óvulos fertilizados e identificar aqueles com biologia e formato ideais, na versão tecnológica do que embriologistas fazem manualmente em clínicas de fertilização hoje. O próximo passo seria cultivar esses óvulos fertilizados por cinco a sete dias, até que cada um tenha cerca de 100 células, e então extrair mais ou menos cinco células de cada blastocisto e sequenciá-las.

Como o custo de sequenciar o genoma logo será insignificante, sequenciar esses embriões em estágio inicial será barato, fácil e rápido. E, como o sequenciamento universal de baixo custo — em conjunto com os registros médicos e de vida eletrônicos e a análise de *big data* — terá até lá desvendado ainda mais segredos do genoma humano, as informações que essas centenas de embriões vão fornecer serão incríveis em comparação com o que temos hoje. Ele provavelmente será um componente básico do processo de fazer bebês, como você experimenta em 2045.

Você tem vivido normalmente desde que o drone mensageiro pegou sua amostra de sangue, semanas atrás, mas sua amostra tem sofrido uma metamorfose. Na clínica, os fatores de Yamanaka são usados para transformar suas células sanguíneas em células-tronco pluripotentes induzidas. Essas células-tronco são induzidas a se tornar as células precursoras dos seus óvulos, assim como as que foram produzidas pelo seu corpo uma década atrás na FIV — contudo, dessa vez, muitos outros óvulos estão sendo criados fora do seu corpo, além do que você conseguiria produzir sozinha.

Você tem sentido um crescente entusiasmo. Vem falando sobre ter um terceiro filho há anos, mas o grande dia finalmente chegou.

Esse cenário é hipotético, por isso podemos experimentar com quem estamos colocando no papel do seu parceiro. Pode ser seu marido, seu companheiro com quem você não é casada ou qualquer outra pessoa. Podemos imaginar uma versão dessa história na qual dois homens poderiam ter um bebê 100% biologicamente relacionado, usando o esperma de um pai e transformando as células de outro, por indução, em óvulos. Poderíamos até imaginar tanto o esperma como os óvulos sendo gerados a partir do mesmo homem, que se tornaria pai e mãe do próprio filho, um cenário cada vez mais viável do que nunca antes.

Cientistas americanos já produziram filhos viáveis a partir de dois ratos machos. Em novembro de 2018, cientistas chineses anunciaram que tinham colhido com sucesso e eficientemente células-tronco de um óvulo de camundongo que eles haviam induzido em espermatozoides e usado para fertilizar os óvulos de outra fêmea, resultando em filhotes saudáveis com metade de sua genética proveniente da primeira mãe e a outra metade da segunda mãe. Pesquisas recentes apontam para a possibilidade distinta de gerar óvulos a partir de ovários impressos em 3D que podem ser preenchidos com folículos e implantados em um homem ou mulher trans.

Ainda não comece a comprar suas roupas masculinas de maternidade, mas a biologia certamente já não é mais o que costumava ser!

No grande dia, você, ansiosa, aguarda ser chamada na clínica.

A sala de espera foi redecorada desde a sua última visita, dez anos antes. Sentada no sofá luxuoso sob a luz suave, com música de spa tocando, você se sente segura da sua decisão de escolher essa clínica novamente, agora parte de uma0 franquia competindo no mercado de 50 bilhões de dólares da tecnologia de reprodução assistida.

As portas se abrem, a médica chega para recebê-la. As paredes do consultório são feitas de telas eletrônicas. Ela escolhe um tema praiano, e você se sente relaxada como se estivesse de frente para o mar. O som suave das ondas a acalma.

Você aprecia o esforço, mas tem coisas mais importantes para pensar. A essa altura, você esteve exposta cientificamente à reprodução assistida por duas décadas e tem duas lindas crianças — uma com os seus saudáveis 20 anos, na faculdade, e outra com os seus brilhantes, artísticos e otimistas 1 anos, em casa. Dessa vez você não precisa ser convencida.

— Então? — você pergunta, esperançosa.

— Muito bem — diz a médica —, vamos direto ao assunto. A sua amostra de sangue chegou em segurança há uma semana. Colocamos seu sangue numa centrífuga para extrair as células de que precisávamos, então as reprogramamos em células-tronco e as usamos para gerar os seus óvulos. Decidimos fertilizar mil dos seus óvulos, mas então a máquina selecionou 100 desses mil para crescer em embriões de seis dias. Extraímos cinco células de cada para sequenciamento e o resultado é...

Esse é o momento pelo qual você esperava. Você prende a respiração.

De repente, a cena da praia se esvai e as paredes parecem uma rede gigantesca, cheia de números variando entre 0 e 100. Seus olhos escaneiam a sala enquanto você olha ao redor.

— Isso pode parecer um tanto confuso — a médica comenta —, mas os gráficos mostram as probabilidades para cada centena de embriões ter o resultado desejado. O eixo Y lista seus embriões de 1 a 100. O eixo X lista a estimativa em porcentagem de cada embrião ter uma condição específica ou característica caso ele se torne uma pessoa.

Há tantas características diferentes que os gráficos envolvem a sala inteira.

— Isso é incrível. A ciência está avançando tão rápido...

— Bem-vinda ao futuro da reprodução humana — diz a doutora.

Você anda até a coluna com o título *Alzheimer.*

— Então, esse *90* indica que esses embriões teriam 90% de probabilidade de desenvolver Alzheimer?

— Na verdade, não — ela responde. — Todos os números se referem aos resultados mais positivos. Aquele 90 significa que o embrião teria 90% de chance de *não* ter Alzheimer se ele fosse selecionado. Os números maiores são o que você procura para uma certa característica.

— Entendi. E este aqui seria um grande velocista?

— Esse embrião, que é masculino, teria uma proclividade genética para músculos de rápido acionamento. E, claro, para ser um grande velocista ele teria que ter uma alta pontuação em determinação, assim como treinar, comer bem, ser exposto a bons exemplos e tudo o mais.

Você olha para as paredes rapidamente. E então se dá conta.

— Minha mãe sempre me disse que eu era perfeita do jeito que era.

— Quero apenas reiterar — a médica prossegue — que estes são todos seus filhos naturais, os mesmos que você teria com sexo, do mesmo jeito que da última FIV e seleção embrionária, quando o número de óvulos estava limitado pela sua capacidade natural de produzi-los. Só aumentamos as opções. Todas essas qualidades, as boas e as perigosas, são sua herança genética. Elas refletem a genética dos seus ancestrais e a do seu parceiro por milhões de anos. Mudar é difícil para todo mundo, mas a questão final que as pessoas fazem é se elas vão se sentir melhor com as escolhas que tomaram, ou optando pelo modo antigo, em que o acaso tem um papel muito maior.

— Estou mesmo tentando achar a melhor pontuação? — Você ainda sente dificuldade para aceitar que a magia da vida pode ser reduzida a uma série de gráficos em porcentagem.

— A natureza não é tola — a médica afirma, com calma. — A evolução não é aleatória. Ela apenas fez algumas compensações ao longo do tempo que não nos parecem muito boas hoje em dia. Temos que lidar com isso usando muita humildade.

Você olha pela sala para a cascata de números e não vê humildade. Há 10% de chance de alguns dos embriões não terem diabetes tipo 1, 20% de possibilidade de alguns não terem Alzheimer. Algo ainda não parece certo. Você sempre soube que as pessoas com desordens genéticas eram diferentes. Algumas delas, como os autistas, têm até superpoderes além das capacidades das pessoas ditas normais. O que significa excluir essas condições com um simples aceno de cabeça?

Mas você também percebe que esses não são só números nas paredes. Você fecha os olhos e imagina seus futuros netos segurando a mão da sua terceira filha à medida que a mente dela se deteriora devido ao Alzheimer ou chorando no cemitério por causa da sua morte prematura. Você jogaria roleta-russa com o destino do seu próximo filho ou filha ao *não* selecionar os embriões saudáveis? Consideraria dar ao seu filho as melhores possibilidades genéticas que você e o seu parceiro podem prover? Se isso é ser arrogante, você percebe, então que assim seja.

— Qual é o próximo passo?

A médica se inclina.

— Primeiro, devemos eliminar todos os embriões com maior chance de desenvolver doenças perigosas. Isso significa os que pontuam de 0 a 50 nas colunas de doenças. Com tantas opções, por que selecionar os que têm a maior probabilidade de sofrer?

Lá se vão Kafka e Van Gogh, você pensa.

— E então?

— Existem muitas características influentes de um jeito ou de outro pelos genes. O algoritmo desse gráfico considera as características pelo grau de confiança em quão importante são os fatores genéticos para elas. Para cor do cabelo e dos olhos, por exemplo, é quase 100% certo que os genes determinarão o resultado. Para algumas das outras características, como habilidade musical, só temos 50% de confiança de que os genes vão fazer a diferença.

— O que isso significa?

— Que você precisará tomar decisões difíceis ao escolher as suas prioridades. — A médica prende o cabelo atrás da orelha. — Escolher tudo é como escolher nada. Se a empatia for muito importante para você, coloque na categoria mais alta. Se ser um bom maratonista não for o mais importante para você, então coloque abaixo para que não atrapalhe nos demais resultados. Entendeu?

Você mal responde. Sua mente já está transfixada em todas as possibilidades de futuro apresentadas nas paredes. Respira fundo.

— Podemos começar?

Sua mente vaga pelas escolhas que a nossa espécie já fez.

HACKEANDO DARWIN

***

Para entender quão longe a reprodução seletiva pode nos levar, tudo de que precisamos é olhar dentro da nossa geladeira.

Uma galinha selvagem só põe um ovo por mês por razões muito boas. Sendo uma espécie que, diferentemente do salmão, cria os seus filhotes, galinhas selvagens não podem ter mais filhotes do que dão conta de criar. A reprodução exige muita energia, então botar mais ovos também colocaria mais pressão na galinha selvagem para que encontrasse fontes constantes de alimento. E botar vários ovos deixaria a galinha selvagem ainda mais suscetível ao ataque de predadores. Para fêmeas selvagens férteis, botar um ovo por mês representa o equilíbrio dos imperativos evolutivos desenvolvido por milhões de anos.

Cerca de 8 mil anos atrás, os humanos domesticaram uma variedade de galináceos da Ásia chamados de *Gallus*. Não foi necessária a mente meticulosa de Gregor Mendel ou de um doutor em genética para que os nossos ancestrais observassem qual das galinhas domesticadas botava mais ovos. Não foi preciso o uso da FIV ou de um aplicativo de namoro de galinhas para que os fazendeiros cruzassem as galinhas que geravam mais ovos. Usando o pouco de ciência que se tinha, nossos ancestrais lançaram mão da reprodução seletiva para amplificar as características das galinhas que já haviam surgido em milhões de anos de evolução.

Hoje, cada americano consome em média 268 ovos por ano, o que dá um total de 87 bilhões de ovos consumidos nos Estados Unidos anualmente, produzidos por 270 milhões de galinhas que põem, em média, um ovo por dia. Quase 1,2 trilhão de ovos são consumidos globalmente por ano, vindos de um exército de 50 bilhões de galinhas domesticadas. Muitos consideram o grande número de fazendas de galinhas pelo mundo um incômodo perigoso e sujo.

Imagine o que aconteceria se essas galinhas estivessem pondo ovos na mesma taxa das suas irmãs selvagens. Em vez de 50 bilhões de galinhas em fazendas pelo mundo, precisaríamos de cerca de 775 bilhões. Como as pessoas se sentiriam? A Terra iria se tornar um planeta de galinhas.

Porque o *Gallus* ainda tem um ramo selvagem nas florestas do Sudeste Asiático, é fácil comparar as galinhas domesticadas com os seus antepassados selvagens, assim como é fácil comparar cachorros com os lobos dos quais eles vieram. Em adição à maior taxa de ovos, as galinhas domesticadas são menos agressivas e mais sociáveis, ativas e móveis. Assim como outros animais e plantas domesticados, os humanos hackearam com sucesso a galinha.

Se pegássemos uma máquina do tempo e voltássemos 8 mil anos para visitar aqueles primeiros seres humanos domesticadores de galinhas e lhes perguntássemos quantos ovos uma galinha poderia pôr, eles teriam dificuldade de imaginar trinta por mês. Trinta ovos por mês pareceriam maluquice, como se mulheres pudessem ter trinta bebês no espaço de nove meses.

O ponto aqui é que a biologia é muito mais suscetível ao hackeamento do que pensávamos de início. Sabemos disso intuitivamente porque todas as formas de vida complexas à nossa volta surgiram de uma mesma origem. Mas o exemplo da galinha sugere que até a nossa própria biologia tem o potencial de ser mais manipulável pela reprodução seletiva do que estamos inclinados a acreditar.

Com as galinhas como pano de fundo, vamos olhar agora para outro organismo que gostaríamos de hackear para que ele possa viver mais, com mais saúde e melhor.

Os *Homo sapiens* como você e eu vêm com um hardware com prazo de validade e com um software cheio de bugs. A maioria das nossas células é substituída, em média, a cada dois anos. À medida que continuamos a copiar e nos recriar pela magia das nossas células-tronco, pequenos erros começam a aparecer no nosso código genético e nas nossas células. No começo, isso não nos incomoda muito, porque temos um equipamento dentro de nós mesmos para consertar erros e evitar danos. Mas, conforme envelhecemos, o número de erros aumenta, e a nossa habilidade de lutar diminui. Chamamos alguns desses bugs de *envelhecimento* e outros de *câncer*.

À medida que fomos entendendo esses bugs nos últimos 150 anos, também desenvolvemos alguns hacks preliminares que nos permitiram lutar contra eles. É isso o que fazemos toda vez que tratamos uma doença genética. Quando alguém recebe um transplante de medula, por exemplo, os médicos destroem suas células hematopoéticas (formadoras do sangue) defeituosas usando radiação para, então, repovoar o paciente com células saudáveis do doador. Mas, se o problema por trás de tudo isso for uma doença genética hereditária, os filhos da pessoa curada pelo transplante de medula poderiam herdar o mesmo problema.

E se nós quiséssemos gerar uma mudança genética que eliminasse doenças ou melhorasse certas características dentro da nossa própria espécie, da mesma forma como nós alteramos a produção de ovos em galinhas? E se considerássemos a nossa biologia atual da mesma forma como nossos ancestrais enxergaram as galinhas que botavam um ovo por mês — como um desafio a ser superado pela engenhosidade humana e pela reprodução seletiva? O primeiro problema que precisaríamos superar seria o tempo, porque nós, humanos, nos reproduzimos de forma muito mais lenta.

Entramos no mundo completamente indefesos e incapazes de cuidar de nós mesmos, e gastamos anos só para aprender como fazê-lo. Em algum momento da nossa adolescência, começamos a reconhecer algo diferente no sexo oposto, mas não sabemos exatamente o que é. O terror se propaga quando alguns de nós percebem a necessidade de entender o sexo oposto porque no futuro — Oh, meu Deus! — vamos precisar ter filhos com eles. Começamos o processo de namoro de forma desajeitada, mas então, no fim da adolescência e início da vida adulta, tendemos a pegar o jeito da coisa. Como é divertido, não queremos acabar o jogo tão cedo, e muitas vezes investimos em conhecer várias pessoas até encontrar a certa. Finalmente, com uma idade média de 27,5 anos para mulheres e 29,5 para homens nos EUA (e um pouco menos no resto do mundo), os humanos se casam. Nos Estados Unidos, as mulheres têm o seu primeiro filho, em média, aos 28 anos. No resto do mundo, aos 26, e o processo recomeça[10]. São 28 anos para os humanos passarem uma geração, e seis meses para as galinhas. Esse é o grande motivo pelo qual a mudança genética em galinhas pode ser feita muito mais rápido do que em animais de reprodução lenta como nós.

Mas e se pudéssemos acelerar esse processo para reduzir a rotação geracional humana para os mesmos seis meses das galinhas — não fazendo bebês amadurecerem mais rápido, mas cruzando embriões pré-implantados uns com os outros? A ideia parece ter vindo da ficção científica distópica, mas poderia ser uma possibilidade num futuro não tão distante.

Imagine que comecemos pegando amostras de sangue da mãe e induzindo suas células mononucleares do sangue periférico a se tornarem células-tronco, para então criar centenas de óvulos. Então fertilizamos esses óvulos com o esperma do pai e selecionamos um embrião (baseado em qualquer critério). No entanto, agora, em vez de implantar esse embrião em estágio inicial na mãe, extraímos algumas células dele e geramos novas células sexuais. Vamos transformá-las em óvulos para o propósito desse cenário hipotético.

Agora imagine que outra mãe e pai realizaram o mesmo procedimento, mas, em vez de induzirem óvulos das células extraídas dos seus embriões pré-implantados, eles criaram esperma. Se usarmos o esperma do segundo embrião para fertilizar os óvulos do primeiro, então os embriões se tornarão pais biológicos da sua descendência, e os dois conjuntos originais de mães e pais se tornarão os avós. Esse embrião neto poderia ser cruzado com outro embrião com um conjunto completamente diferente de pais e avós, agora fazendo das mães e dos pais originais bisavós desse novo embrião (e dos embriões originais pré-implantados, avós). Esse processo poderia continuar infinitamente.

Aqui temos uma representação visual de como isso poderia funcionar:

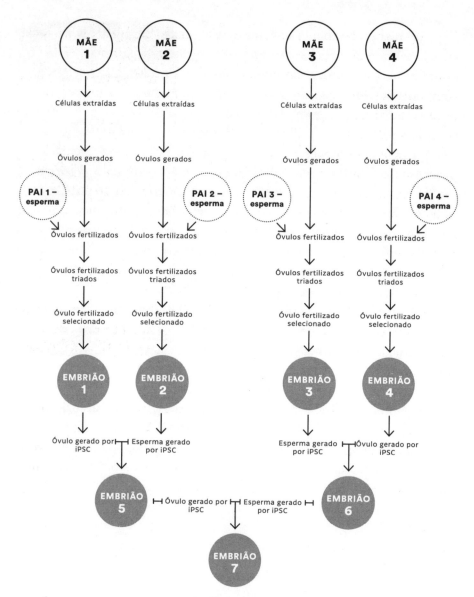

É claro que descobrir o embrião certo para cruzar com o seu e evitar o cruzamento com parente demandaria um processo pré-implantacional semelhante a como usamos aplicativos de encontros entre adultos hoje. Talvez algum dia um aplicativo possa ser criado para ajudar pais a encontrar o parceiro perfeito para o seu precioso embrião pré-implantado.

Por razões técnicas, esse processo levaria cerca de seis meses por geração e poderia, teoricamente, continuar para sempre. Embriões de seis meses poderiam se tornar pais genéticos. Embriões congelados de um ano (ou bebês de 3 meses) poderiam se tornar avós. Usar esse processo possibilitaria atravessar 56 gerações humanas nos mesmos 28 anos que hoje levamos para atravessar uma — equivalente à distância geracional entre nós e Kublai Khan*. Em vez de termos três gerações e meia de humanos em um século, poderíamos ter 200 — esse número de gerações nos levaria de volta à invenção da roda. Acelerada pelo sequenciamento do genoma e pela análise de sistemas biológicos que serviriam como decisores no lugar do velho processo de tentativa e erro, a mudança das gerações pela reprodução seletiva em humanos talvez comece a parecer tão maleável para nós quanto foi para as galinhas.

Mas por que as pessoas no futuro considerariam algo tão aterrorizante e desumanizador quanto o cruzamento de embriões humanos para desenvolver as mudanças genéticas da mesma forma como fizemos com as galinhas?

Quem sabe elas não considerem, e esse processo, apesar de possível, talvez continue a ser apenas um experimento mental. Entretanto, pode ser que as gerações futuras também olhem para os números.

Já vimos que o QI é influenciado por centenas ou até milhares de genes, na maioria dos casos cada um com uma contribuição relativamente

---

* (1215-1294). Neto de Gengis Khan, fundador da Dinastia Yuan, que dominou grande parte da Ásia Oriental. (N. E.)

HACKEANDO DARWIN

pequena. Também vimos que as pessoas com maior QI tendem a viver mais, ganhar mais dinheiro e ter relacionamentos mais satisfatórios do que as pessoas com QI mais baixo, por isso sabemos que os pais teriam um incentivo para agregar o maior QI possível aos seus filhos se eles tivessem a escolha e acreditassem que seria seguro.

No instigante artigo *Embryo Selection for Cognitive Enhancement: Curiosity or Game Changer?* ["Seleção embrionária para melhoria cognitiva: curiosidade ou mudança de paradigma?"], Carl Shulman e Nick Bostrom, professores de Oxford, tentaram quantificar qual aumento no QI seria possível baseado no cruzamento de embriões não implantados entre si[11].

O QI de uma criança gerada tradicionalmente — tendo em vista um estudo clínico realizado com só um paciente — tem apenas o componente genético do QI com o qual ela nasceu. Uma vez que o componente genético do QI varia entre embriões criados pelos mesmos pais, a não ser no caso de gêmeos idênticos, podemos presumir com segurança que o escopo de opções para o QI seria maior quanto maior fosse o número de embriões criados pelos mesmos pais. Isso significa que teríamos uma chance maior de selecionar um embrião não implantado com um QI mais alto se tivéssemos um número maior de opções.

De acordo com os cálculos de Shulman e Bostrom, a diferença média de QI entre o QI mais alto e o mais baixo de quinze embriões concebidos por FIV, como é praticada hoje, dos mesmos pais seria em torno de 12 pontos. Mas, se usarmos o procedimento de células-tronco induzidas para iniciar com 100 óvulos fertilizados em vez de apenas dez ou quinze, a diferença média entre o mais alto e o mais baixo potencial genético de QI entre essa centena de opções será estimada em cerca de 20 pontos. Fazer mil embriões poderia aumentar a diferença média entre o QI mais baixo e o mais alto entre todos os embriões em 25 pontos.

Vinte e cinco pontos de QI pode parecer pouca coisa em comparação com o trabalho de gerar e testar mil embriões pré-implantados, mas essa diferença poderia, em média, levar a experiências de vida muito diferentes. O QI de Einstein era estimado em 160. Arnold Schwarzenegger, que não é um Einstein mas também não é nenhum idiota, tem QI estimado de 135. Já disse o suficiente.

Quando exploramos a matemática do cruzamento desses embriões altamente selecionados entre si, os números começam a ficar impressionantes. Shulman e Bostrom estimam que o cruzamento de cinco gerações dos embriões com maior QI poderiam gerar um aumento em 65 pontos, e ainda 130 pontos após dez gerações. Cento e trinta pontos de QI é a diferença entre um Einstein e uma pessoa com problemas mentais severos que requer cuidados constantes. É a diferença, de longe, entre um Einstein e alguém com o maior QI já registrado.

Stephen Hsu é ainda mais otimista sobre quão alto esse acréscimo pode ser. Normalmente, alguns genes humanos têm um efeito positivo ou negativo na inteligência, resultando numa curva normal da inteligência. Se cada gene for ajustado para ter um efeito positivo, então o efeito agregado poderá gerar um humano com um nível de inteligência muito maior do que a média de 100 pontos de QI. Hsu acredita que porque nós provavelmente conseguiremos identificar a maioria dos genes associados à inteligência dentro de uma década, os pais no futuro talvez sejam capazes de selecionar entre os embriões pré-implantados baseados na expressão dos genes associados à inteligência para criar uma pessoa superinteligente com 1.000 pontos de QI.

Escondida entre esses cálculos de médias e variáveis está a possibilidade crescente de que as crianças do futuro com capacidades realmente excepcionais — como genialidade matemática, composição musical ou no desenvolvimento de códigos para computador — venham a criar uma revolução de pensamento que vai além do que foi feito pelos nossos maiores gênios, como Einstein, Confúcio, Marie Curie, Isaac Newton, Shakespeare e David Hasselhoff. "Podemos imaginar capacidades extraordinárias", Hsu escreve, "que num tipo máximo podem estar todas presentes ao mesmo tempo: memória quase perfeita de imagens e linguagem; pensamento e cálculo super-rápidos; visualização geométrica poderosa, mesmo em dimensões maiores; capacidade de executar múltiplas análises ou linhas de pensamento paralelas ao mesmo tempo; e a lista continua."[12]

Não fazemos ideia, obviamente, do que um QI de 1.000 significaria para uma pessoa. A evolução é cheia de redundâncias, proteções e compensações. É bem possível, talvez até provável, que um indivíduo

HACKEANDO DARWIN

projetado para ter um QI de 1.000 fosse levado à loucura, se tornasse um perigoso sociopata ou desenvolvesse algum tipo de doença neurológica que nós nunca vimos. Seria dificílimo saber que mutações nocivas seriam passadas por gerações de embriões cruzados antes de uma criança nascer de verdade. Criar humanos superinteligentes teria também, por razões óbvias, enormes implicações sociais e éticas.

Imaginar que humanos do futuro poderiam ter um QI mais alto que dos maiores gênios da nossa história pode até parecer maluquice ou assustar muita gente, mas não é loucura acreditar que o nosso escopo de QI atual nos deixa como as galinhas selvagens, botando um mísero ovo por mês. Talvez seja verdade que a evolução atual tenha otimizado a nossa inteligência em equilíbrio com nossos outros imperativos de sobrevivência, de forma que ganhos tão altos de QI necessitassem de um cérebro fisicamente maior que não teria espaço para se desenvolver no crânio que possuímos hoje*.

Se fosse esse o caso, uma opção para esse problema hipotético seria otimizar as crianças do futuro para terem um crânio maior. Futuristas como Ray Kurzweil previram que essa limitação do que o nosso cérebro biológico pode fazer nos forçará à fusão com as máquinas, para que as nossas capacidades mentais possam se expandir exponencialmente, talvez usando computação em nuvem, sem nos limitar às restrições do espaço físico. Mesmo assim, nossa espécie talvez precise de alguns supergênios biológicos com um QI muito superior ao normal de hoje para escrever o código que guiará a IA ou que nos ajude a tornar as expansões de conhecimento e consciência disponíveis para todos**.

As mulheres não vão fazer a seleção de embriões entre centenas pré-implantados por pelo menos umas duas décadas, e os embriões humanos não serão cruzados entre si por um bom tempo. Mas, se e quando isso se tornar possível, teremos que encarar várias questões éticas espinhosas. A responsabilidade de uma mãe ao dar à luz o seu tataraneto seria diferente da que ela teria com seus filhos biológicos diretos?

---

* É por isso que em filmes de ficção científica as pessoas de outros planetas no futuro têm cabeça tão grande.

** Essas pessoas também poderiam se tornar canalhas arrogantes a nos oprimir.

112

O FIM DO SEXO

Embriões gerados em placas de cultura têm algum direito? Cruzar embriões sem o seu consentimento seria algum tipo de escravidão?

Apesar de essas formas de hackeamento da reprodução humana parecerem estranhas hoje, qualquer criança nascida a partir desse processo teria DNA humano 100% não adulterado. Se isso não parece um consolo, é porque nós ainda nem começamos a discutir as tecnologias de modificação dos genes, que têm um potencial ainda maior de transformar radicalmente a nossa espécie.

CAPÍTULO 5

As faíscas divinas do pó mágico

Ideias revolucionárias e tecnologias revolucionárias muitas vezes andam juntas.

Ao fazer experimentos com as ervilhas, Gregor Mendel não poderia imaginar a complexidade de cálculo que os computadores do futuro iriam realizar um século depois. Watson, Crick, Franklin e Wilkins talvez nunca tivessem descoberto a estrutura em dupla-hélice do DNA sem a fotografia em raios X e o microscópio. Pode ser que Fred Sanger, Alan Coulson, Leroy Hood e outros nunca houvessem inventado o sequenciamento do genoma sem o microprocessador. O exército de pesquisadores pelo mundo batalhando para entender melhor o genoma humano não chegaria a lugar algum sem os algoritmos complexos e os chips de processamento avançados.

Essa dança entre as nossas ferramentas e as ideias em evolução também está mudando para sempre a nossa percepção sobre a raça humana. Enquanto os nossos ancestrais talvez se vissem como as faíscas divinas de pó mágico, muitos de nós hoje se veem como o resultado de um código genético. Demos uma linguagem às nossas máquinas que se tornou uma metáfora para os mecanismos dentro de nós mesmos. Não é apenas um salto científico, mas também um salto conceitual. Depois de bilhões de anos de evolução darwiniana por mutação aleatória e seleção natural, essa mudança nos permite imaginar um futuro quando começaremos não apenas a selecionar os nossos filhos, mas também a hackear e escrever o código genético deles.

AS FAÍSCAS DIVINAS DO PÓ MÁGICO

Assim que os cientistas começaram a desvendar os mistérios do genoma, eles também imaginaram como seria possível alterá-lo. Nos anos 1960, passaram a usar radiação para estimular mutações genéticas aleatórias em organismos simples e plantas, num processo lento, caro, meticuloso e impreciso. Para cada mutação desejada encontrada, poderia haver centenas, milhares ou até milhões de mutações danosas ou inconsequentes. Descobrir como ser mais preciso, nos anos 1980 e 1990, na divisão de genes de um organismo para outro foi um grande passo, mas a busca para encontrar um jeito melhor, mais rápido e mais direcionado de realizar esse processo ainda tinha que continuar. Mais recentemente, fizemos um progresso gigantesco.

Em um importante estudo publicado em 2009, os geneticistas americanos Aron Geurts e Howard Jacob detalharam como uma classe de proteínas chamada *nucleases de dedo de zinco*, ou ZFNs, desenvolvidas para se ligar ao DNA, poderia ser usada para alterar o genoma com precisão. Com a tecnologia de ZFNs, as proteínas são meticulosamente projetadas para se ligar e gerar quebras na dupla-hélice do DNA em um local específico. Se imaginarmos a dupla-hélice do DNA como uma escada em espiral, a ZFN corta o corrimão onde você se segura para subir.

Essa tecnologia logo foi usada para modificar o genoma de ratos, camundongos, vacas, porcos e outros mamíferos não humanos em vários experimentos de laboratório com muito mais precisão do que antes. A ZFN rapidamente se tornou a tecnologia de edição de genes predominante em laboratórios de pesquisa pelo mundo. Mas a sua predominância não durou muito.

Em 2011, uma ferramenta de edição de genes ainda mais conveniente foi descoberta. *Nucleases efetoras semelhantes a ativadores de transcrição*, ou TALENs, foi outro nome obscuro dado a essa ferramenta revolucionária. As TALENs também faziam cortes na escada dupla do DNA, mas essas nucleases eram mais flexíveis e versáteis do que a ZFN e poderiam ser empregadas para modificar uma gama mais ampla de alvos genéticos com maior especificidade.

Naqueles tempos antigos de apenas alguns anos atrás, as TALENs pareciam mágica. Eram usadas para modelar múltiplas doenças humanas de forma mais eficiente e para criar animais com genoma alterado,

HACKEANDO DARWIN

como ratos, bois, porcos, cabras, ovelhas e até macacos. À medida que o processo foi melhorando, passaram a ser usadas para eliminar uma doença genética nos olhos de ratos, e as suas chances de auxiliar na cura de doenças humanas pareceram promissoras. Reconhecendo sua importância, a influente revista *Nature Methods* chamou as TALENs de "o Método do Ano 2011"[1]. Mas, embora as TALENs fossem mais fáceis de usar do que as ZFNs e parecessem relativamente super-rápidas para a época, não eram nada em comparação com a ferramenta de modificação genética que vinha sendo desenvolvida havia um quarto de século ou bilhões de anos, dependendo de como você está contando.

Essa nova ferramenta começa a partir do menor dos organismos.

As bactérias são a forma de vida mais antiga do planeta e as supremas sobreviventes. Os vírus têm atacado as bactérias por bilhões de anos em uma busca sem fim para encontrar um hospedeiro no qual inocular seu pacote de DNA viral. Os vírus não fazem isso por mal. Sequestrar e transformar células hospedeiras em minúsculas máquinas produtoras de vírus é sua única estratégia de sobrevivência. Os vírus são agressivos, mas as bactérias não teriam prosperado por tanto tempo se não tivessem desenvolvido no percurso os próprios mecanismos de defesa e estratégias.

Em 1987, pesquisadores japoneses da Universidade de Osaka que examinavam uma sequência de cromossomos do DNA observaram códigos genéticos repetidos em uma série de conjuntos de código. Alguns anos depois, um jovem pesquisador espanhol chamado Francisco Mojica, que vinha estudando o sequenciamento de bactérias com extrema tolerância ao sal, continuava a encontrar os mesmos tipos de conjuntos repetidos de código palindrômico no DNA bacteriano.

Quando Mojica comparou as sequências que encontrou com as dos outros pesquisadores no banco de dados público do GenBank, começou a perceber que os conjuntos de código repetido palindrômico das bactérias batiam com os mesmos conjuntos de código em alguns tipos de vírus. Naquela época, ninguém sabia o que aqueles conjuntos de código eram e se serviam para algo importante. Mojica e outros pesquisadores, como Giles

116

AS FAÍSCAS DIVINAS DO PÓ MÁGICO

Vergnaud e Alexander Bolotin, no entanto, fizeram uma série de suposições brilhantes de que as bactérias estavam usando o código repetido como algum tipo de sistema imunológico[2]. Ruud Jansen, um pesquisador holandês, mais tarde nomeou essas sequências de *repetições palindrômicas curtas agrupadas e regularmente interespaçadas*. O nome era grande demais, então foi encurtado para um acrônimo mais amigável: CRISPR.

Na mesma época, cientistas da Danisco, a maior companhia de iogurte do mundo, tomaram conhecimento do trabalho de Bolotin. Pelo fato de a *Streptococcus thermophilus* ser uma bactéria presente no processo de transformar o leite em iogurte, os cientistas Philippe Horvath e Rodolphe Barangou, da Danisco, começaram a questionar se a resposta da bactéria a um ataque viral não poderia sugerir novas formas de impedir que suas culturas de iogurte e queijo fossem destruídas ocasionalmente.

Usando as lições aprendidas com Mojica, Bolotin e outros, Horvath e Barangou expuseram suas culturas de bactérias aos vírus, matando a maioria das bactérias. Mas, ao cultivar repetidamente as culturas sobreviventes, introduzindo os mesmos vírus, as bactérias progressivamente ficaram melhores em combatê-los. Na verdade, as bactérias desenvolveram imunidade aos vírus da mesma forma como nós ficamos imunes à catapora depois de sermos expostos a ela — assim como Vergnaud e Bolotin previram. Entender de onde essas repetições CRISPR vieram e como elas funcionam forçou os pesquisadores a olhar para trás, para a história da vida microbiana terrestre.

Apesar de a batalha entre vírus e bactérias ter durado muito tempo, os cientistas não souberam muito sobre como ela estava sendo travada, até que as novas ferramentas de sequenciamento do genoma tornaram possível um nível mais profundo de análise. A descoberta do CRISPR veio na interseção do sequenciamento do genoma e da análise de *big data*. Os "heróis do CRISPR" foram decodificadores que quebraram o código genético de como as bactérias se defendem.

Um CRISPR é como um folheto de "Procurado" no Velho Oeste de um vírus que a bactéria guarda no seu código genético depois de uma exposição inicial. A bactéria arquiva o fragmento de DNA viral dessas exposições passadas no seu próprio código genético bacteriano para criar uma série de "fichas criminais" do vírus meliante.

Se o vírus aparecer na cidade da célula, a bactéria enviará uma sonda de RNA para procurar pelo código de DNA do vírus que combine com o CRISPR genético armazenado na lista de alvos. Quando encontra um, a bactéria usa uma enzima para se combinar ao código do vírus e cortar o seu DNA bem na parte onde o código do vírus e da bactéria se encontram. Quando isso dá certo, o vírus atacante é cortado em pedaços, a bactéria sobrevive ao ataque, e a paz volta a reinar na cidade, o piano volta a tocar e os clientes do *saloon* retomam seu jogo de pôquer.

Mas essa história não se resume ao vírus e à bactéria. Uma vez que algumas bactérias se fundiram nas células da maioria das formas de vida centenas de milhões de anos atrás, o código genético que se originou da guerra entre vírus e bactérias se replicou em quase todas as células pelo espectro da vida. O CRISPR, descobriu-se, era a chave para potencialmente modificar o código de toda a vida e mudar a biologia como a conhecemos.

À medida que mais pesquisadores começaram a explorar a ciência do CRISPR, grandes saltos foram sendo dados no entendimento dessa nova e incrível ferramenta. Em 2010, Sylvain Moineu e os seus colegas mostraram como o sistema CRISPR-Cas9 (CRISPR associado ao gene 9) fez quebras na dupla-hélice do DNA em locais precisos e previsíveis. No ano seguinte, Emmanuelle Charpentier descobriu como pequenos pedaços de dois tipos diferentes de RNA guiam a enzima Cas9 para o seu alvo.

Então, no ano seguinte (2012), Charpentier e sua nova parceira, Jennifer Doudna, bioquímica de Berkeley, assim como Martin Jinek, adaptaram de maneira engenhosa o sistema CRISPR-Cas9 em uma ferramenta precisa que podia ser usada para cortar qualquer alelo do DNA. Eles também descobriram como o sistema podia ser usado para inserir um novo DNA adicional. Depois de cortado, o DNA tenta se reconectar onde o corte foi feito e, por isso, se agarra ao DNA disponível ao redor que fora posicionado lá pelos pesquisadores para se encaixar no espaço vazio. Isso fez o processo de modificação genética bem mais fácil do que era antes. No ano seguinte, Doudna, Charpentier e Feng Zhang, pesquisador da Harvard/MIT, anunciaram que o sistema CRISPR-Cas9 poderia ser usado para atingir múltiplas localizações no genoma humano ao mesmo tempo.

Se tivéssemos que resumir o CRISPR em uma frase, seria esta: o sistema CRISPR utiliza as mesmas bactérias que cortam os vírus atacantes para separar o código genético de uma região alvo e potencialmente inserir um novo código genético no seu lugar. O gráfico abaixo mostra como isso funciona:

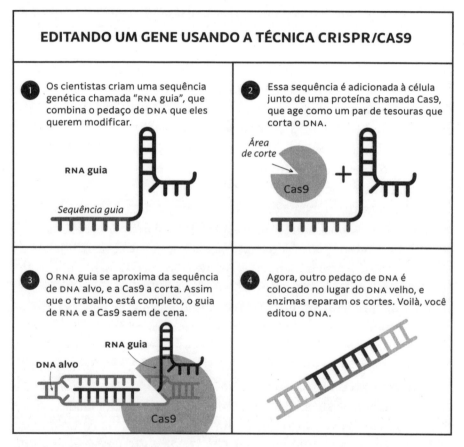

Fonte: Business Insider.

O sistema CRISPR-Cas9 é tão incrível porque tem enormes vantagens sobre os métodos antigos de modificação de genes. Enquanto as ZFNs e as TALENs eram feitas sob medida, levando meses para se desenvolver, a tecnologia do CRISPR é quase sempre a mesma, leva poucos dias para ser preparada e tem custo relativamente baixo. Mas,

HACKEANDO DARWIN

apesar dos seus vários pontos fortes, o CRISPR ainda tem suas deficiências. Cortar a dupla-hélice de DNA usando o CRISPR é significativamente mais preciso do que usando as ZFNs ou TALENs, mas um corte tão agressivo abre a possibilidade para efeitos não desejados[3]*.

Enquanto o mundo científico e a mídia popular comemoravam o CRISPR-Cas9, uma sequência constante de avanços deixava claro que o CRISPR-Cas9 era ainda mais versátil do que se pensava inicialmente, e não foi a última palavra em modificação genética de precisão, apenas o começo.

Em vez de ser equivalente a uma tesoura, o sistema CRISPR agora se parece mais com um canivete suíço capaz de registrar mudanças no código genético dentro da célula no decorrer do tempo, identificar cadeias de vírus específicas, procurar infecções e realizar uma variedade de outras funções[4]. Outra abordagem pioneira de Feng Zhang, do Instituto Broad, combina CRISPR com uma enzima diferente, a Cas13, para modificar o RNA mensageiro e ajudar a mirar melhor nos pontos onde corte e mudanças no genoma podem ser feitos.

Os cientistas também estão usando o CRISPR não apenas para modificar os genes, mas também para alterar os marcadores epigenéticos que ditam como os genes são expressos[5]. Apesar de céticos iniciais da modificação de genes humanos terem avisado corretamente que as influências epigenéticas na expressão dos genes faziam da modificação genética um processo muito mais complicado do que se pensava a princípio, os avanços recentes tornaram claro que a modificação epigenética está "prestes a reprogramar a expressão genética à vontade"[6]. À medida que a taxa de modificação dos genes se acelera, o processo fica mais barato e preciso, e a rede de comunicação global de cientistas vem compartilhando as suas ideias em um nível e a uma velocidade que seriam inimagináveis não apenas para monges isolados como Gregor Mendel, mas para alguns dos cientistas mais sofisticados do mundo somente algumas décadas atrás.

---

* Um intenso debate surgiu entre os cientistas depois que um estudo publicado em 2017, mais tarde desmentido e retratado, sugeriu que os efeitos adversos do CRISPR eram maiores do que previamente se acreditava.

AS FAÍSCAS DIVINAS DO PÓ MÁGICO

Essa progressão passo a passo de experimentos básicos de plantas e animais e aplicações para usos humanos cada vez mais substanciais já está em andamento.

A primeira fase da normalização da precisão em modificação de genes envolve o uso dessas ferramentas para o avanço das pesquisas de base. Um dos muitos benefícios iniciais mais significativos do CRISPR-Cas9 é a sua capacidade de direcionar e isolar sequências específicas de DNA para estudo. Ao usarem essas "tesouras moleculares" de enzima Cas9 para cortar a sequência específica de DNA, os cientistas podem estudar os efeitos de um gene comprometido em células e organismos. Isso é muito importante para a pesquisa científica que está rapidamente sendo convertida para aplicações no mundo real em plantas, animais de laboratório e de fazendas, e preliminarmente em humanos.

Um patologista de plantas na Universidade do Estado da Pensilvânia, por exemplo, usou o CRISPR para selecionar uma família inteira de genes que codifica a polifenoloxidase (PPO), uma enzima responsável pela oxidação[7]. A "maçã do Ártico", modificada geneticamente, pode ser cortada e deixada ao ar livre sem escurecer porque cientistas usaram o CRISPR para silenciar um gene que controla a produção de uma enzima que causa o escurecimento das maçãs[8]. Um mamão papaia resistente modificado geneticamente foi desenvolvido para evitar a contaminação pelo devastador vírus da mancha anelar do mamoeiro, e já está nos supermercados, assim como batatas resistentes a machucados. A Del Monte recebeu aprovação para modificar um abacaxi rosa para conter mais antioxidante licopeno do que os abacaxis comuns. Um milho ceroso que rende mais amido de milho, trigo com mais fibras e menor teor de glúten, tomates mais bem adaptados para climas quentes e camelina com ômega-3 estão todos em desenvolvimento graças à tecnologia CRISPR. Através do nosso iogurte e de plantas como essas, nós, humanos, já estamos levando a modificação de genes do CRISPR para dentro do nosso corpo.

Lavouras com genes modificados não foram criadas só para garantir que as nossas frutas não fiquem marrons ou que as batatas não fiquem machucadas. Essa tecnologia também tem o potencial de proteger bilhões de dólares em plantações e salvar a vida de milhões de pessoas dos

HACKEANDO DARWIN

países mais pobres[9]. Na África e no sul da Ásia, onde enormes porcentagens da população vivem da agricultura de subsistência, a temperatura média está aumentando e as populações se expandindo. Esses avanços apresentam grande potencial. Usar a edição de genes para criar variedades novas e mais resistentes de arroz, além de outras culturas que precisam de menos água, poderia, nas palavras de Bill Gates, filantropo e fundador da Microsoft, "ser um salva-vidas em grande escala"[10].

Ferramentas de edição genética também estão sendo empregadas de forma ampla em animais. Em adição à modificação de genes em ratos de laboratório para pesquisas biológicas, o CRISPR tem sido usado para alterar os genes e a expressão do gene em uma diversidade de animais. A Fundação Gates, por exemplo, está financiando o esforço da Aliança Global para Medicina Veterinária de Animais de Criação para criar "supervacas" geneticamente modificadas para suportar altas temperaturas e produzir muito mais leite do que as vacas tradicionais[11]. Um dos cientistas, cuja filha é alérgica a ovos, vem fazendo uso do CRISPR-Cas9 para criar galinhas hipoalergênicas. Pesquisadores lançam mão do CRISPR para projetar geneticamente porcos resistentes a vírus e de crescimento mais rápido, além de gado sem chifres e resistentes a parasitas, o que poderia economizar centenas de milhões de dólares por ano para fazendeiros comerciais.

De forma menos prática, o BGI-Shenzhen chinês está criando microporcos desenvolvidos para ser animais de laboratório ou de estimação que crescem até um máximo de 15 quilos, uma fração do peso de um porco normal adulto[12]. George Church, da Harvard, está até mesmo explorando a possibilidade de usar CRISPR e ferramentas automatizadas de engenharia genética multiplex em escala industrial para reviver os mamutes lanosos extintos, alterando simultaneamente vários genes de embriões de elefantes asiáticos[13].

Independentemente dos mamutes lanosos, o acolhimento das plantas e dos animais geneticamente modificados entre nossas fontes de alimento e em nossos lares ajudará na aceitação da edição genética como um conceito mais amplo. A incrível promessa do tratamento e da cura de doenças com ferramentas de modificação genética levará ainda mais à aceitação social de tais tecnologias.

AS FAÍSCAS DIVINAS DO PÓ MÁGICO

Apesar de este livro falar sobre alterações genéticas hereditárias que transformarão a nossa espécie, o caminho a partir daqui para o futuro passará pela aplicação de terapias genéticas não hereditárias para o tratamento de doenças e melhoria da saúde. Transformar o nosso processo evolutivo é o destino final da revolução genética, mas a medicina será um ponto de parada essencial pela jornada de onde nós estamos agora e para onde partiremos inevitavelmente.

Quando a possibilidade de alterar os genes de humanos vivos para tratar doenças foi introduzida na década de 1980, ela foi reconhecida como uma solução em potencial, mas longe de ser uma mudança de paradigma. Com o passar dos anos, a possibilidade de manipular os genes para prevenir e tratar múltiplas doenças se tornou cada vez mais real. Em vez dos métodos mais tradicionais de tratar doenças com cirurgia ou remédios, as terapias genéticas procuram usar os genes para tratar ou prevenir doenças ao ativar ou desligar genes mutantes, substituindo-os por uma cópia saudável do mesmo gene e/ou adicionando um novo gene para ajudar o corpo a combater uma doença em particular[*]. Apesar de interessante, o caminho para realizar as terapias genéticas no sistema de saúde tem sido difícil.

Em 1999, os médicos da Universidade da Pensilvânia estavam confiantes que a ciência da terapia genética já avançara o suficiente para ser usada no tratamento de Jesse Gelsinger, um rapaz de 18 anos com deficiência de ornitina transcarbamilase (OTC), uma desordem genética rara que causa aumento nos níveis de amônia no sangue e muitas vezes leva à incidência de danos cerebrais e morte prematura. Quatro dias depois de receber uma infusão de gene OTC corretivo entregue em um vírus frio manipulado, Gelsinger morreu.

---

[*] A diferença entre a terapia genética e a edição de genes às vezes confunde as pessoas porque os dois processos estão intimamente relacionados. A engenharia genética e a edição de genes são ferramentas usadas em terapias genéticas que também têm funções muito mais amplas. Toda terapia genética é engenharia genética, mas nem toda engenharia genética é terapia genética.

HACKEANDO DARWIN

A morte de Jesse Gelsinger não foi apenas uma tragédia pessoal e familiar; mas também impôs uma parada brusca na aplicação de terapias genéticas para o tratamento de doenças nos Estados Unidos, que na época era, de longe, o maior desenvolvedor dessas tecnologias no mundo. O FDA proibiu a Universidade da Pensilvânia de continuar os testes com terapia genética em humanos, começou a investigar os 69 outros testes de terapia genética nos Estados Unidos e passou a exigir um nível maior de segurança para pacientes nesses testes[14].

Com o prospecto da terapia genética desacelerado, os pesquisadores começaram a trabalhar no desenvolvimento de melhores e mais seguros protocolos de transferência de genes[15]. À medida que as técnicas de modificação de genes melhoravam nos anos seguintes, assim também evoluía a terapia genética. Em 2009, a revista *Science* declarou o "retorno da terapia genética" como o grande avanço do ano[16], e, com ferramentas mais recentes como o CRISPR, a terapia genética parecia ter um futuro ainda mais brilhante[17].

Apesar de muitos protocolos da terapia genética serem hoje explorados ativamente, um dos mais interessantes e amplamente divulgados pela mídia é a melhoria genética da capacidade das células T, os glóbulos brancos que desempenham um papel essencial na resposta imune natural do corpo. Na terapia CAR-T, células sanguíneas são extraídas do corpo de uma pessoa com cânceres específicos e então modificadas para que as suas células T expressem um receptor de antígeno quimérico (CAR) antes de serem recolocadas no corpo da pessoa, com superpoderes na luta contra o câncer.

Nos primeiros três meses de testes clínicos dessa abordagem, realizados pela companhia farmacêutica Novartis em 2017, 83% dos pacientes mostraram uma taxa de remissão significativa nos seus cânceres. Bilhões de dólares em investimentos são direcionados a empresas como Novartis, Gilead, Juno Therapeutics, Celgene e Servier, que estão trabalhando nas terapias genéticas contra o câncer, e muitas centenas de testes clínicos vêm sendo realizados pelo mundo. A terapia CAR-T ainda enfrenta desafios significativos, e um pequeno número de pacientes morreu durante os testes, mas não há dúvida de que remover, modificar e reintroduzir os genes será um processo importante no combate ao câncer e a outras doenças daqui para a frente. Em agosto de 2018, o FDA dos Estados Unidos recebeu mais de 700 voluntários para testes de terapia genética[18].

Remover células do corpo para modificá-las e colocá-las de volta com a terapia genética é um grande passo à frente, mas existem avanços ainda maiores na nossa habilidade de usar o CRISPR e outras ferramentas para modificar as células agressoras ainda *dentro* do nosso corpo. Modificar células dentro do corpo abriria um enorme leque de possibilidades não apenas no tratamento de doenças como também possivelmente na modificação genética de embriões humanos.

Um estudo recente, por exemplo, modificou células geneticamente para tratar fígados humanos doentes cultivadas em ratos vivos[19]. Outro estudo utilizou os editores da base CRISPR para corrigir com precisão as mutações genéticas que causam uma doença hepática metabólica em camundongos adultos[20]. Esse tipo de terapia genética *in vivo* ainda não está pronto, mas já mostra um potencial inicial nos seus resultados para o tratamento da cegueira congênita, hemofilia B, beta-talassemia, distrofia muscular de Duchenne, fibrose cística e atrofia muscular espinhal. Novas empresas como a Editas, cofundada por George Church, Feng Zhang e outros, e a Caribou Biosciences, cofundada por Jennifer Doudna, estão avançando de forma agressiva no desenvolvimento de novas formas de tratar vários tipos de doenças com a modificação de genes pelo sistema CRISPR. Em novembro de 2017, um homem de 44 anos da Califórnia se tornou a primeira pessoa a ter os seus genes modificados dentro do seu corpo, nesse caso para o tratamento de uma doença metabólica, a síndrome de Hunter.

Respondendo a esse progresso, o FDA e os Institutos Nacionais da Saúde anunciaram em conjunto, em agosto de 2018, que reduziriam significativamente o processo de vistoria das terapias genéticas, já que "não há mais evidência suficiente para dizer que os riscos da terapia genética são inteiramente únicos ou imprevisíveis — ou que o campo ainda requer uma vistoria especial que está fora das nossas normas de segurança utilizadas"[21].

Esse rápido amadurecimento das terapias genéticas vem sendo acompanhado de outros desenvolvimentos que estão impulsionando a revolução genética. Uma *startup* no Vale do Silício chamada Synthego, por exemplo, vende a pesquisadores células humanas modificadas com CRISPR personalizadas em questão de dias. Outra empresa, a Inscripta, está tentando disponibilizar todas as ferramentas necessárias para o CRISPR a apenas um clique de distância. Essas novas companhias, segundo a revista *Wired,* em maio de 2018, estão apostando que "a biologia será a nova grande plataforma de computadores, o DNA será o código que a projeta e o CRISPR será a linguagem da programação"[22]. Embora a geração atual de intervenções genéticas em saúde não seja passada às gerações futuras das pessoas que estão sendo tratadas, a aceitação popular e a demanda por esses tratamentos terão um papel importante em deixar o público mais confortável com o conceito de alteração genética humana.

Seria impossível capturar neste ou em qualquer outro livro a amplitude e a velocidade com que as inovações na saúde usando a precisão da modificação genética vêm sendo feitas quase diariamente, mas aqui vão alguns exemplos do intenso fluxo de progresso realizado apenas nos últimos anos:

- Em 2013, pesquisadores na Holanda usaram CRISPR-Cas9 em células-tronco humanas para reparar um defeito que contribuía para o aparecimento da fibrose cística[23].
- Em 2014, cientistas usaram CRISPR-Cas9 para corrigir células no fígado de ratos que modelavam a doença humana hereditária tirosinemia[24].
- Em 2015, os pesquisadores utilizaram CRISPR-Cas9 para modificar genes beta-globina endógenos em células humanas que, quando sofrem mutação, resultam em distúrbios sanguíneos de beta-talassemia[25].
- Em 2016, cientistas lançaram mão do CRISPR-Cas9 para extrair o HIV das células imunes do DNA humano e prevenir a reinfecção de células não modificadas[26].
- Em 2017, pesquisadores utilizaram CRISPR-Cas9 pela primeira vez em um embrião humano com sucesso na correção de um defeito no gene MYBPC3 que causa cardiomiopatia hipertrófica[27].

AS FAÍSCAS DIVINAS DO PÓ MÁGICO

- Em 2018, cientistas anunciaram a descoberta de uma nova forma da técnica de modificação genética CRISPR que tem potencial para corrigir mais de 3 mil mutações que causam distrofia muscular de Duchenne, ao cortar pontos singulares do DNA de pacientes[28].
- Em 2019, pesquisadores mostraram como o CRISPR-Cas9 poderia ser combinado com o RNA guia especial para editar com mais precisão do que nunca células humanas a fim de corrigir a mutação genética que causa doença falciforme.

Por esses avanços estarem acontecendo tão rápido à medida que ideias e inovação se cruzam, é certo que mais milagres do CRISPR serão anunciados depois que este livro estiver pronto. Também é certo que novas ferramentas de edição de genes, mais precisas que o CRISPR, chegarão nos próximos anos. "A terapia genética se tornará um pilar no tratamento, e talvez venha a ser a cura de muitas das nossas doenças mais intratáveis e devastadoras", declarou o comissário do FDA, Scott Gottlieb, em 2018[29].

Ficar confortável com a modificação das células humanas para a cura de doenças vai prover um nível de confiança na nossa habilidade de usar o CRISPR e outras ferramentas para modificar o genoma humano com precisão e segurança. À medida que esse nível de conforto aumentar, cientistas, médicos e pais em potencial começarão a se questionar por que essas ferramentas não podem ser usadas para impedir, em primeiro lugar, que essas doenças surjam.

As mitocôndrias são as pequenas baterias da célula. Flutuando no citoplasma (se a célula fosse um ovo, o núcleo seria a gema, e o citoplasma, a clara), elas são o legado de bactérias simbióticas incorporadas nas nossas células centenas de milhões de anos atrás. Quase todos os nossos 21 mil e poucos genes estão localizados no núcleo da célula, mas um número muito menor, só 37, encontra-se dentro das mitocôndrias*. Diferentemente do DNA nuclear, que é a combinação do DNA de ambos

---

* Alguns genes nucleares influenciam nas funções mitocondriais, e vice-versa.

os pais, o DNA mitocondrial (mtDNA) é passado quase inteiramente de mãe para filho.

A maioria de nós tem mitocôndrias saudáveis que permitem ao corpo receber a energia que necessita das células. Mas 1 em cada 200 pessoas, em média, tem uma mutação no mtDNA causadora de doenças, e cerca de 1 em 6.500 desenvolve sintomas dessa doença mitocondrial. Essas perigosas mutações afetam principalmente as crianças, que em geral sofrem com falência sistêmica dos órgãos. Os sintomas costumam ficar mais severos com a idade e podem aumentar os danos às células cerebrais, do fígado, do coração e de outros sistemas do corpo.

Se todos com doença mitocondrial morressem jovens, a doença teria sido erradicada do genoma humano há muito tempo. Mas os problemas mitocondriais das mães tendem a ser distribuídos de forma desigual entre os filhos, o que faz com que algumas crianças vivam vidas saudáveis, outras com sintomas controlados, e outras morram precocemente e de forma terrível.

Por milênios, pais com doenças mitocondriais não faziam ideia de por que seus filhos sofriam, e colocavam a culpa no destino. Mas o destino não era uma resposta boa o suficiente para o endocrinologista sueco dr. Rolf Luft, o primeiro a diagnosticar um paciente com doença mitocondrial, em 1962. Apesar de um progresso tremendo ter sido realizado no entendimento da doença mitocondrial nos seus primeiros anos, pouco foi descoberto na busca por uma cura ou prevenção na passagem de mãe para filho.

Nos anos 1990, Jacques Cohen e seus colegas no Instituto para Medicina Reprodutiva e Ciência em Nova Jersey foram pioneiros num processo de injeção de fluido do citoplasma de um óvulo saudável dentro de óvulos dos quais se acreditava que os problemas no citoplasma estivessem causando infertilidade. Apesar de dezessete bebês nascidos a partir desse procedimento não terem a doença mitocondrial, dois fetos indicaram uma desordem genética severa[30]. Em resposta, em 2001 o FDA passou a exigir que as clínicas solicitassem aprovação para a realização do procedimento. Por causa do nível de segurança imperfeito, houve poucas solicitações. Nenhuma aprovação foi concedida.

AS FAÍSCAS DIVINAS DO PÓ MÁGICO

Mesmo assim, a ciência subjacente continuou a avançar. Na última década, equipes do Reino Unido e dos Estados Unidos desenvolveram dois novos procedimentos de transferência de mitocôndrias. Em um deles, o núcleo saudável é retirado do óvulo da mãe que carrega a doença mitocondrial e inoculado dentro do óvulo de uma doadora sem a doença — seria como manter a gema do ovo e substituir a clara por uma doada. No outro procedimento, o mesmo processo ocorre com o embrião em estágio inicial depois que o óvulo é fertilizado; cientistas removem o núcleo e o colocam em um embrião sem núcleo de pais doadores.

Muitas futuras mães portadoras da doença mitocondrial, ao saberem desses novos procedimentos, ficaram interessadas. Mas alguns observadores estavam preocupados. A transferência mitocondrial é um tratamento hereditário. Uma filha nascida com a mitocôndria doada passará esse mtDNA para a sua filha, e assim por diante. (É por isso que as mulheres que obtêm sua história ancestral por meio de testes de DNA podem descobrir sobre as avós das suas avós por toda a linha da vida até o ancestral comum da mulher, a "Eva mitocondrial", de cerca de 160 mil anos atrás.) Mesmo que a quantidade total de DNA doado a uma criança nascida com o tratamento de transferência da mitocôndria seja pequena, alterar cientificamente o DNA humano de todas as gerações futuras é um grande avanço.

O Reino Unido tem feito mais do que qualquer outro país para considerar as terapias mitocondriais e as suas implicações. Logo depois que Louise Brown, o miraculoso "bebê de proveta", nasceu em Manchester, em 1978, o Reino Unido criou o Comitê Investigativo de Fertilização Humana e Embriologia. Em 1984, o comitê produziu uma avaliação importante sobre o futuro da reprodução assistida, e então um Livro Branco*, em 1987, com a agenda legislativa do que deveria ser feito a seguir. Esse trabalho importantíssimo culminou, em 1990, na Lei de Fertilização Humana e Embriologia, que criou a Autoridade de Fertilização Humana e Embriologia, HFEA. Desde então, a HFEA tem

---

* Documento oficial publicado por um governo ou uma organização internacional a fim de servir de informe ou guia conciso sobre um problema e trazer possíveis soluções para enfrentá-lo. (N. E.)

realizado um trabalho incrível em supervisionar e regulamentar as tecnologias reprodutivas por todo o Reino Unido.

Embora a lei de 1990 não tenha considerado e, portanto, não pudesse autorizar expressamente as terapias mitocondriais, a questão foi levantada em 2010, quando pesquisadores solicitaram ao Departamento de Saúde e Assistência Social do Reino Unido que alterasse suas regulamentações de forma a autorizar a transferência mitocondrial. Em vez de considerar essa uma simples decisão regulatória, o governo britânico lançou um intenso processo de consulta de cinco anos, incluindo uma série de conferências, fóruns populares, oportunidades de comentários sobre projetos de lei e análises de custo-benefício pelo departamento de saúde. Em 2015, a questão sobre se a HFEA deveria ser autorizada a permitir testes clínicos foi submetida a voto pleno nas duas Casas do Parlamento e aprovada por unanimidade. A HFEA então esperou pelos resultados dos estudos adicionais e organizou ainda mais conferências de especialistas sobre a segurança e eficácia desses procedimentos[31].

Em março de 2017, a britânica HFEA concedeu a primeira licença médica para o uso da técnica de transferência mitocondrial em um embrião humano implantado em uma mãe. Depois que o primeiro caso foi aprovado, em 1o de fevereiro de 2018, a primeira criança britânica nascida usando a transferência mitocondrial terá vindo ao mundo no início de 2019[32]. Esse primeiro caso de engenharia genética hereditária patrocinada pelo Estado foi um passo à frente monumental não apenas para o Reino Unido como também para a humanidade — e os britânicos lidaram com esse processo de forma responsável.

Nos Estados Unidos, a consideração sobre a transferência mitocondrial tem sido muito mais burocrática. O FDA baniu efetivamente a transferência mitocondrial em 2001 com uma extensão da sua autoridade, e então em 2016 o Congresso proibiu o FDA de autorizar até os testes clínicos da terapia de substituição mitocondrial. Apesar de uma série de painéis de especialistas sobre o assunto ter sido realizada, o FDA ainda não autorizou testes clínicos, em parte por causa das políticas contenciosas sobre o aborto nos Estados Unidos, que tornam qualquer discussão sobre a manipulação embrionária extremamente complicada. Mesmo depois de, em 2016, um relatório da Academia

Americana de Ciência, Engenharia e Medicina concluir que algumas aplicações limitadas do tratamento por transferência mitocondrial poderiam ser justificadas para embriões masculinos (para garantir que nenhuma mudança genética seria passada para futuras gerações), a proibição efetiva dos EUA dos tratamentos de transferência mitocondrial continua em vigor.

Mas, antes que a primeira licença britânica fosse concedida, e enquanto o procedimento ainda é proibido nos Estados Unidos, um casal jordaniano entrou em contato com o médico John Zhang, em Nova York, para realizar o tratamento. Como a transferência mitocondrial ainda era ilegal no país, Zhang concordou em viajar para o México, que na época não tinha regulamentações governamentais para o procedimento. Na ocasião em que esse nascimento foi noticiado oficialmente, em setembro de 2016, o bebê jordaniano já tinha os seus saudáveis 5 meses de vida. Zhang retornou a Nova York sem repercussão e logo anunciou a criação da sua nova companhia, apropriadamente chamada Darwin Life, que ele descreveu como uma empresa que está "pressionando as barreiras da Tecnologia de Reprodução Assistida"[33]. Em janeiro de 2017, médicos na Ucrânia transferiram o núcleo de um embrião em estágio inicial com doença mitocondrial para o embrião doador sem núcleo e sem a doença, o que resultou no nascimento de um outro bebê (até agora) saudável[34].

Em alguns lugares onde a transferência mitocondrial é permitida, mães em potencial que carregam a doença mitocondrial têm um leque de opções. É claro que elas podem sempre adotar, mas, se quiserem ter um filho biológico, elas têm a opção de tentar a sorte engravidando, testar se o embrião apresenta a doença após as dez primeiras semanas de gravidez e enfrentar a opção do aborto. Ou podem apenas ter a criança e ver depois se o seu bebê naturalmente nascido e não testado é portador de uma forma mortal de doença mitocondrial. Uma opção alternativa seria a mãe extrair os seus óvulos e fertilizá-los usando FIV e então examiná-los geneticamente com o PGT[35]. A doença mitocondrial, porém, pode não aparecer nos testes em embriões em estágio inicial; portanto, um embrião analisado antes da implantação poderia ainda ser portador dela[36].

HACKEANDO DARWIN

Se uma mãe em uma jurisdição que o permita quisesse ter certeza de que o seu filho não carregaria a doença mitocondrial, ela poderia substituir o citoplasma do seu óvulo antes da inseminação durante a FIV, ou do seu embrião em estágio inicial logo após a fertilização do óvulo — tudo isso ao custo de 0,1% do DNA total do seu filho sendo herdado do doador mitocondrial.

Ora, mas e as mulheres que vivem em partes do mundo onde a transferência mitocondrial é ilegal ou está indisponível? Elas podem adotar, também. Ou arriscar a sorte com a herança genética. Elas também podem fazer a FIV com PGT se estiverem em uma jurisdição onde isso é legalizado, mas ainda correriam o risco de passar a doença para as futuras gerações. Elas poderiam viajar para lugares como a Ucrânia. Porém, isso seria caro, desconfortável e inconveniente. Outra opção seria unir-se com outros futuros pais com a doença e criar um grupo de interesse para tentar a legalização do procedimento no seu próprio país.

Foi exatamente isso que a comunidade com doença mitocondrial fez nos Estados Unidos. "Nós apoiamos fortemente a investigação científica do MRT [tratamento de substituição mitocondrial, na sigla em inglês], assim como o debate construtivo para a aprovação clínica dessa terapia nas mulheres com doenças relacionadas ao mtDNA", declarou publicamente a Fundação Unida de Doenças Mitocondriais, UMDF, sediada em Pittsburgh. "Se demonstradas a segurança e a eficácia, essa técnica deve ser disponibilizada como uma opção para as famílias que sofrem com mutações pontuais do mtDNA."[37]

Como as evidências da segurança e eficácia da transferência mitocondrial em lugares como o Reino Unido continuam a crescer, a pressão colocada em outros governos para financiar a pesquisa e finalmente permitir as terapias mitocondriais hereditárias por parte de grupos de defensores aumentará nesses países. Políticos terão dificuldade para dizer às mães temerosas de passar sua doença mitocondrial potencialmente mortal para seus filhos e a grupos de interesse influentes que eles não podem ter acesso ao procedimento de substituição mitocondrial que se provou seguro e eficaz dentro dos níveis mais restritos de regulamentação no Reino Unido. Com o passar do tempo,

AS FAÍSCAS DIVINAS DO PÓ MÁGICO

a transferência mitocondrial provavelmente se tornará a primeira manipulação genética hereditária aceita amplamente.

Uma vez que isso aconteça, pais com medo de passar suas doenças genéticas mortais para seus futuros filhos não vão ficar parados enquanto seus futuros filhos enfrentam potenciais sentenças genéticas de morte. Ao contrário, eles exigirão que as mais avançadas tecnologias de edição genética de precisão, como CRISPR, sejam usadas para fazer as mudanças específicas que salvarão seus futuros filhos do sofrimento. À medida que os cientistas continuam a fornecer um conjunto crescente de possibilidades na modificação genética de embriões para prevenir doenças e melhorar a saúde, a demanda dos pais só tende a crescer.

Quase toda doença genética significativa tem a própria rede social, e muitas também possuem grupos de influência política. Grupos de representação de doentes gastam muitos milhões de dólares anualmente em campanhas para o governo americano. Estima-se que mil dólares investidos dessa forma são correlacionados a um aumento em 25 mil dólares no financiamento de pesquisas em doenças específicas dos Institutos Nacionais da Saúde no ano seguinte[38]. É difícil imaginar o governo americano, movido pelos interesses e pressões de grupos específicos como é, não apoiar a pesquisa e os testes clínicos dos tratamentos mais promissores para doenças genéticas, mesmo aqueles que envolvem mudanças hereditárias em embriões pré-implantados.

Os principais avanços em direção à viabilização da edição genética de embriões humanos pré-implantados continuarão a colocar mais lenha na fogueira do desenvolvimento tecnológico.

Em abril de 2015, cientistas da Universidade Sun Yat-sen, em Guangzhou, na China, chocaram o mundo ao divulgar que haviam usado CRISPR-Cas9 para alterar os genes de embriões humanos in vitro ligados à frequentemente fatal doença sanguínea beta-talassemia[39]. Os embriões eram inviáveis porque haviam sido fertilizados por dois espermatozoides em vez do um usual, e a taxa de precisão da modificação foi desanimadora. Mas esse primeiro relato sobre a aplicação direta do CRISPR no DNA nuclear do embrião humano atravessou a barreira ética na mente de muitos observadores.

Logo depois, reguladores no Reino Unido aprovaram um pedido de Kathy Niakan, uma pesquisadora no Instituto Francis Crick, em Londres. Niakan queria modificar com CRISPR os genes de embriões humanos viáveis e examinar como um gene chamado *OCT4* regula o desenvolvimento dos fetos, um primeiro passo para entender melhor uma causa específica da infertilidade. Dois meses depois, outra equipe de cientistas chineses anunciou que havia utilizado CRISPR para tentar gerar embriões humanos em fase inicial, não implantados, resistentes ao HIV[40].

Então, em julho de 2017, Shoukhrat Mitalipov, cientista vanguardista e controverso da Universidade de Ciências e Saúde do Oregon, se tornou o primeiro pesquisador americano a usar o CRISPR-Cas9 para alterar geneticamente células sexuais humanas e embriões não implantados. Mitalipov injetou uma tesoura genética de CRISPR-Cas9 no esperma de um homem portador de um defeito no gene MYBPC3 que pode causar cardiomiopatia hipertrófica, uma doença hereditária capaz de causar insuficiência cardíaca súbita em crianças. Quando esse esperma geneticamente modificado foi usado para fertilizar óvulos de doze mulheres doadoras saudáveis, dois terços dos embriões foram criados livres da doença — um grande aumento em comparação aos esforços anteriores. Quando a equipe de Mitalipov tentou o mesmo procedimento, mas injetou apenas o esperma não modificado e o CRISPR-Cas9 separadamente — para que a modificação do esperma acontecesse simultaneamente à fertilização do óvulo —, a taxa de sucesso aumentou para 72%. A eficácia de 72% ainda não é boa o bastante, e todos os embriões foram destruídos em três dias, mas um marco foi claramente estabelecido no caminho para a edição genética hereditária do DNA nuclear humano[41].

"No passado nós sempre afirmamos que a edição genética não deveria ser feita, em grande parte porque não conseguíamos realizá-la de forma segura", disse Richard Hynes, pesquisador do MIT, ao *New York Times* depois que as descobertas de Mitalipov foram divulgadas. "O que ainda é verdade, mas agora parece que conseguiremos deixá-la segura em breve."[42] Quando isso acontecer, a atração irresistível de usar as nossas mais avançadas tecnologias para eliminar nossas doenças mais mortais nos levará para a era da genética.

A incrivelmente rápida transferência das ferramentas avançadas de edição genética dos laboratórios para fazendas e ranchos e, então, para os nossos hospitais e clínicas de fertilidade já está em andamento com um impulso próprio. Quase todo dia é anunciada uma nova aplicação que, assim que disponível, será exigida por algum grupo de pessoas. Os benefícios muito reais dessas tecnologias para um grupo cada vez maior de potenciais beneficiários acabarão por superar as aspirações abstratas de um grupo cada vez menor de conservadores genéticos.

Mas, à medida que aperfeiçoarmos e nos sentirmos confortáveis com essa tecnologia, criaremos um processo com aplicações que irão muito além dos serviços de saúde, que usaremos para alterar a nossa própria genética e a dos nossos filhos de formas cada vez mais significativas.

CAPÍTULO 6

Reconstruindo o mundo vivo

Morte por exposição ao ebola é martirizante.

Primeiro, você se sente extremamente fraco, com sintomas de gripe. Conforme o vírus começa a infectar e então explodir as células e os vasos sanguíneos, você experimenta náusea, diarreia, vômito e enxaqueca incontroláveis. Suas células sofrem hemorragia, o que causa sangramento descontrolado pelo corpo. Você então entra em choque antes de morrer de forma horrorosa e sangrenta, com seus fluidos vitais explodindo por todos os orifícios do corpo.

Os primeiros surtos de ebola nos países mais pobres da África tiveram taxas de mortalidade de até 90% dos infectados. O sistema de saúde um pouco melhorado durante o surto de ebola de 2014 na África Ocidental reduziu a taxa de mortalidade para cerca de 60%.

As pessoas mais propensas a ser infectadas pelo ebola são familiares e enfermeiros que cuidam dos entes queridos e dos pacientes já infectados. Apenas ser exposto à saliva, ao vômito, à urina ou às fezes de uma vítima de ebola já é suficiente.

Mas os cientistas que estudaram os sobreviventes da epidemia da Guiné em 2014 ficaram surpresos ao encontrar um grupo de cuidadoras que haviam sido expostas mas que, de alguma forma, pareciam imunes ao ebola. Algumas dessas mulheres tinham contraído o vírus na juventude e *sobrevivido*, o que possivelmente lhes deu imunidade às exposições futuras. Outras, no entanto, possuíam anticorpos apesar de não terem sido expostas. *O que está acontecendo?*, os cientistas se perguntavam. Poderiam algumas dessas mulheres serem geneticamente imunes ao ebola?

Os pesquisadores se concentraram em um gene que codifica a proteína *Niemann Pick Tipo C*, ou NPC, que o vírus ebola ataca durante o contágio. Sem nenhuma relação com o ebola, crianças que herdam dos pais duas cópias da versão mutante do gene geralmente morrem da doença de Niemann Pick Tipo C, um distúrbio neurodegenerativo.

Algumas doenças de gene único como Huntington e síndrome de Marfan são dominantes, o que significa que você quase certamente terá a doença se herdar o gene, caso um dos seus pais seja homozigoto para a mutação. Outras, como a doença falciforme, Tay-Sachs e a doença de Niemann-Pick Tipo C, são distúrbios recessivos, ou seja, você só contrai a doença se herda o gene de ambos os pais. Mas, assim como os portadores do gene recessivo da doença falciforme podem ter imunidade à malária, estudos preliminares dessas mulheres da África Ocidental sugerem que pessoas com apenas uma cópia do gene alterado por mutação do NPC poderiam ter uma resistência maior ao vírus ebola.

Nós já exploramos mutações e genes únicos que podem causar doenças. Assim como existem algumas mutações genéticas individuais que podem provocar danos, há muito mais mutações monogênicas que podem trazer benefícios. Como no caso do ebola, às vezes o mesmo gene que nos prejudica em um contexto nos ajuda em outro. Ao longo da última década, cientistas vêm procurando descobrir mais das mutações monogênicas que têm potencial para nos ajudar, pelo menos no contexto do mundo em que vivemos hoje. Encontrá-las, no entanto, tem sido um desafio.

É muito mais fácil identificar doenças que se apresentam com sintomas observáveis do que identificar a ausência de uma doença em pessoas que, exceto por uma mutação genética específica, poderiam tê-la. Mas, ao encontrarem pessoas fora da curva, como as mulheres com imunidade ao ebola, e colocando seus dados em bancos aos milhares, ou até milhões, de genomas e registros de saúde para achar uma correlação entre essa variante rara e a resistência a uma doença específica, os pesquisadores vêm obtendo cada vez mais sucesso.

David Altschuler, por exemplo, enquanto pesquisador no Instituto Broad da Harvard e no MIT, recrutou um grupo de pessoas idosas e obesas que apresentavam maior risco estatístico para desenvolver diabetes tipo 2, mas que não a tinham. Depois de sequenciar os membros do grupo para ver como eles poderiam ser geneticamente diferentes de outras pessoas com a doença que eram igualmente idosas e obesas, ele passou a acreditar que uma única mutação no gene SLC30A8 fazia do grupo 65% mais capaz de regular seus níveis de insulina e menos propenso a ter diabetes[1].

Outro estudo descobriu que 1% dos europeus nórdicos carregava uma mutação no gene CCR-5 que os tornava imunes à infecção pelo HIV[2]. Outro estudo com idosos revelou que cerca de 1 em cada 650 pessoas com mutação no gene NPC1L1 tinha menos da metade do risco de ataque cardíaco comparado ao de pessoas sem a mutação[3].

Uma vez que fazer pequenas mudanças no genoma humano é mais fácil e mais seguro do que fazer grandes mudanças, identificar as mutações monogênicas com impacto positivo potencial significativo aumenta a possibilidade tentadora de modificação genética dessas pequenas mutações em nós e em nossos futuros filhos. Como nossa biologia representa um delicado ato de equilíbrio das prioridades ao longo de milhões de anos, é provável que apenas um pequeno número de genes tenha um impacto grande o suficiente para fazer com que o benefício de adicioná-los ou removê-los supere o potencial perigo de realizar tal mudança. Mas, como apontam o ebola e outros casos, vale a pena procurar por esses genes.

De acordo com George Church, da Harvard, uma lista preliminar desses genes únicos raros que poderiam trazer benefícios ao ser manipulados talvez inclua:

GENE	IMPACTO
LRP5	Ossos extrafortes
MSTN	Músculos magros
SCN9A	Insensibilidade à dor
ABCC11	Baixa produção de odor
ccr5, FUT2	Resistência a vírus
PCSK9	Baixa taxa de doença coronária
APP	Baixa taxa de Alzheimer
GHR, GH	Baixa taxa de câncer
SLC30A8	Baixa taxa de diabetes tipo 2
IFIH1	Baixa taxa de diabetes tipo 1

Fonte: "A Conversation with George Church on Genomics & Germline Human Genetic Modification", The Niche Knoepfler Lab Stem Cell Blog, 9 mar. 2015. Disponível em: <https://ipscell.com/2015/03/georgechurchinterview/>.

Fazer pequenas alterações nos genes como essas não é o único caminho para realizar mudanças. Os genes, como nós aprendemos, são um grupo de instruções que dizem às células como criar proteínas que fazem as coisas. Embora importe o que os genes dizem, o que as células fazem, no final, é o que realmente interessa. Então, mesmo que encontremos um grupo particular de genes que faça algo que julguemos como bom ou ruim, não precisaríamos necessariamente mudar o gene para mudar a sua expressão. Em alguns casos, talvez faça mais sentido e seja mais seguro, mais fácil e mais barato desenvolver medicamentos que instruam as células a fazer o que queremos, mesmo que a mutação "boa" ou "má" nunca esteja lá.

Apesar disso, haverá algumas mutações, tanto cumulativamente úteis como maléficas, em que esse tipo de tratamento não será possível. Assim como com a doença mitocondrial, talvez haja uma mutação que pareça tão perigosa que alguns portadores decidam se livrar dela para as futuras gerações. Alguns pais poderão desejar alterar a linha genética dos seus futuros filhos para deixá-los imunes ao HIV, menos propensos à perda cognitiva com o envelhecimento ou beneficiá-los com vantagens especiais provenientes de mutações monogênicas.

Ao considerar a possibilidade de ter uma ou um pequeno número de edições monogênicas nos embriões pré-implantados, a primeira pergunta que os pais farão é se o procedimento é seguro. No momento, a resposta é não. O CRISPR ainda não é uma tecnologia perfeita. Uma das maiores preocupações sobre a primeira geração de ferramentas CRISPR era o seu potencial para cortar o genoma em lugares diferentes daqueles pretendidos pelos cientistas.

Esse tipo de corte fora do alvo foi demonstrado com maior significância no caso da edição de genes em células humanas. Um importante estudo de 2013 examinou as modificações fora do alvo do CRISPR em células humanas e descobriu que as edições de CRISPR para aplicações terapêuticas teriam que ser muito melhoradas para ser "usadas com segurança a longo prazo para o tratamento de doenças humanas"[4]. Se esses tipos de mutações fora do alvo fossem sempre benignos, qualquer pequena mudança dentro dos genes de uma pessoa que passou por um procedimento com CRISPR não seria muita coisa. Mas não é esse o caso. Uma mutação induzida por CRISPR poderia potencialmente se tornar cancerosa. É por isso que regulamentadores pelo mundo todo vêm se mostrando justificadamente cautelosos ao autorizar a edição de genes de humanos.

O grupo de pesquisa chinês que chocou o mundo com o anúncio da inviável modificação CRISPR de embriões humanos em 2015, por exemplo, reportou péssimos índices de precisão. Dos 86 óvulos fertilizados injetados com sistema CRISPR-Cas9 projetado para modificar os seus genomas, apenas alguns continham a alteração genética desejada. Essa taxa de tentativas de sucesso é aceitável em plantas, minhocas, moscas e ratos, em que o custo por erro é menor, mas seria impensável para os humanos[5].

O caminho em direção à confiança no método, quando o CRISPR poderia ser usado de forma segura em humanos, não será linear. Um estudo de grande destaque, em 2018, por exemplo, descobriu que um único gene humano, o p53, bloqueia as modificações do CRISPR em algumas

RECONSTRUINDO O MUNDO VIVO

células humanas, como parte do mecanismo de defesa natural do corpo contra mutações perigosas como o câncer[6]. Um jeito de contornar o problema seria desativando o gene p53, mas isso levaria a um novo perigo — o aumento no risco de câncer. Outro estudo de 2018 publicado na *Nature Biotechnology* descobriu 20% mais alterações de DNA fora do alvo do que o esperado usando as modificações de CRISPR-Cas9 em ratos[7].

Os cientistas que têm como interesse abordar tais preocupações concentraram seus esforços em aumentar a precisão da edição de genes com sistema CRISPR com algum sucesso notável. Eles vêm descobrindo novas enzimas que se ligam com mais precisão ou que quebram o genoma com mais facilidade que o CRISPR-Cas9. Esses novos CRISPR — com nomes como CRISPR-cpf1 (também conhecido como 12a), CRISPR-Cas3, CRISPR-13, CRISPR-CasX e CRISPR-CasY — estão proliferando. Novos algoritmos de IA também estão sendo implantados para avaliar onde as edições do CRISPR podem ser realizadas da melhor maneira possível.

Em 2017, pesquisadores relataram um novo método de alteração das "letras" dos nucleotídeos de DNA e RNA — os As, Cs, Gs e Ts — sem cortar o genoma[8]. O modelo CRISPR original exigia o corte através da escada torcida do DNA; o processo modificado altera os genes sem precisar cortar a escada.

Para fazer isso, os pesquisadores enganaram os átomos do DNA para que pareassem de forma diferente do normal. Lembre-se de que os As pareiam com os Ts, e os Cs com os Gs; então, se a célula pensa que um A é um C, por exemplo, ela irá pareá-lo com um G em vez de um T. O gene e a sua expressão mudam, mas a incerteza que surge com o corte do DNA é evitada.

Essa abordagem é particularmente útil porque se estima que 32 mil das aproximadamente 50 mil mudanças conhecidas no genoma humano associadas a doenças sejam causadas pela substituição, destruição ou inserção de um único gene[9]. Chamada de *editor de base de adenina*, ou ABE, essa nova versão do CRISPR funciona de 34% a 68% das vezes, com menos de 0,1% de células mostrando evidência de erro adicional; uma grande melhoria, mas ainda não está pronto para ser usado no corpo humano[10]. Pesquisadores chineses relataram em agosto de 2018 ter editado geneticamente em um experimento a base dos genomas para

HACKEANDO DARWIN

reparar uma mutação que causa a síndrome de Marfan em dezesseis dos dezoito embriões viáveis pré-implantados[11]. Embora nenhum desses embriões tenha sido implantado dadas as considerações legais e éticas, está claro que é nessa direção que a tecnologia está seguindo o seu caminho.

A tecnologia de modificação de base foi então usada para aumentar a precisão e potencialmente a segurança da edição genética por meio de um processo chamado CRISPR-SKIP. Modificar uma única base com essa abordagem faz com que a célula "pule" e não "leia" os alelos de proteínas codificantes de genes. Indicadores preliminares sugerem que o CRISPR-SKIP poderia ser usado para desativar mutações danosas no genoma com muito menos efeitos colaterais do que muitos outros sistemas CRISPR[12].

Além de usar CRISPR para edição genética, progresso significativo também tem sido feito ao se lançar mão do CRISPR para modificar marcadores epigenéticos que orquestram a função dos genes e do RNA guia que traduz a informação genética em instruções para a célula[13]. Em conjunto, essas abordagens farão com que a alteração de genes e a sua expressão sejam mais precisas.

Outro grande desafio a ser superado para tornar segura a modificação genética de embriões humanos pré-implantados é a distribuição desigual de mudanças genéticas nas células, o que os cientistas chamam de *mosaicismo*. A distribuição desigual de uma mutação genética pode levar ao crescimento anormal do feto e a outros problemas sérios. Mas esse desafio também vem sendo resolvido aos poucos. Estudos recentes mostraram que usar o CRISPR o mais cedo possível depois da fertilização e modificar o esperma e os óvulos antes da fertilização diminui a possibilidade de ocorrer mosaicismo celular[14].

No mês seguinte ao anúncio das novas abordagens de Shoukhrat Mitalipov e sua equipe para minimizar esse problema em potencial[15], outro grupo de renomados geneticistas — entre eles Dieter Egli e George Church — publicou um comunicado levantando questões sobre a precisão dessa pesquisa. "É essencial que as conclusões sobre a capacidade de corrigir uma mutação em embriões humanos sejam completamente embasadas", dizia a nota, que argumentava que as conclusões de

Mitalipov estavam longe de ser comprovadas. "Na ausência de tais dados, a comunidade biomédica e, de maneira crítica, os pacientes com doenças causadas por mutações interessados nos resultados de tais pesquisas devem saber que ainda existem inúmeros desafios para a correção genética."[16]

O debate entre os pesquisadores geneticistas de vanguarda aumentou em intensidade em agosto de 2018, quando a revista *Nature* publicou, na mesma edição, duas críticas mordazes à pesquisa de Mitalipov assim como uma resposta detalhada de Mitalipov e 31 de seus colegas de todo o mundo[17]. Embora todos os cientistas concordem que nossa habilidade de modificar com precisão embriões humanos pré-implantados está aumentando, o debate continua sobre se já estamos prontos para usar tais tecnologias em embriões humanos que serão implantados e passarão pela gestação de suas mães.

Mais uma vez, porém, a palavra de ordem na última frase é *já*.

Se a lógica fosse a nossa guia, as pessoas começariam a ficar mais confortáveis com a modificação genética embrionária assim que a taxa de erros na modificação genética fosse equivalente à taxa de erros da concepção natural. Como no caso dos experimentos com carros autônomos, no entanto, a realidade é que uma nova tecnologia como essa precisa ser muito mais segura do que a natureza para ser adotada. Pelo menos para o processo técnico de fazer um número limitado de edições no genoma, esse padrão logo será alcançado. Se e quando isso acontecer, a modificação de embriões, óvulos e/ou espermatozoides pré-implantados talvez seja a única forma de alguns pais portadores de uma desordem genética terem um filho biologicamente relacionado que não herde tais desordens. Esses casos incluem alguns defeitos no cromossomo Y, doenças monogenéticas dominantes como Hungtinton, em que um pai é homozigoto, e casos recessivos em que ambos os pais são homozigotos[18].

Um primeiro uso extremamente controverso do CRISPR para supostamente editar um único gene, o CCR5, nos embriões pré-implantados de um par de gêmeos para torná-los imunes ao HIV foi anunciado por pesquisadores chineses no fim de novembro de 2018. Embora condenado por muitos cientistas e especialistas em ética na China e em todo o mundo, esse primeiro caso de edição de genes em humanos foi um prenúncio de para onde nosso futuro geneticamente modificado está se encaminhando[19].

Enquanto o aumento da confiança no uso da FIV, da seleção embrionária e da modificação de genes únicos de embriões pré-implantados parece quase inevitável, a chance de modificar características genéticas mais complexas continua significativamente mais remota.

Como vimos anteriormente, características complexas como altura, inteligência e personalidade são muitas vezes determinadas por interações complexas entre centenas ou até milhares de genes, todos realizando múltiplas funções e interagindo com outros sistemas do corpo e com o ambiente em constante mudança à nossa volta[20]. Um grupo de pesquisadores de Stanford recentemente argumentou que a maioria das doenças e características genéticas não é apenas poligênica — influenciada por múltiplos genes — mas, em vez disso, *omnigênicas*. Essa hipótese argumenta que características são influenciadas não apenas pela contribuição sistemática de muitos "genes principais", os que agora aparecem em estudos de associação genômica ampla, mas também por uma rede muito maior de genes periféricos que não aparecem[21]. Se isso for verdade, então o entendimento de doenças e características complexas seria muito mais difícil do que se imaginava a princípio.

Quanto mais genes influenciam uma característica específica, mais complexa é a tarefa computacional de entender por completo a correlação entre padrões genéticos e certas expressões do gene. Quanto mais difícil é entender as múltiplas funções que cada gene tem no complexo e interconectado ecossistema do genoma, mais difícil se torna fazer maiores modificações nos genes com a intenção de influenciar essas características complexas sem causar danos não intencionais ao resto do genoma.

Certamente deveríamos assumir que os ecossistemas interconectados do corpo humano são quase sempre mais complexos do que nós pensávamos. Também faz sentido lógico que as nossas doenças e características tenham uma grande variedade na sua fundação genética, desde as doenças causadas por mutações monogênicas, como Huntington e características determinadas por genes únicos como a quantidade de cera de ouvido, por um lado, até doenças e características complexas como a doença coronária

RECONSTRUINDO O MUNDO VIVO

e estilo de personalidade, por outro[22].O modelo omnigênico pode ser o pior caso possível para os aspirantes a engenheiros genéticos que têm como objetivo manipular tais doenças e características.

Mas não precisaremos de um nível de entendimento alto sobre a omnigenética quando as pessoas estiverem selecionando a partir dos seus próprios embriões naturais pré-implantados não modificados durante a FIV e o PGT. O aumento constante no entendimento dos padrões genéticos complexos, mesmo os omnigênicos, será suficiente para informar os pais sobre quais embriões serão implantados na mãe. À medida que o nosso conhecimento imperfeito dessas características complexas aumentar, nossa confiança na seleção e, no fim, na alteração genética dos nossos futuros filhos também se elevará.

Para muitas pessoas religiosas e outras que acreditam no espírito e na alma, um ser humano é infinitamente complexo. Para essas pessoas, mesmo os testes médicos mais precisos não podem desvendar os mistérios do mundo espiritual ou a profundidade da interação entre o humano e o divino. Para aqueles que, como eu, acreditam que evoluímos dos micróbios, humanos são organismos unicelulares que se descontrolaram ao longo de 600 milhões de anos de mutações genéticas aleatórias e seleção natural. Não somos seres infinitamente complexos, apenas massivamente complexos. Há uma grande diferença. Se fôssemos infinitamente complexos, nunca conseguiríamos nos entender. Sendo apenas massivamente complexos, existirá um momento em que a sofisticação das nossas ferramentas ultrapassará a nossa própria complexidade.

Conseguimos entender organismos simples muito bem hoje em dia porque nossas ferramentas avançadas estão cada vez mais de acordo com a complexidade da sua biologia. A biologia humana, no entanto, continua significativamente mais complexa do que o nosso entendimento e a capacidade das nossas ferramentas para manipulá-la. Esse não vai ser sempre o caso. À medida que o nosso conhecimento e as nossas ferramentas progredirem, nossa complexidade se tornará tão decifrável com as nossas ferramentas de amanhã quanto os organismos mais simples já se tornaram com as nossas ferramentas de hoje.

145

HACKEANDO DARWIN

Para vislumbrarmos como será quando a sofisticação do nosso conhecimento e ferramentas começar a ultrapassar a complexidade da nossa biologia e o que isso significará, precisamos apenas olhar para quão rápido o nosso entendimento dos organismos unicelulares e outros organismos simples cresceu.

O verme *C. elegans* é o exemplo perfeito. Sendo na maturidade menor do que uma vírgula nesta página, o *C. elegans* adulto médio vai do nascimento à morte em cerca de duas semanas, tem um sistema nervoso rudimentar com um cérebro, se reproduz exponencialmente e é provavelmente o organismo mais simples que compartilha seus genes com os humanos. Essas qualidades, junto com seu corpo transparente e facilmente observável, fazem dessas pequenas criaturas as cobaias perfeitas entre todos os organismos estudados pela ciência.

Nas últimas décadas, os pesquisadores têm esfomeado, congelado e aquecido os *C. elegans* para procurar por pontos fora da curva; eles também inseriram microscópicos avançados, centrifugaram-nos, expuseram-nos a anticorpos, queimaram-lhes as células com microfeixes de laser e isolaram e amplificaram seus genes individuais para exame mais detalhado.

Em 2011, um grupo de cientistas ambiciosos se uniu para criar o projeto OpenWorm, designado para conectar os pesquisadores de *C. elegans* do mundo todo em um esforço comum para desvendar o código de funcionamento desses vermes[23].

O *C. elegans* tem exatamente 302 células cerebrais (só para comparação, os humanos temos 100 bilhões; a não ser que você tenha usado drogas na faculdade ou beba refrigerante diet), que foram mapeadas em um diagrama do painel de conexões mostrando como o cérebro do verme funciona. Como um passo para simular completamente o *C. elegans* como uma entidade virtual, os colaboradores do OpenWorm traduziram seus neurônios em um programa de computador usado para animar um pequeno robô, no qual os neurônios motores, do nariz e de outras partes do corpo do verme tinham equivalentes robóticos[24]. Quando ligado, os movimentos do robô se pareciam bastante com os de um verme de verdade.

O robô OpenWorm
Fonte: "Worm Robot Sneak Peek", OpenWorm, YouTube, publicado em 21 jul. 2017. Disponível em: <https://www.youtube.com/watch?v=1wj9nJZKlDk>.

Nas últimas décadas, passamos de pouco a um entendimento profundo de como os vermes funcionam porque o aumento na sofisticação das nossas ferramentas permitiu uma sofisticação do nosso conhecimento.

A partir de onde estamos agora com o nosso conhecimento da nossa própria biologia para o ponto equivalente do *C. elegans* em relação à sofisticação dos nossos conhecimento e ferramentas, será necessário um mapa que começa a ser construído. O Human Cell Atlas é uma "plataforma de coordenadas" aberta que integra os dados da biologia humana de todo o mundo. Essa coleção de "mapas de referência de todas as células humanas" crescerá com o tempo à medida que as ferramentas de pesquisa se tornarem mais poderosas e o conhecimento dos pesquisadores for sendo compilado[25]. Nesse momento inicial, a magnitude da complexidade do nosso corpo será maior do que a capacidade das nossas humildes ferramentas e do nosso atual conhecimento limitado. Mas por que isso vai mudar pode certamente ser explicado pelo gráfico a seguir.

Nossa biologia é hoje tão complexa quanto tem sido há milhões de anos, mas a sofisticação e a capacidade das nossas ferramentas agora avançam a taxas exponenciais.

A ideia básica da mudança exponencial é que a inovação gera mais inovação. Quanto mais e melhores forem as ferramentas que desenvolvemos, mais eficiente e efetivamente nos organizamos e nos conectamos

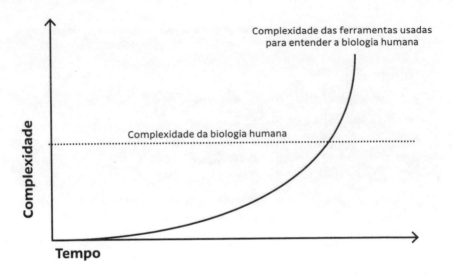

uns com os outros, e, quanto mais ideias tivermos, mais bem posicionados estaremos para elaborar ferramentas ainda melhores, nos organizarmos e nos conectarmos mais e termos ideias ainda melhores. É por isso que levou cerca de 12 mil anos para irmos da revolução agrária à Revolução Industrial, mas cerca de 150 anos apenas para passar da Revolução Industrial para a revolução da internet. Cada revolução tecnológica permite a próxima, e o tempo entre cada uma delas se torna menor e tem um impacto maior. O futurista Ray Kurzweil chamou esse processo de "Lei do Retorno Acelerado"[26].

Kurzweil previu que a quantidade total de mudança tecnológica no século XX seria alcançada em apenas catorze anos do século XXI. Uma vez que as inovações se acumulam, ele sugeriu que a quantidade total de mudanças no século XX levará apenas sete anos, a partir de 2021. A mesma quantidade de mudança do século XX levará cerca de um ano, pouco depois desse período. No fim, o equivalente à taxa de mudança completa do século XX, o mesmo que a irmos de cavalo e charrete para a estação espacial, levará apenas meses[27].

Desde a invenção do microprocessador, no começo dos anos 1970, essa aceleração tem sido alimentada pela Lei de Moore, a observação de que o poder computacional mais ou menos dobra a cada dois anos pelo mesmo custo, uma tendência que perdura por quase meio século. É por

RECONSTRUINDO O MUNDO VIVO

causa da Lei de Moore que nós agora esperamos que os nossos celulares sejam menores e mais rápidos a cada versão, mas isso é só o começo da história.

A revolução da internet tem nos dado acesso virtual ilimitado à informação e uns aos outros, e uma rede de milhares de pessoas instruídas conectadas e trabalhando juntas para resolver a mesma série de problemas é muito mais do que mil vezes mais criativa do que a soma total do trabalho de cada um de nós sozinho. Colaborando com um agente de IA, esse grupo interconectado de pessoas tem o potencial de ser muito mais inovador. À medida que as capacidades da inteligência artificial crescem, uma forma futura de superinteligência pode se tornar mais sofisticada do que todos os humanos juntos, e com isso novas possibilidades para refazer a nossa espécie e o nosso mundo surgirão. Com o tempo, coisas difíceis se tornarão fáceis, e a complexidade de hoje relativa às ferramentas e capacidades que teremos se tornará simples.

Coletivamente como espécie, estamos hoje nos movendo ao longo do espectro, desde a configuração tecnológica da engenharia genética humana até a descoberta de aplicações preliminares para imaginar o que pode ser possível no futuro para tornar realidade esse futuro imaginado. Mesmo as lendas do nosso passado estão estranhamente se tornando novas realidades. A ideia de os humanos se fundirem com animais, uma das nossas mitologias mais antigas, é exemplo perfeito disso.

A palavra *quimera* vem de uma palavra grega que significa *cabra*. Na mitologia grega, a Quimera era um híbrido de diferentes animais, geralmente um leão com cabeça de bode e algumas vezes com uma cauda de cobra. Na *Ilíada*, Homero descreve uma "coisa feita imortal, não humana, com leão na parte da frente, cobra na parte de trás e com bode no meio"[28]. No *Inferno* de Dante, Gerião representa uma versão medieval da Quimera, "o monstro com cauda pontuda [...] O rosto era como a face de um homem justo [...] e de uma serpente todo o lado do tronco"[29]. Muitas culturas antigas compartilhavam essa ideia. O Qilin chinês, uma criatura mítica com pescoço de girafa, chifres de cervo e escamas de peixe, diz a lenda, marca o nascimento e a morte de líderes

HACKEANDO DARWIN

importantes. O deus indiano Ganesha, filho dos deuses Shiva e Parvati, tem cabeça de elefante e corpo de homem.

Mais recentemente, quimeras passaram a significar qualquer criatura composta por partes de múltiplos animais ou plantas, um conceito que se moveu da ficção para a realidade.

Quase 100 anos atrás, a insulina removida de vacas foi usada pela primeira vez para tratar diabetes. A insulina extraída de cachorros, porcos e vacas tornou possível para humanos viverem com diabetes e salvou incontáveis vidas por décadas, até que a bactéria *E. coli* pudesse ser geneticamente modificada para produzir insulina humana em escala industrial.

Há três décadas, médicos começaram a usar válvulas de porcos e vacas para reparar corações humanos. Apesar de esse processo ser um tanto controverso entre judeus, muçulmanos e hindus[30], o uso de válvulas aórticas animais descelularizadas se tornou um dos pilares da cirurgia de transplante cardiovascular, mesmo para muitos judeus, mulçumanos e hindus. Os benefícios simplesmente superam os riscos.

Cientistas obtiveram maior sucesso usando as válvulas cardíacas de animais para transplante humano do que em transplantes de órgão completo de animais para humanos. Em 1984, o cirurgião californiano Leonard Bailey e sua equipe transplantaram um coração de babuíno para o bebê Fae, uma criança nascida com síndrome do coração esquerdo hipoplásico, uma rara doença congênita cardíaca. Embora um pequeno número adicional de transplantes de animal para humano tenha sido tentado desde então, todos eles se provaram insustentáveis após ser rejeitados pelo sistema imune de cada receptor.

Apesar de o bebê Fae ter morrido tragicamente depois de um mês, o procedimento abriu portas para o progresso do transplante de órgão de humano para humano, que tem se provado muito mais sustentável do que os transplantes de animal para humano, que salvaram centenas de milhares de vidas desde então. Esses transplantes, no entanto, têm dois grandes problemas. Primeiro, o corpo humano é finamente ajustado para rejeitar DNA externo, por isso pessoas que recebem transplantes precisam tomar imunossupressores para o resto da vida, o que as coloca em risco para outras doenças. Em segundo lugar, os Estados Unidos e muitos outros países têm uma trágica escassez de doadores de órgãos.

150

RECONSTRUINDO O MUNDO VIVO

Até agosto de 2017 havia mais de 116 mil pessoas esperando na lista de doação de órgão nos Estados Unidos. Vinte pessoas morrem todos os dias enquanto esperam por um transplante. Essa escassez crônica e fatal de órgãos deveria, pelo menos teoricamente, ser solucionada apenas com mudanças nas políticas públicas[31]. Um único doador pode doar até oito órgãos, o que significa que ele pode salvar até oito vidas. Mas não é isso que vem acontecendo. Nos Estados Unidos, 95% das pessoas são a favor da doação de órgãos, mas apenas 54% são doadores registrados[32]. Uma porcentagem muito menor, na verdade, acaba doando porque os membros da família podem estar em conflito sobre a doação no momento emocionalmente desafiador em que a decisão é tomada.

Como a perspectiva de fazer mais humanos doarem seus órgãos ainda é baixa nos Estados Unidos e em muitas partes do mundo, os cientistas têm explorado de que forma novas tecnologias como o CRISPR-Cas9 podem ser usadas para tornar viáveis as chances de sucesso no transplante de animais para humanos.

De todos os animais domesticados, os porcos são a fonte potencial mais importante para transplantes, porque nós já criamos muitos deles e porque seus órgãos são similares aos nossos em tamanho e função. Mas retirar órgãos de porcos apresenta pelo menos dois grandes problemas. O primeiro, a resposta imunológica natural do corpo humano, é extremamente sério, mas tornou-se mais administrável nas últimas décadas com o avanço de novos remédios imunossupressores e com esforços preliminares para modificação genética dos animais com maior probabilidade de serem rejeitados pelos humanos[33]. O segundo problema, o risco de infecção por um vírus de porcos ou de outros animais após o transplante, também começa a ser superado.

Porcos carregam vírus ativos chamados *retrovírus endógenos porcinos* [PERVs, na sigla em inglês, formando um acrônimo equivalente a "pervertidos", "depravados"]. Esses vírus podem ser perigosíssimos e até mortais para humanos, sobretudo para aqueles com o sistema imune já comprometido pelo uso de remédios. Até há pouco tempo, os PERVs eram essencialmente uma pena de morte nos transplantes de porcos para humanos.

151

HACKEANDO DARWIN

Agora, no entanto, um grupo de cientistas da Harvard vem usando o CRISPR-Cas9 para modificar o genoma de embriões de porcos para tornar os PERVs inativos[34]. Testes clínicos para o transplante de rins e pâncreas desses porcos geneticamente modificados para humanos devem começar logo, o que potencialmente salvará milhares de vidas humanas por ano.

Mas por que parar por aí? Se usar insulina produzida a partir de bactérias e leveduras alteradas geneticamente foi um avanço em relação ao uso da insulina animal, transplantar um órgão humano inteiro cultivado fora do corpo, feito das células da própria pessoa, não seria melhor do que transplantar um órgão animal geneticamente modificado? E se pudéssemos *cultivar* órgãos humanos dentro de animais para transplante? Tornar isso possível não seria tarefa fácil, mas um primeiro passo significativo já foi dado para produzir embriões quiméricos gerados de células de um animal e cultivados em outro.

Cientistas no Instituo Salk, em San Diego, injetaram níveis diferentes de células-tronco em 1.500 embriões de porcos até que finalmente encontraram células humanas que se integravam às células de porco. Outra equipe inseriu células pancreáticas de camundongos em embriões de ratos, que cresceram com pâncreas de camundongos e foram transplantados com sucesso de volta em camundongos para o tratamento da diabetes. Esse trabalho foi seguido pelo anúncio, em fevereiro de 2018, de que uma equipe da Universidade da Califórnia, em Davis, desenvolvera embriões de ovelhas com 0,001% de células humanas[35]. Assim como com os ratos e os camundongos, hackear o embrião de ovelhas para desligar sua capacidade de gerar órgãos de ovelha e substituí-la pelas instruções dos genes humanos inseridos para gerar a versão humana do mesmo órgão começa a parecer uma possibilidade real.

O cultivo de órgãos humanos em outras espécies não acontecerá amanhã, mas, se for possível para um indivíduo ter um órgão cultivado em um animal usando sua própria genética, as pessoas que necessitarem substituir partes do corpo por causa de doenças ou pelo impacto da idade vão rapidamente superar qualquer escrúpulo que possam ter sobre cruzar a barreira homem-animal. Os governos terão dificuldade para impedi-las de ter seus órgãos substituídos pelos cultivados em animais.

RECONSTRUINDO O MUNDO VIVO

A possibilidade de inserir DNA animal no genoma humano é um cenário que os cientistas rapidamente estão tornando realidade. Já existe a ciência para inserir em humanos com relativa facilidade uma única proteína fluorescente de água-viva que pode fazer uma pessoa brilhar sob a luz ultravioleta. Se os cientistas encontrarem um gene ou dois que façam os ratos-toupeira-pelados completamente imunes ao câncer, por exemplo, talvez queiramos criar versões desse gene para humanos usando o CRISPR ou alguma ferramenta de edição genética no futuro. Integrar sistemas genéticos completos como os que dão habilidades especiais de audição aos cães, a visão incrível das águias ou o sonar dos golfinhos seria muito mais complicado e impossível no futuro próximo. Mas a transição da biologia em outra ciência aplicada de engenharia humana vai, com o tempo, distorcer o nosso senso de que a ficção científica termina onde a ciência começa.

As possibilidades para esse tipo de engenharia são vastas porque toda a vida opera de acordo com diferentes manifestações dos mesmos componentes genéticos. Um dia será possível até mesmo criar novas características e capacidades humanas do zero, usando novas combinações dos mesmos blocos de construção genéticos.

O campo em expansão da biologia sintética lança mão de computadores e produtos químicos laboratoriais para escrever novos códigos genéticos que a natureza nunca imaginou e fazer organismos realizarem coisas que eles não estavam programados para fazer. Algumas das suas aplicações iniciais incluem os esforços atuais para desenvolver carne em laboratório, criar bactérias que secretam óleo, fabricar fermento com DNA de aranhas para produzir seda ultraleve e mais forte que o aço, ou induzir colágeno bovino para produzir couro sintético. A biologia sintética vem sendo utilizada para criar micróbios renováveis na produção de acrílico para tintas e açúcares baratos para biocombustíveis. A lista preliminar desses tipos de aplicações da biologia sintética é quase infinita. Essa ciência e a indústria a ela associada estão em crescimento exponencial à medida que as ferramentas de biologia sintética se tornam mais acessíveis.

Essas novas formas de vida estão sendo criadas a partir de partes genéticas prontamente acessíveis. A Fundação Internacional de Engenharia Genética (iGEM, na sigla em inglês), por exemplo, provê uma coleção gratuita de sequências codificadas de DNA para uma função biológica particular que pode ser "misturada e combinada para construir sistemas e dispositivos biológicos sintéticos"[36]. A Fundação BioBricks, estabelecida por pesquisadores do MIT e da Harvard, disponibiliza gratuitamente sequências de genes sintéticos[37] tornando o pedido de sequências genéticas tão fácil para um pesquisador como ir ao mercado da esquina. A facilidade, acessibilidade e flexibilidade dessas ferramentas estão capacitando uma revolução da biologia sintética na qual todos os tipos de produtos úteis, incluindo chips de computador, eletrodomésticos e roupas, podem ser produzidos por engenharia biológica.

As implicações comerciais dessa revolução são enormes. Estima-se que o mercado global para a biologia sintética crescerá de 3 bilhões de dólares em 2013 para 40 bilhões de dólares em 2020, com uma projeção global na taxa de crescimento de 20%. Não surpreende que a China seja o mercado de mais rápido crescimento para os produtos da biologia sintética[38]. De acordo com o biólogo Richard Kitney, a biologia sintética tem "todo o potencial para produzir uma nova e importante revolução industrial"[39].

Conforme a população global aumenta, nosso clima continua a aquecer e novos desafios imprevistos começam a aparecer, esses tipos de aplicações da biologia sintética baseadas na precisão da modificação genética se tornam essenciais para a nossa vida e sobrevivência. Nossa crescente dependência da biologia sintética pavimentará o caminho para uma maior aceitação da biologia sintética em nós mesmos. Esse processo também já começou.

Em 2010, o empreendedor científico Craig Venter anunciou que ele e seus colegas sintetizaram o genoma completo da bactéria *Mycoplasma mycoides* e a colocaram dentro da membrana vazia de outra bactéria — criando assim a primeira célula sintética do mundo[40]. Isso não foi só a modificação de uma célula existente, como fazer uma bactéria produzir insulina, mas criar vida do zero. Para aqueles preocupados com os biólogos "brincando de deus", essa foi a prova número 1. Seis anos

RECONSTRUINDO O MUNDO VIVO

depois, a equipe de Venter anunciou ter reduzido o código da sua célula sintética a um número muito menor de genes essenciais necessários para mantê-la viva. Como um primeiro passo no processo sem fim de criar e reescrever o código da vida, esse foi um grande avanço.

"Os recentes avanços na biociência, combinados com a análise de *big data*, levaram-nos à beira de uma revolução na medicina", Venter escreveu em dezembro de 2017 para o editorial do *Washington Post*. "Não apenas aprendemos a ler e a escrever o código genético; nós agora podemos colocá-lo em formato digital e traduzi-lo de volta para a vida sintetizada. Na teoria, isso dá à nossa espécie o controle sobre o projeto biológico. Podemos escrever o software do DNA, ligá-lo a um conversor de computador e criar ilimitadas variações no sequenciamento dos genes da vida biológica."

Estamos longe demais de sintetizar o genoma de um organismo unicelular, o que ainda nem aconteceu completamente, para fazê-lo para os mais de 21 mil genes codificantes de proteína no genoma humano, mas, como diz o provérbio chinês, uma jornada de mil quilômetros começa com um único passo. Como contou Drew Endy, biólogo de Stanford, ao Neo Life em 2018: "Queremos fazer sistemas biológicos maleáveis que possamos entender e usar como engenheiros para reconstruir o mundo vivo [...]. Imagino que um dia criaremos genoma humano de forma rotineira para qualquer propósito necessário"[41].

À medida que o poder computacional aumenta e o custo de produção de um genoma humano inteiro diminui, o ritmo dessa caminhada vai acelerar. Lao-Tzu, o filósofo a quem se atribui aquele provérbio chinês de 2,5 mil anos atrás, teria demorado cerca de 300 horas para terminar aquele percurso de mil quilômetros. Hoje, os descendentes de Lao-Tzu podem viajar mil quilômetros em doze horas de carro, ou quatro de trem, ou duas de avião, ou até três minutos e meio orbitando em uma espaçonave. Uma jornada de mil quilômetros ainda começa com um único passo, mas as velocidades de viagem podem acelerar muito rapidamente a partir daí.

O Genome Project-write (GP-write), um notável exemplo dessa mudança acelerada, procura levantar 100 milhões de dólares em fundos para sintetizar todo o genoma humano, começando pela sintetização de

Mamãe? Uma máquina sintetizadora de DNA. Fonte: Seth Kroll

genomas de organismos mais simples, mas subindo continuamente na cadeia de complexidade para criar código genético humano[42]. "O que estamos planejando fazer é muito além do CRISPR", George Church disse naquela época. "É a diferença entre editar um livro e escrever um."[43]

Se eles conseguirem os recursos e forem minimamente bem-sucedidos, essa iniciativa ajudará os cientistas a entender melhor o complexo e mais amplo ecossistema da genética e da biologia de sistemas. A longo prazo, esse entendimento auxiliará as gerações futuras a manipular, projetar e, finalmente, criar vida. A transformação da vida humana em tecnologia da informação continuará nesse ritmo: lendo, escrevendo e hackeando. Dadas essas aspirações, não é coincidência que o título do livro de Church publicado em 2012 seja *Regenesis*. Nossas tradições religiosas têm uma palavra para a entidade que escreve o livro da vida.

As revoluções de computação, *machine learning*, inteligência artificial, nanotecnologia, biotecnologia e genética têm nomes diferentes hoje, mas essas diferentes tecnologias estão convergindo em um

RECONSTRUINDO O MUNDO VIVO

tsunami megarrevolucionário que quebrará sobre o significado do que é ser humano. Se pegarmos essa onda, o único limite para quão longe poderemos ir será, talvez, a nossa imaginação coletiva.

Por exemplo, o geneticista Christopher Mason, da Weill Cornell Medical College, já começou a trabalhar no que ele chama de um "plano de 500 anos para a sobrevivência humana na Terra, no espaço e em outros planetas", e vem colaborando com a NASA para "construir quadros moleculares integrados de genomas, epigenomas, transcriptomas e metagenomas para astronautas que ajudam a estabelecer as fundações moleculares e as defesas genéticas para viagens espaciais de longa duração para humanos"[44]. A espaçonave do nosso futuro genético já está sendo carregada nas docas.

É por isso que quando viajamos na nossa máquina do tempo descrita no início deste livro, o bebê que trouxemos para os dias atuais, vindo de milhares de anos atrás, era basicamente como nós somos hoje, mas o bebê que trouxemos de milhares de anos no futuro era mais saudável, mais forte, mais inteligente e mais robusto do que a maioria de nós neste momento. É também por isso que esse bebê, se alimentado e bem cuidado, viverá significantemente mais do que qualquer um de nós nos nossos dias.

CAPÍTULO 7

Roubando a imortalidade dos deuses

No mais antigo trabalho literário do mundo, o rei Gilgamesh, de Uruk, não consegue deixar de lamentar a perda e enfatizar a própria mortalidade, depois que o seu melhor amigo, Enkidu, morre prematuramente. "Eu também devo morrer?", ele chora. Siduri, o dono da taberna, avisa Gilgamesh que "a vida do homem é curta. Apenas os deuses podem viver para sempre"[1], mas Gilgamesh, determinado, parte em uma jornada épica para buscar os segredos dos deuses e a chave para a imortalidade.

Ele encontra o homem imortal Utnapishtim, o Noé mesopotâmico que sobreviveu a uma grande enchente depois de ser instruído pelo deus Enki a construir um barco e enchê-lo de animais*. Depois de muita persuasão, Utnapishtim finalmente conta a Gilgamesh onde no fundo do oceano ele poderia encontrar uma planta mágica maravilhosa que renova a juventude. Gilgamesh localiza a planta e a está levando para casa quando ela é roubada por uma cobra traiçoeira. A cobra se torna jovem novamente, e o honrado Gilgamesh, sem poder encontrar um substituto, volta para casa, finalmente aceitando a própria morte como inevitável.

Como Gilgamesh antes da sua iluminação, há muito me pergunto como pode ser que nossa vida seja uma curva tão breve, mudando tão rapidamente entre dois momentos de choro no hospital. Que brincadeira cruel determinou que nossos músculos comecem a perder as fibras

---

* Para aqueles que ainda pensam que a Bíblia é uma obra original...

quando mal chegamos aos 20 e poucos anos, que a maioria das nossas funções corporais atinja seu auge nos 20 e tantos, que a nossa chance de morte dobre a cada oito anos depois dos 30, e que as nossas células comecem a perder sua habilidade de reparar mutações perigosas a partir dos 40? Não estou só.

Desde o surgimento do primeiro humano, lutamos com a nossa mortalidade. Mesmo que ela nos force a fazer um balanço das nossas aspirações enquanto temos a capacidade de realizá-las, a mortalidade é no máximo uma faca de dois gumes.

Na falta das ferramentas para combatê-la, nossos ancestrais nunca puderam suprimir o desejo de roubar a imortalidade do domínio dos deuses. É por isso que muitas culturas têm se mostrado obcecadas em prolongar a vida e superar a morte.

No Antigo Testamento, Matusalém foi quem venceu a biologia. De acordo com Gênesis 5:27, Matusalém viveu até a idade madura de 969 anos. Porque a Bíblia não conta muito mais sobre Matusalém, não sabemos como ele conseguiu isso, mas somos informados de que seus filhos viveram entre 895 e 962 anos, então genética é um bom palpite. De qualquer forma, Iavé parece ter mudado de ideia, conforme diz, alguns versículos depois, em Gênesis 6:3: "Meu Espírito não tolerará humanos por tanto tempo, pois eles são apenas carne mortal. No futuro, a sua vida normal não será mais longa do que 120 anos".

Para os antigos chineses, que passaram séculos tentando gerar elixires de vida, o segredo era o famoso *lingzhi,* o cogumelo mágico da imortalidade que se acreditava existir no alto das montanhas. Para os indianos, a amrita, também conhecida como soma, era uma bebida feita com uma planta obscura e montanhosa que, de acordo com os textos sagrados do Rigveda, deixavam uma pessoa viver para sempre.

O advento da Revolução Científica na Europa trouxe uma nova racionalidade e uma nova esperança para a busca da humanidade pela imortalidade.

Em 1896, Serge Voronoff, médico russo naturalizado francês, partiu para o Egito depois de estudar por anos com o ganhador do Nobel e pai da medicina de transplante, o dr. Alexis Carrel. Ao testemunhar como os corpos dos egípcios eunucos pareciam estar definhando,

Voronoff concluiu que a falta de testículos lhes negava as secreções glandulares de que os seus corpos necessitavam para manter a vitalidade. Usando o que aprendera com Carrel sobre as possibilidades de transferir partes do corpo entre humanos, Voronoff bolou uma ideia criativa de transplantar testículos de macacos em homens para potencializar a secreção glandular e curar todos os tipos de doenças, aumentar a vitalidade e prolongar a vida. "A glândula sexual", escreveu Voronoff, em 1920, "despeja na corrente sanguínea uma espécie de fluido vital que restaura a energia de todas as células e espalha alegria[2]."

Até 1923, o procedimento de Voronoff teve uma procura tão grande que foi preciso montar uma reserva especial na África para cercar todos os macacos machos esperando pela castração que dava combustível a esse procedimento caríssimo e em crescente popularidade. Depois que os homens com testículos de macaco enxertados em seu escroto não viram muito retorno, Voronoff dobrou a aposta das suas afirmações. Se o macaco doador e o humano receptor tivessem o mesmo tipo sanguíneo, ele afirmou, os humanos poderiam viver até 140 anos. Quando nenhuma de suas promessas se provou verdadeira, o procedimento caiu em desgraça.

Testículos de macaco estavam fora, mas toda uma nova gama de procedimentos mágicos e poções, desde costurar os testículos de um bode em uma pessoa até beber "elixires de vida longa" especiais, inundou o mercado na virada do século XX. Todos foram eventualmente descartados quando não funcionaram. Foi quando algo estranho aconteceu. Mesmo que nenhuma poção mágica estivesse fazendo efeito, a expectativa de vida humana começou a aumentar a um ritmo mais rápido até então registrado.

Pela maior parte da nossa história, a expectativa média de vida humana tem sido dolorosamente pequena. Existiam várias formas para os nossos ancestrais caçadores nômades morrerem. Se você não morresse ao nascer ou de inúmeras infecções e doenças na infância, as probabilidades de que um acidente, predador ou conflito te pegasse eram grandes. É por isso que a expectativa média de vida para humanos primitivos era de 18 anos. Apesar de todos os avanços, a expectativa média de vida nos tempos romanos era de mais ou menos 20 anos.

ROUBANDO A IMORTALIDADE DOS DEUSES

Até 1900, era de apenas 47 nos EUA, naquela época um dos países mais avançados do mundo.

A expectativa média de vida não significa que os sábios de Roma tinham 26 anos e que todos nos Estados Unidos, um século atrás, caíam mortos aos 48; se somarmos o número de anos que todos vivem em uma dada época e dividirmos pelo número de pessoas, chegaremos à média. Assim, se duas crianças nascem no mesmo dia mas uma morre imediatamente e a outra vive até os 80, a expectativa de vida média das duas é 40 anos. Se a mortalidade infantil é alta, a expectativa de vida média da população é baixa, mesmo se um número suficiente de pessoas estiver vivendo uma vida longa.

Mas, no decorrer do século XX, os avanços nos serviços de saúde, saneamento, segurança no trabalho, saúde pública e nutrição aumentaram a expectativa de vida média como nunca antes, bem como o número de idosos per capita na população. Hoje, a expectativa de vida média é de 71,4 anos globalmente, 79 anos nos Estados Unidos, 85 anos no Japão*, mesmo que ainda seja por volta dos 50 anos em muitos dos países mais pobres da África.

Esse aumento na expectativa de vida média no mundo desenvolvido durante o último século pode ser representado como um aumento de três meses na expectativa para cada ano. O número de pessoas vivendo além dos 100 anos subiu quase dois terços nos EUA e quintuplicou no Reino Unido nas últimas três décadas. O Japão, que registrava apenas 339 centenários em 1971, hoje tem mais de 75 mil. As estimativas são de que a população global de pessoas acima dos 100 crescerá dos atuais 450 mil para 4 milhões em 2050[3].

Como a possibilidade de viver mais se tornou a nossa nova realidade, nossas expectativas de quantos anos constituem uma vida completa mudaram.

Existe uma boa chance de que as famílias dos humanos primitivos que morreram na faixa dos 40 anos nas savanas africanas nunca tenham sentido que foram desprovidas de uma vida longa prematuramente. Naquela época, viver até os 40 já era muito bom, considerando

---

* E 75,5 anos no Brasil. (N. T.)

todos os perigos que poderiam abreviar a vida de uma pessoa. Hoje, perder alguém com 40 parece um desperdício de vida potencial. Quando alguém morre hoje nos seus 90 anos, uma ocorrência muito rara para os nossos antepassados, a maioria acha que está certo. Quando questionados em 2013 quanto queriam viver, 69% dos americanos responderam entre 79, que é a expectativa de vida média do americano atual, e 100, com uma idade mediana em 90[4]. "Tudo tem o seu tempo", diz o Eclesiastes, e o tempo da vida parece, para a maioria das pessoas, que deve durar cerca de noventa anos.

Mas e se mais pessoas vivessem com saúde até os 120 ou 130 anos? Aqueles cujos pais, cônjuges e amigos morreram aos 90 sentiriam como se os seus entes queridos tivessem tido uma vida plena ou como se tivessem sido tão roubados quanto nós hoje quando alguém morre aos 60? Definiríamos a longevidade baseados enquanto os nossos avós viveram ou, em vez disso, esperaríamos viver o mesmo que nossos vizinhos e amigos? Não há nada mágico sobre uma vida de 80 anos; é apenas o que nós aceitamos como normal nesse ponto particular na nossa trajetória evolucionária contínua. Quando isso mudar, nossas expectativas também mudarão.

Mesmo que nossa percepção da biologia seja maleável, não sabemos ao certo quão maleável o nosso processo de envelhecimento potencialmente poderia ser. No entanto, as novas ferramentas da revolução genética e biotecnológica estão nos dando uma chance de lutar para expandir os limites do nosso tempo de vida e da nossa saúde durante a vida.

Como primeiro passo para explorar quanto tempo poderemos eventualmente viver, precisamos entender o que é o envelhecimento.

Para um processo que as pessoas compreendem tão bem intuitivamente, envelhecer é extremamente complexo. Os cientistas não podem concordar com uma definição uniforme de envelhecimento porque esse processo não é uma coisa só. É provavelmente uma combinação de muitos diferentes sistemas no corpo, todos decaindo a velocidades diversas. Alguns cientistas têm pensado no envelhecimento como uma série de mudanças que fazem um organismo ficar mais propenso a morrer; outros, como um declínio progressivo na sua habilidade de

ROUBANDO A IMORTALIDADE DOS DEUSES

fazer as coisas; outros, como um aumento nos níveis de inflamação ou danos da oxidação no corpo; e ainda outros o definem como um declínio na capacidade do corpo de ativar as células-tronco necessárias para manter as células em bom estado de conservação.

Não importa a definição, envelhecer é a maior causa de morte em humanos porque leva ao desenvolvimento de doenças que matam. Doença do coração, câncer, parada respiratória crônica são em conjunto a causa de metade de todas as mortes nos Estados Unidos, e são três das quatro principais causas de morte no mundo. Porque essas doenças são correlacionadas com a idade — quanto mais velho você é, maior o risco de ter uma delas —, curar uma pessoa não ajuda muito nessa situação. Se uma doença da velhice não te pegar, outra logo pegará. Elimine todo o câncer dos Estados Unidos e a expectativa de vida subirá apenas um pouco mais de três anos. Isso leva à conclusão de que, se nós quisermos mesmo prolongar nossa expectativa de vida saudável, precisaremos começar a nos preocupar menos em combater cada doença da velhice e mais em reduzir o próprio envelhecimento.

Dado o número espantoso de partes e sistemas dentro do corpo humano, lidar individualmente com cada processo único e especial de envelhecimento de cada sistema do nosso corpo pode ser dificílimo*. Mas, se o envelhecimento é significativamente uma experiência unificada com alguns mecanismos centrais governando todo o processo, é concebível que haja uma maneira de desacelerar o envelhecimento de um organismo inteiro, incluindo cada uma das suas partes. O primeiro passo para determinar se esse é o caso seria encontrar maneiras de medir o envelhecimento sistêmico.

Todos envelhecem de modo diferente e a velocidades variadas. Todos conhecemos pessoas cronologicamente jovens, mas que parecem velhas. Também conhecemos pessoas que são velhas, mas parecem jovens. Pelo menos superficialmente, existe uma diferença entre idade biológica e cronológica. Enquanto a idade cronológica é medida em anos desde o

---

* Sempre me perguntei por que pessoas que acreditam na teoria do "design inteligente" da evolução não se perguntam por que o nosso criador, se ele ou ela é tão inteligente, nos deu partes individuais tão frágeis.

nosso nascimento, a idade biológica é baseada em muitos fatores genéticos e ambientais que nos fazem envelhecer de maneiras diferentes.

Se olhar sua carteira de motorista, poderei dizer com facilidade a sua idade. Sabendo a sua idade, será possível ter um bom palpite sobre quão saudável você é e quanto mais viverá. Não poderei, porém, dizer quão jovem você é para alguém da sua idade ou quanto você poderá viver comparado a outras pessoas em situação similar e mesma idade cronológica sem ter mais informações sobre o estado de saúde dessas pessoas.

Ao passo que a idade cronológica é direta e fácil de medir, a idade biológica não é. Você pode parecer mais jovem do que é, mas precisaríamos medir a sua idade biológica antes e depois de realizar qualquer tipo de tratamento antienvelhecimento para determinar se essa intervenção funcionaria.

Desde os anos 1980, pesquisadores vêm trabalhando para definir com o que esse tipo de parâmetro para a idade biológica pode parecer. Mais recentemente, a Federação Americana para Pesquisa de Envelhecimento (AFAR na sigla em inglês) estabeleceu o objetivo de identificar um biomarcador do envelhecimento que pudesse prever com precisão a taxa de envelhecimento, medir o processo como um todo, em vez dos impactos de doenças, ser repetidamente testável sem danos para a pessoa e funcionar no laboratório tanto para animais como para humanos[5]. Alcançar isso é mais fácil de dizer do que de fazer. Biomarcadores do envelhecimento provavelmente incluem uma lista vertiginosa de fatores genéticos e metabólicos e outros que são dificílimos de medir, e, mesmo quando medidos, são difíceis de designar especificamente ao envelhecimento.

Recentemente, no entanto, os pesquisadores vêm começando a fazer progresso. Estudos têm sugerido que os marcadores epigenéticos medidos no sangue[6], o comprimento das "fileiras" dos genes no fim dos cromossomos chamadas *telômeros*[7], a velocidade de caminhadas[8], o envelhecimento facial observável[9] e muitos outros fatores são biomarcadores preliminares de envelhecimento que poderiam, no futuro, se unir para ajudar a resolver a charada do envelhecimento biológico. A *startup* californiana BioAge Labs está usando a inteligência artificial para entender o sequenciamento de DNA e a análise metabólica das células sanguíneas para identificar os biomarcadores complexos do envelhecimento. O sangue guardado por décadas nos bancos de sangue europeus, onde os biomarcadores e os registros de vida e morte dos doadores de sangue podem ser comparados, está se revelando um recurso valiosíssimo.

Ser capazes de medir a idade biológica nos ajudará a combinar esforços para manipulá-la, mas ainda precisamos encontrar as pistas sobre quanto podemos viver e o que precisaremos fazer para viver mais e com saúde.

A boa notícia para quem pensa em superar os limites da mortalidade hoje é que, dentro de alguns limites, a evolução parece não se importar com quanto tempo nós vivemos.

Se nossos ancestrais tivessem enfrentado um problema de ter muitos bebês devorados por predadores, nossos bebês poderiam ter sido eventualmente selecionados com exoesqueletos, como os das lagostas. Se muitos pais tivessem sido comidos e assim não pudessem cuidar dos seus filhos, os nossos filhotes teriam eventualmente se tornado autossuficientes como os solitários bebês de dragão-de-komodo, que fogem após sair dos seus ovos para evitar serem comidos pelas próprias mães, ou os camaleões de Madagascar, que eclodem a cada temporada completamente sozinhos porque a população adulta inteira morre depois que as fêmeas põem os seus ovos.

Se avós, por outro lado, que eram bem menos comuns nos primórdios da humanidade, fossem devorados por predadores, seria triste para a família e comunidade, mas provavelmente isso não teria um grande impacto evolucionário na nossa espécie como um todo. Idosos são e têm sido sempre incrivelmente úteis e importantes para carregar as tradições e lições cruciais da vida, mas a evolução não foi afetada independentemente de eles viverem até os 40, 50 ou 80. As habilidades de bebês e pais são essenciais para a evolução humana; a dos avós, nem tanto[10].

Se considerarmos as possibilidades de mudar os atributos humanos selecionados afirmativamente por centenas de milhões de anos — a respiração é um bom exemplo —, lutaremos bravamente contra o peso da própria evolução. Mas tentar ajustar um atributo que a evolução de alguma maneira ignorou deveria, ao menos em teoria, nos dar motivos preliminares para ter esperança.

Mas, embora não tenhamos sido necessariamente selecionados para a longevidade, com certeza fomos escolhidos pela nossa habilidade de sobreviver a tempos difíceis. Muitas vezes, nos últimos bilhões de anos da nossa evolução, nossos ancestrais encararam a fome. A análise genética sugere que, cerca de 1,2 milhão de anos atrás, os nossos ancestrais pré-humanos decaíram a meros 26 mil indivíduos. Então, cerca de 150 mil anos atrás, nossa população ancestral pode ter encolhido a até 600 indivíduos lutando para sobreviver na ponta sul da África. Depois que as cinzas de um vulcão gigante em Sumatra, há 70 mil anos, fizeram o sol desaparecer por seis anos, o número total de humanos pode ter novamente encolhido até alguns milhares de almas.

Com cada um desses golpes, apenas aqueles entre os nossos ancestrais com grande habilidade para sobreviver sem abundância de comida o conseguiram. Todos os outros definharam. Esses sobreviventes extremos foram capazes de transmitir suas predisposições genéticas para sobreviver por gerações até chegar a nós. Isso nos deixou, como no caso de muitas outras espécies que encontraram os mesmos tipos de desafios, com uma robustez interna que se revela muito útil em nossa busca pela longevidade.

Diversos estudos vêm mostrando repetidas vezes e por décadas que a restrição calórica prolonga a vida de leveduras, moscas, vermes, camundongos, ratos e outros organismos. Estudar se a restrição calórica (RC) prolonga a vida de mamíferos que vivem por mais tempo como nós é mais difícil porque nossa vida torna os estudos em humanos muito longos, e nosso comportamento irregular natural faz ser quase impossível forçar humanos a meticulosamente evitar docinhos pelo resto da vida. A partir dos anos 1980, no entanto, um grupo de cientistas iniciou dois estudos que buscavam medir o impacto da RC nos macacos, que compartilham 93% do seu DNA conosco. Os macacos em RC em ambos os estudos viveram em média três anos a mais e se mantiveram mais saudáveis do que aqueles nas mesmas condições, mas consumindo mais calorias. Pelo menos quatro dos macacos em um dos

ROUBANDO A IMORTALIDADE DOS DEUSES

estudos excederam todos os recordes anteriores para o maior tempo de vida em cativeiro para macacos[11]. Isso é promissor.

Um estudo financiado pelos Institutos Nacionais da Saúde dos Estados Unidos denominado *Comprehensive Assessment of Long-Term Effects of Reducing Intake of Energy* ["Avaliação abrangente dos efeitos de longo prazo da redução da ingestão de energia"] convenceu 34 pessoas a reduzir seu consumo total de calorias em 15% por dois anos. Essas pessoas concordaram em se submeter a testes semanais de sangue, ossos, urina, temperatura corporal e outros, e até permaneceram por períodos de 24 horas em câmaras metabólicas seladas para que sua respiração pudesse ser avaliada pela proporção de oxigênio para dióxido de carbono. Baseados em todos os dados, os pesquisadores concluíram que a redução em 15% na ingestão de calorias gerou uma queda de 10% no metabolismo. Apesar de o estudo não poder determinar se as cobaias viveriam mais, a conclusão foi de que uma queda no metabolismo levou a um "ritmo de vida reduzido", ou uma redução no desgaste das células, e possivelmente a vida mais longa e saudável, de forma similar aos estudos com macacos[12].

Outro ambiente para procurar entender quanto tempo nós temos o potencial de viver está nos *Homo sapiens* mais velhos ao nosso redor. Sem levar em conta Gilgamesh e Matusalém, a pessoa mais velha já registrada de forma confiável foi a incrível francesa Jean Calment.

Nascida na cidade francesa de Arles, em 1875, a jovem Jean conheceu Vincent van Gogh quando ela tinha 12 anos e se casou com o seu primo em 1896, que morreu em 1942, quando Jean tinha 67. Ela estava apenas começando.

Quando Jean tinha 90, um jovem advogado chamado François Raffray a convenceu a vender o seu apartamento para ele com um contrato de contingência. Jean ainda viveria no apartamento, e Raffray, de acordo com o contrato, pagaria a ela 2,5 mil francos por mês, o equivalente a 500 dólares hoje, até que ela morresse, quando então ele tomaria posse do imóvel. Ah, se ele soubesse...

Comendo 1 quilo de chocolate por dia, Jean andou de bicicleta pela cidade até os 100 anos, mantendo-se extremamente ativa até os 110, e só começou a desacelerar depois dos 115 anos. Nessa época, ela havia se tornado uma celebridade local cuja fama crescia com o passar dos anos.

HACKEANDO DARWIN

Enquanto isso, Raffray estava contratualmente obrigado a continuar a enviar os cheques mensais, cujo valor ultrapassou o do apartamento. Depois da sua morte, aos 77 anos, a família ainda foi legalmente obrigada a honrar o pagamento pelos anos adicionais de vida de Jean Calment, até ela morrer, em 1997, aos 122 anos, dois anos além do limite declarado por Iavé no Gênesis 6:3 (mas aí temos que lembrar que Iavé não conhecia o poder do chocolate).

Foram escritos livros sobre por que Jean viveu tanto tempo. Famosa e imperturbável, ela atribuiu sua longevidade aos baixos níveis de estresse e à atitude positiva, mas a genética também desempenhou um papel fundamental. "Eu só tive uma ruga na vida", Jean disse certa vez, "e estou sentada nela."

A pitoresca história de Jean Calment nos mostra o atual limite máximo de possibilidade, com base na biologia e nas opções de intervenção de hoje. Para sermos mais sistemáticos, também podemos tentar entender grandes grupos de supervelhos como Jean para ver o que lhes permite viver tanto. É exatamente isso que Nir Barzilai está fazendo.

Diretor do Instituto de Pesquisa do Envelhecimento na Faculdade Albert Einstein de Medicina e um dos maiores especialistas em envelhecimento do mundo, Nir tem recrutado e estudado um grande número de judeus asquenazes centenários na grande Nova York por anos. Existem muitas palavras que poderiam ser usadas para descrever Nir — espirituoso, angelical, superpositivo —, mas nenhuma captura completamente a sua essência. Apesar de ser descrito por alguns como um sósia de Austin Powers, Nir é um gigante no campo do envelhecimento.

Ele encontrou algumas pessoas incríveis ao longo do caminho, como Irving Kahn, um aluno apaixonado que trabalhou como corretor de ações até a sua morte, aos 109 anos. Os irmãos de Irving, coletivamente os irmãos mais longevos da história, viveram até os 109, 103 e 101 anos. Irma Daniel, outra dos centenários de Nir, era uma sobrevivente da Europa nazista que participou da corte de Hoboken, Nova Jersey, até os 106 anos. De cada uma dessas pessoas, Nir e seus colegas estão compilando todo o histórico de vida e saúde, sequenciando os genomas e conduzindo uma bateria de testes para determinar o que pode

168

ROUBANDO A IMORTALIDADE DOS DEUSES

ser a "poção mágica" para viver tanto tempo. Apesar de a pesquisa ainda estar em andamento, ela já deixou claro que alguns hábitos saudáveis podem ajudar as pessoas a viver um pouco mais, e que a melhor forma de viver além dos 100 é tendo a genética certa.

Esses supercentenários não só vivem mais — eles vivem mais saudáveis por mais tempo. A maioria tende a manter a maior parte das suas faculdades mentais até o fim da vida e só morre após períodos de doença relativamente rápidos e limitados[13]. Um estudo do Instituto de Pesquisa Scripps sobre os genomas sequenciados de mais de 1,4 mil idosos acima dos 80 anos descobriu que as variantes genéticas nessas pessoas pareciam ajudar a manter sua saúde cognitiva e protegê-las de doenças crônicas perigosas[14]. Apesar da percepção popular de que as pessoas que vivem além dos 100 anos estão conectadas a respiradores, o custo de saúde para aquelas que morrem depois dos 100 é apenas 30% da média daquelas que morrem aos 70.

Nir e outros pesquisadores descobriram que, embora fosse esperado que muitos dos centenários, com base na idade, apresentassem doenças como Parkinson, Alzheimer e maior porcentagem de doenças cardiovasculares, por algum motivo eles não as tinham[15]. A equipe de Nir se concentrou no gene ADIPOQ, comum na maioria das pessoas, mas ausente em muitos dos supervelhos, o que parece protegê-los de inflamação nas artérias. Outros pesquisadores identificaram dezenas de genes que, em uma expressão ou outra, parecem proteger contra distúrbios cerebrais[16] e altos níveis de colesterol[17] e prover proteção adicional contra o Alzheimer[18] e o aumento na expectativa de vida como um todo[19]. Mais genes associados com a longevidade vêm sendo identificados num piscar de olhos.

Dizem que se você quiser viver até os 90 deve comer bem, relaxar, dormir e fazer exercícios. E, se quiser viver além dos 100, deve escolher seus pais com sabedoria. Mas essa máxima também pode acabar sendo SPC — superada pela ciência.

Identificar mais dos genes que aumentam o potencial de uma pessoa para viver mais e com mais saúde nos permitirá incluir alguns desses genes em pessoas via terapia genética ou, provavelmente, descobrir o que os genes estão fazendo e encontrar uma forma de imitá-los.

169

Todos sabemos que não importa a nossa predisposição genética, podemos viver uma vida mais longa e saudável se fizermos as escolhas certas. Apesar de nossas escolhas de estilo de vida poderem parecer estar em um patamar diferente da genética, elas não estão. Nossas escolhas têm um impacto significativo nas instruções epigenéticas que orquestram o modo como nossos genes funcionam. Logo, entender quais estilos de vida facilitam as melhores expressões dos nossos genes não apenas nos diz o que podemos fazer para viver vidas mais saudáveis, mas também, pelo menos para os trapaceiros à nossa volta, como podemos enganar os nossos genes e a nossa biologia de modo geral para nos dar crédito pelas escolhas inteligentes que não fizemos.

Na tentativa de desvendar o código de que tipos de estilos de vida e históricos entregam os melhores benefícios, Dan Buettner, um National Geographic Fellow, analisou os registros de expectativa de vida globais procurando por estatísticas que mostrassem as populações que vivem mais. Ele nomeou os locais que encontrou — Icária (Grécia), Loma Linda (Califórnia, EUA), Nicoya (Costa Rica), Okinawa (Japão) e Sardenha (Itália) — de *zonas azuis* e pôs-se a tentar encontrar os denominadores comuns desses locais.

Em uma reportagem de capa de 2005 da *National Geographic* e em *The Blue Zone: Lesson for Living Longer from People Who've Lived the Longest*, seu livro lançado em 2008, Dan descreveu como as pessoas nas zonas azuis levam a vida:

1. Elas praticam atividade física moderada de forma integrada em sua vida, o que faz com que se movam a cada vinte minutos mais ou menos — não necessariamente indo para a academia, mas andando pela cidade ou vilarejo para realizar suas tarefas diárias;

2. Podem articular o seu propósito de vida, ou raison d'être — o que os japoneses chamam de ikigai;

3. Honram os rituais sagrados e diários que as ajudam a se manter com relativo baixo nível de estresse;

4. Consomem apenas quantidades moderadas de calorias por dia;

5. Têm dietas baseadas em plantas, mas não necessariamente vegetarianas, consistindo na sua maioria de grãos integrais, tubérculos, oleaginosas, folhas verdes e feijões;
6. Consomem álcool apenas moderadamente, se é que consomem;
7. Têm vida espiritual e religiosa engajada;
8. Possuem uma vida familiar ativa e integrada;
9. Nasceram ou entraram para círculos comprometidos de amigos devotados e estão inseridas em comunidades sociais constantes, ativas e altamente solidárias[20].

As pessoas nas zonas azuis não necessariamente se tornavam centenárias a taxas mais altas do que todas as demais, mas estavam, em média, vivendo uma vida mais longa e mais saudável. Então, viver como pessoas nas zonas azuis pode nos ajudar a viver mais do que alguns dos nossos vizinhos, mas não mais do que Jean Calment (que comia mais chocolates do que tubérculos e oleaginosas!). Além de observar como e por que certos indivíduos e comunidades vivem mais do que outros, mais uma forma de decifrar o código genético da mortalidade é olhar para as dicas no mundo animal e examinar espécies semelhantes com diferentes ciclos de vida.

O rato médio, por exemplo, pode viver até 3 anos na natureza e 4 em cativeiro, mas o incrível rato-toupeira-pelado, um parente próximo, pode viver até 31 anos. Escritores menos maduros do que eu têm descrito o rato-toupeira-pelado como parecendo um pênis com dois dentes afiados, mas eu, um ícone da moderação, deixarei que você decida sozinho.

Nativo da Etiópia, do Quênia e da Somália, esse mamífero quase sem pelos, altamente sociável e que habita o subsolo vive muito mais do que seria o estimado para o seu tamanho. Em média, espécies maiores tendem a viver uma vida mais longa do que as menores; embora versões menores da mesma espécie tendam a viver mais do que as versões maiores[21]. Ratos-toupeira-pelados vivem uma vida mais longa e saudável do que outras criaturas em comparação, reparam prontamente qualquer dano genético, aparentemente sentem pouca dor e são imunes a câncer. Por essas razões, cientistas vêm cada vez mais utilizando o sequenciamento do seu genoma, a análise de *big*

Foto cortesia da Universidade de Rochester.

data e outras ferramentas avançadas para tentar entender o segredo para o sucesso desses animais.

A Calico, por exemplo, uma companhia de extensão da vida do Google, com sede em São Francisco, mantém uma das maiores colônias de ratos-toupeira-pelados cativos para ver se conseguem descobrir os biomarcadores do envelhecimento e desvendar o segredo da longevidade desse animal[22]. Outros estudos já começam a gerar hipóteses para o que está ajudando essas criaturas a viver tanto tempo e de forma tão saudável, visando sempre à expansão da longevidade e saúde humanas e a resistência ao câncer.

Um estudo lançou a hipótese de que a genética do rato-toupeira-pelado faz com que suas células produzam altos níveis da proteína *HSP25*, que serve como um corretor automático, eliminando as proteínas defeituosas nas células antes que elas causem algum problema[23]. Outro estudo descobriu que os ratos-toupeira-pelados possuem quatro pedaços de RNA ribossômico — pequenas estruturas que traduzem o código do DNA em instruções para as células fabricarem proteína — no lugar das três partes comuns para a maioria das formas de vida multicelulares como nós. Por um motivo que os cientistas não compreendem

ROUBANDO A IMORTALIDADE DOS DEUSES

completamente, as estruturas em quatro partes do RNA dos ratos-toupeira-pelados causam bem menos erros de tradução do que as estruturas em três partes de outros mamíferos[24].

A pesquisadora Vera Gorbunova explica uma teoria lógica de por que os ratos-toupeira-pelados vivem mais e mais saudáveis do que o esperado, em comparação à biologia dos ratos: viver no subterrâneo protege os ratos-toupeira-pelados de predadores. Como o risco de serem mortos ou devorados é alto, os ratos investem sua energia evolucionária na reprodução rápida. Os ratos-toupeira-pelados, por outro lado, se protegem dos predadores vivendo no subsolo, por isso podem investir energia evolucionária na longevidade[25]. Gorbunova e o marido, o cientista Andrei Seluanov, estão agora explorando se é possível desenvolver algumas das características únicas dos ratos-toupeira-pelados em ratos comuns para ver se esses ratos vivem mais.

Outro exemplo de animais com parentesco com diferenças significativas na expectativa de vida é o molusco duro *Mercenaria*, no jargão científico, e seu parente próximo, o molusco islandês *Arctica islandical*. O molusco duro pode viver cerca de 40 anos. Seu primo da Islândia pode viver mais de 500. Ninguém sabe de fato quanto um molusco islandês pode viver porque os pesquisadores que em 2006 descobriram um molusco de 507 anos (eles calcularam a idade contando os anéis dentro da concha) acabaram matando o animal acidentalmente quando o tiraram do fundo do mar e o abriram para medir a sua idade. Oops.

Um grande estudo usou uma bateria de testes para comparar as diferenças entre esses moluscos parentes e descobriu que o molusco da Islândia é extremamente resistente ao estresse oxidativo — o dano causado às células quando elas são expostas aos radicais livres que atingem os animais com o passar do tempo —, o que provavelmente é um grande fator na sua longevidade extrema[26]. Essa descoberta direcionou os pesquisadores a explorar o potencial do estresse oxidativo como um elemento sistêmico potencial no processo de envelhecimento de outros animais, incluindo nós.

Meu exemplo favorito de animal que nos mostra como sabemos pouco sobre o envelhecimento e o que talvez seja possível alcançar é o *Turritopsi dohrnii*, a água-viva imortal.

173

É difícil não ficar animado com a *Turritopsi dohrnii*. Como todas as águas-vivas, ela começa como um ovo fertilizado, do qual uma larva emerge e então se fixa ao fundo do oceano. Lá, ela cresce até formar uma colônia de pólipos que gera múltiplas águas-vivas geneticamente idênticas. Mas, quando ela encontra adversidades físicas ou falta de comida, a *Turritopsi dohrnii*, diferentemente de outras águas-vivas, regride de água-viva adulta para pólipo, como se um humano adulto virasse um embrião novamente.

A comparação da biologia da água-viva imortal com a de outras subespécies de água-viva tem ajudado cientistas a explorar como a próxima geração de pesquisas sobre como induzir células-tronco pluripotentes poderá ajudar a desvendar segredos da regeneração e do rejuvenescimento, essenciais para prolongar a vida humana[27].

Humanos e águas-vivas foram separados na jornada evolutiva cerca de 600 milhões de anos atrás. Isso é muito tempo. Mas entender mais sobre o que permite ao rato-toupeira-pelado viver mais e sem câncer, ao molusco desacelerar o seu metabolismo e protegê-lo contra a oxidação e à água-viva imortal se regenerar continuamente já nos dá pistas sobre como o envelhecimento acontece e como nós talvez possamos manipular esse processo a nosso favor[28].

A maioria dos meus amigos solteiros e sem filhos muitas vezes, como eu, visita outras pessoas com filhos pequenos com a mesma cara de paisagem. Essas crianças incríveis com tanta energia — nossa mente começa a pensar — são ótimas por uma ou duas horas, mas seriam insuportáveis se fossem uma responsabilidade diária. (Esse sentimento, é claro, explica bastante por que muitos de nós não têm filhos!) Mas a razão biológica por trás de toda essa energia tem grandes implicações no envelhecimento.

Todos os animais vivem usando energia, mas nossa habilidade de processar nossos recursos energéticos é limitada. A cada momento, nossas células precisam planejar como usar a energia que têm. Existem duas opções principais: crescimento ou reparo. Quando somos jovens, precisamos de muita energia para crescer. É por isso que os jovens, por exemplo, têm metabolismo tão rápido, parecem hiperativos e queimam muitas calorias. Mas queimar tanta energia também tem seu custo. Como dirigir um automóvel à velocidade máxima, isso desgasta as células. Estas, porém, têm outra opção: alocar energia de forma mais conservadora para o reparo, assim como os moluscos, ou como fazemos em situações de restrição calórica ou estresse. Isso é equivalente a quando nosso computador muda para o modo de proteção de tela para economizar eletricidade ou quando nossa avó dirige a 20 por hora e cuidadosamente estaciona na garagem.

As células fazem isso regulando o consumo de glicose, o açúcar necessário para sobrevivermos. Normalmente, usam a glicose agressivamente para crescer, mas, em tempos de escassez, nossas células entram em modo de reparo. Os modelos animais mostraram que, quando as minhocas, as moscas-das-frutas e os camundongos mudavam do modo de crescimento para o de reparo, eles não apenas se tornavam mais capazes de sobreviver às dificuldades como também viviam mais e com mais saúde. Quando cientistas como a bióloga Cynthia Kenyon (então cientista da Universidade da Califórnia, em São Francisco, mas agora com o Google Calico) usaram novas ferramentas para ligar e desligar os botões genéticos que esses experimentos identificaram, descobriram que algumas mudanças genéticas dos genes Daf-2 e Daf-16 poderiam transferir as células do crescimento para o modo reparo e duplicar a longevidade de vermes *C. elegans*[29]. Isso levou à crescente percepção de que o processo de envelhecimento é regulado por botões que podem ser apertados.

Apesar de a ideia de que temos um tipo de Mágico de Oz dentro de nós apertando botões para determinar quanto vamos viver parecer estranha para muitos, não deveria. Em algum lugar na nossa biologia nós temos a capacidade de voltar no tempo em um nível celular, como a água-viva imortal, o que fica evidente toda vez que zeramos o relógio ao fazer um bebê.

Mas mesmo que entendamos melhor os mecanismos que controlam o envelhecimento e acreditemos que reprogramar a nossa biologia para prolongar a nossa vida saudável fosse possível, a questão de como fazê-lo permanece.

HACKEANDO DARWIN

Ao ler um livro sobre ciência, a última coisa que a maioria das pessoas quer é outro lembrete de que elas precisam parar de ter preguiça. Mas a dura ciência da longevidade torna abundantemente claro que boas escolhas de estilo de vida são a melhor forma de hackear nossos próprios sinais epigenéticos*.

Estudos repetidos mostram que esses tipos de mudança no comportamento também podem prolongar os nossos telômeros, os trechos que ficam ao final da cadeia cromossômica do DNA. Os telômeros servem para proteger a integridade dos dados genéticos dentro dos cromossomos, como as pontas de plástico no cadarço. Nossos telômeros ficam um pouco menores toda vez que as nossas células se dividem, tornando-se cada vez menos capazes de proteger nossos dados genéticos contra as mutações danosas. Apesar de não estar completamente claro se o encurtamento dos telômeros é uma causa ou um efeito do envelhecimento, telômeros mais curtos estão associados com rápido envelhecimento e maior risco de doenças associadas ao envelhecimento[30].

Mas mesmo se não vivermos como as pessoas nas zonas azuis, ainda precisamos reconhecer que nossa biologia e nosso estilo de vida não são coisas diferentes no contexto da nossa saúde e longevidade. Em vez disso, são pontos interconectados em um espectro mais amplo de nós mesmos. Nossas escolhas na vida ajudam a realizar o potencial da nossa biologia. Nossa biologia ajuda a determinar até que ponto essas escolhas podem nos ajudar. E, porque somos humanos, a maioria de nós está procurando novas formas de burlar o sistema.

Sabemos que nosso corpo tem um mecanismo de sobrevivência genética integrado que protegeu os nossos ancestrais em tempos de

---

* Este não é um livro de autoajuda, mas, se você quer viver mais e com mais saúde, recomendo que incorpore as lições de Dan Buettner sobre as zonas azuis o máximo que puder: exercite-se ou, pelo menos, ponha-se em movimento todo dia, encontre seu centro espiritual e propósito na vida, diminua seu nível de estresse, mude para uma dieta baseada em vegetais e não muito alta em calorias, invista na sua vida social e familiar e pare de beber tanto álcool. Eu também seria omisso, ou pelo menos xingado, se não mencionasse que o meu irmão Jordan escreveu um livro fantástico sobre os benefícios do exercício para a saúde: Jordan Metzl, *The Exercise Cure: A Doctor's All-Natural, No-Pill Prescription for Better Health and Longer Life* (Rodale, 2013).

ROUBANDO A IMORTALIDADE DOS DEUSES

escassez e estresse que pode potencialmente ser explorado para nossa vantagem. Uma vez que muito da pesquisa preliminar na nossa genética de extensão de vida e saúde procura entender como o corpo humano responde à restrição de calorias e à escassez, é lógico perguntar se nós não deveríamos todos simplesmente começar a viver em dietas de restrição calórica. Isso poderia ajudar, mas eu não recomendo. Mesmo que todos os estudos em animais sejam muito convincentes, ainda não está completamente comprovado que a restrição calórica estenda a vida e a saúde humanas, possivelmente porque o teste dessa hipótese em humanos é muito difícil.

Mesmo assim, sociedades de restrição calórica têm surgido pelos Estados Unidos e no mundo nas últimas décadas reunindo pessoas comprometidas a cortar significantemente o consumo de calorias na esperança de prolongar a vida. Para todos os demais, no entanto, cortar calorias para 1,8 mil diárias para homens e 1,5 mil para mulheres (comparado às 2 mil calorias recomendadas pelo Departamento de Agricultura dos Estados Unidos para mulheres e 2,5 mil para homens) no curso de uma vida inteira não é uma perspectiva atraente e talvez não seja sequer tão saudável quanto uma dieta balanceada*.

Mas um estudo recente descobriu que reduzir significativamente as calorias por apenas cinco dias contínuos por mês, durante dois meses no ano, talvez gere a resposta de conservação de energia do corpo e dê às pessoas os mesmos benefícios de saúde do que o corte diário de calorias[31]. O argumento, baseado em estudos com animais em jejum intermitente, não é tão convincente quanto a restrição calórica contínua, mas jejuar de vez em quando talvez seja mais fácil para que a maioria das pessoas, pelo menos, obtenha alguns dos potenciais benefícios da restrição calórica sem se sentir infeliz o tempo todo.

Talvez uma opção mais interessante, pelo menos para alguns, seja o exercício. Sou um triatleta e ultramaratonista do Ironman e um daqueles indivíduos malucos que pensam que fazer esse tipo de atividade

---

* Como alguém viciado no meu achocolatado quente matinal e apaixonado por tortas de caramelo salgado, nem mesmo eu conseguiria viver em um regime tão restrito.

é divertido*. Para a maioria das pessoas, no entanto, exercitar-se dá trabalho. Se lhes fosse oferecida uma pílula que gerasse no seu corpo os mesmos efeitos protetores genéticos e metabólicos como se estivesse restringindo calorias ou se exercitando, praticamente todas não só diriam sim como pagariam caro ou atacariam a farmácia local para obtê--la. Mas, ao ativar a mesma mudança celular para o modo reparo-conservação, o exercício gera muito resultado de graça.

Um vasto estudo recente seguiu mais de 650 mil pessoas por uma média de dez anos e analisou quase 100 mil registros mortuários; ele descobriu que 75 minutos de exercício moderado por semana, como caminhadas, levam a uma adição de quase dois anos na expectativa de vida comparado a ficar sentado no sofá. Os benefícios aumentam a partir daí. De duas horas e meia a cinco horas de exercício por semana adicionam três anos e meio de vida. Uma hora por dia, ou 450 minutos por semana, adicionam quatro anos e meio à expectativa de vida[32].

Mesmo com essas probabilidades, nem todo mundo está disposto a restringir calorias ou se exercitar religiosamente, e mesmo aqueles que fazem as duas coisas ainda hão de querer qualquer benefício adicional que os ajude a viver uma vida mais longa e saudável. A boa notícia para todos nós é que remédios que imitam a função dos genes que queríamos ter herdado ou o impacto da restrição calórica ou o exercício que queríamos ter feito logo estarão disponíveis, graças em parte às novas ferramentas da revolução genética.

Um motivo pelo qual, diferentemente dos ratos-toupeira-pelados, a nossa capacidade de reparar o DNA diminui à medida que ficamos mais velhos é que os níveis na célula da molécula *nicotinamida adenina dinucleotídeo,* ou NAD+, diminuem à medida que animais como nós envelhecem. As moléculas de NAD+ amplificam a atividade de um grupo de

---

* Depois de completar uma ultramaratona de dezenove horas na floresta tropical de Taiwan, alguém no meu hotel em Taipei comentou comigo que deveriam estar me pagando muito bem para participar da corrida. Ele não acreditou quando eu contei que na verdade eu havia pago uma inscrição para correr.

ROUBANDO A IMORTALIDADE DOS DEUSES

sete genes especiais denominados *sirtuínas* para melhorar sua habilidade de reparar o DNA danificado. Quanto mais NAD+ nas células, melhor eles são em resolver esses problemas.

Uma abordagem óbvia para potencialmente resolver esse problema talvez seja inserir NAD+ nas células, mas a molécula de NAD+ é grande demais para passar pela membrana externa da célula. Assim, os cientistas descobriram uma forma de usar moléculas precursoras menores chamadas *nicotinamida mononucleotídeo,* ou NMN, e *nicotinamida ribosídeo,* ou NR, que são pequenas o bastante para passar. Uma vez lá, o NMN e o NR se unem com uma molécula que já está dentro da célula para fazer o NAD+.

Quando o cientista David Sinclair, da Harvard, e seus colegas alteraram geneticamente ratos idosos para expressar altos níveis de sirtuína, ou usaram NMN para aumentar seus níveis de NAD+, descobriram que os ratos tiveram uma melhora nas funções dos órgãos, resistência física e contra doenças, fluxo sanguíneo e longevidade do que outros ratos da mesma idade[33]. De várias formas, amplificar os níveis de NAD+ induziu as células dos ratos a mudar do modo de crescimento para o modo de reparo. Apesar de os testes em humanos estarem apenas começando, o mercado para pílulas de NMN e NR, vendidas nos Estados Unidos como suplementos não regulamentados, está explodindo.

Outra droga que muda o equilíbrio da atividade celular do modo de crescimento para o modo de reparo é a aparentemente milagrosa metformina. Médicos têm receitado metformina desde os anos 1950, mas a história do seu ingrediente essencial na verdade remonta a muito antes disso. Na sua versão mais antiga, botânicos medievais usavam uma planta conhecida como lilás francês, ou arruda-de-bode, para tratar uma infinidade de enfermidades, incluindo urinação frequente, hoje reconhecida como um sinal da diabetes. Em 1994, a Administração de Drogas e Alimentos dos Estados Unidos (FDA) aprovou a metformina como um tratamento para ajudar diabéticos a manter seu nível de açúcar sob controle. Como ela está disponível há tanto tempo, sabe-se que a metformina é relativamente segura, não é protegida por patente e custa cerca de 5 centavos de dólar a pílula. Hoje, americanos usam cerca de 80 milhões de receitas de metformina por ano.

HACKEANDO DARWIN

Com tantas pessoas tomando o medicamento, médicos de todo o mundo começaram a observar e então estudar alguns dos surpreendentes efeitos positivos da metformina além do controle da diabetes. Um estudo de 2005 descobriu que a metformina reduz o risco de câncer entre diabéticos[34]. Em um estudo de 2014, ao compararem a metformina com outro remédio para diabetes, os pesquisadores descobriram que os diabéticos que tomavam metformina não apenas viveram mais do que os outros diabéticos como também viveram mais do que os pacientes de controle que nem sequer tinham diabetes[35]. No mesmo ano, um estudo em Singapura concluiu que a metformina diminui pela metade o risco de comprometimento cognitivo em diabéticos idosos[36]. Uma série de estudos em ratos machos também mostrou os mesmos tipos de resultados milagrosos. Ratos machos que receberam a droga viveram em média 6% mais do que os que não receberam, e todos os ratos que tomaram metformina tiveram menos câncer e menos inflamação crônica do que os grupos de controle[37].

A força combinada dessas descobertas levou os cientistas à inevitável hipótese de que a metformina não apenas impacta algumas doenças, mas tem um efeito sistemático em todo o organismo. Ela está, na prática, tornando pessoas normais mais parecidas com os centenários com predisposição genética para uma vida mais longa e saudável, ou com as pessoas que vivem nas zonas azuis. Isso faz sentido lógico. A insulina diz às nossas células que é hora de crescer. Quando temos muita, seja pelo bufê de sobremesas ou pelo diabetes, as nossas células investem demais em crescimento ao custo do reparo. Quando moderamos a nossa captação de insulina com dieta, exercício, restrição calórica ou metformina, as nossas células voltam ao modo de reparo, como os vermes mutantes de Cynthia Kenyon. Isso nos ajuda a reduzir o estresse oxidativo, como os moluscos, e a lutar contra doenças e viver uma vida mais longa e saudável, como os ratos-toupeira-pelados.

Para responder à pergunta sobre se a metformina pode ser um remédio sistemático que ajuda a melhorar a expectativa de vida entre populações não diabéticas, Nir Barzilai e seus colaboradores estão agora explorando como a metformina talvez atrase o surgimento do leque de múltiplas doenças relacionadas à idade e ao declínio do desempenho

ROUBANDO A IMORTALIDADE DOS DEUSES

físico, clareza cognitiva e qualidade de vida dos idosos. Provar pela primeira vez que uma única droga como a metformina pode atacar diversas doenças do envelhecimento ao mesmo tempo revolucionaria a ciência do envelhecimento.

Impulsionadores de NAD+ e metformina talvez estejam entre os primeiros remédios que combatem o envelhecimento, mas certamente não serão os últimos. Outra droga que vem se provando prolongadora da vida de animais testados em estudos pelo mundo é a milagrosa rapamicina.

Em 1965, cientistas da Wyeth Pharmaceutical visitaram a pequena Ilha de Páscoa, no Oceano Pacífico, à procura de bactérias no solo que talvez tivessem propriedades antifúngicas. Entre milhares de amostras coletadas, uma continha uma bactéria única que secretava um composto que lhe permitia absorver o máximo possível de nutrientes do solo ao mesmo tempo que parava o crescimento dos fungos competidores. Os cientistas nomearam o composto de *rapamicina,* em reconhecimento ao nome local da ilha, Rapa Nui.

A capacidade natural da rapamicina de desacelerar a proliferação e o crescimento das células-alvo a tornou um imunossupressor ideal, perfeito para prevenir que o sistema imune das pessoas rejeite órgãos transplantados. Mas então os médicos começaram a notar que animais e alguns humanos com órgãos transplantados que tomavam rapamicina pareciam ficar mais saudáveis do que pessoas e animais que tomavam outros remédios. Eles logo descobriram que a rapamicina regulava o metabolismo das células e ativava o mesmo tipo de mudança no sinal do sistema de reparo das células, como acontece com a redução calórica que mencionamos ao falar da metformina. Nomearam então a proteína-alvo nesse processo de *mTOR,* ou *alvo da rapamicina em mamíferos.*

Em quase todo estudo, a lista de capacidades mágicas da rapamicina aumentou. Ao regular o crescimento das células, a rapamicina se provou extremamente útil no tratamento de doenças específicas em que o metabolismo descontrolado e o crescimento das células eram o problema, incluindo câncer, diabetes, doenças do coração e dos rins, distúrbios neurológicos e genéticos e obesidade[38].

HACKEANDO DARWIN

O molusco islandês pode viver mais de 500 anos porque desacelera o metabolismo e muda a energia nas suas células do crescimento para o modo de reparo; então faz sentido que, ao se ativar essencialmente a mesma mudança com uma droga como a rapamicina, se pudesse impactar a longevidade. Em estudos realizados em diversas espécies — leveduras, moscas, minhocas, camundongos e ratos, para citar algumas —, a ingestão de rapamicina levou a um aumento de 25% na longevidade em todos os quesitos, um feito incrível[39]. Matt Kaeberlein, especialista no uso da rapamicina para longevidade, está agora lançando um esforço plurianual para estudar o impacto da rapamicina na vida e na saúde de cães de companhia como um passo adiante no entendimento de como essa droga poderá funcionar em humanos[40].

Apesar de toda essa promessa, há um bom motivo para os cientistas não terem declarado a rapamicina como a fonte da juventude humana. Ter o nosso sistema imunológico suprimido quando recebemos um transplante de órgãos é tentar aproveitar o melhor de uma situação ruim. O nosso benefício do órgão transplantado custa um preço alto ao desligar o nosso sistema imune, o que nos deixa mais vulneráveis a vírus e bactérias perigosas que normalmente seríamos capazes de combater. A rapamicina também pode ter outros efeitos colaterais perigosos para pessoas imunossuprimidas, incluindo anemia, hiperglicemia, catarata e degeneração testicular[41]. Ainda não está claro se pessoas saudáveis tomando rapamicina teriam que lidar com os mesmos riscos.

Os pesquisadores agora estão trabalhando duro em maneiras de entregar a rapamicina ou um derivado que possa maximizar os benefícios do composto enquanto minimiza seus efeitos colaterais[42]. Gigantes farmacêuticos como a Norvatis e *startups* como a resTORbio e PureTechHealth, de Boston, vêm competindo para desenvolver remédios usando a rapamicina para ajudar as nossas células a ativar o modo reparo e potencialmente melhorar a nossa saúde e longevidade.

Antes que os testes em humanos sejam concluídos, não é uma boa ideia começar a tomar NMN, NR, metformina ou rapamicina. Tendo dito isso, devo revelar que me surpreendi com a quantidade de pesquisadores de NMN e NR que estão tomando NMN e NR, a quantidade de pesquisadores de metformina que estão tomando metformina, e até

ROUBANDO A IMORTALIDADE DOS DEUSES

com quantos pesquisadores de rapamicina que confessam secretamente que vêm experimentando em si mesmos a rapamicina. E acho que é provável que muitas pessoas pelo mundo na próxima década tomarão algum tipo de droga antienvelhecimento usando alguns ou todos os ingredientes ou derivativos desses, assim como compostos ainda não identificados[43]. Idealmente, essa pílula será personalizada e diferente para diferentes tipos de pessoas, com base em gênero, idade, perfil genético, metabolismo e diversidade do microbioma, entre outros fatores. Mas essa não será a única opção.

Quando somos jovens e relativamente saudáveis, nossas células se dividem regularmente para substituir umas às outras, mas, à medida que ficamos mais velhos ou enfrentamos novos desafios, algumas células param de se dividir. Em vez de apenas morrerem e serem descartadas do nosso sistema, essas células "senescentes" zumbis secretam moléculas que causam níveis crescentes de inflamação e danos aos tecidos. Quanto mais velhos ficamos, mais dessas células senescentes nós acumulamos. Isso não é algo inteiramente ruim, no entanto, porque células senescentes também ajudam a reprimir o crescimento de células cancerígenas e tumores, que se tornam um risco crescente conforme envelhecemos.

Nós provavelmente não gostaríamos de nos livrar de todas as células senescentes e perder seus benefícios, mas reduzir a incidência delas no organismo, agora pelo que parece, talvez nos ajude a funcionar um pouco como éramos na juventude. Depois que cientistas alteraram geneticamente e então ativaram um "gene suicida" transgênico para matar células senescentes em ratos, eles não apenas passaram a viver 25% mais como também tiveram retorno capilar, músculos mais fortes e órgãos em melhor funcionamento, e experimentaram um aumento na sensibilidade à insulina e menores taxas de doença cardíaca e osteoporose[44]. Nada mau. Em agosto de 2018, uma equipe de pesquisadores da Universidade de Exeter, na Inglaterra, usou três compostos diferentes para reduzir as células senescentes na mitocôndria de ratos, que então mostraram sinais notáveis de rejuvenescimento celular[45].

183

HACKEANDO DARWIN

Com essa pesquisa como embasamento, a corrida está agora no desenvolvimento e teste de uma nova classe de medicamentos denominados *senolíticos*, produzidos para reduzir as células senescentes e tratar doenças específicas do envelhecimento e potencialmente expandir tanto a saúde como o tempo de vida. Poucos humanos vão se inscrever, pelo menos por ora, para ter seus "genes suicidas" alterados geneticamente nos seus genomas, mas muitos de nós tomariam uma pílula se ela tivesse o mesmo efeito, caso estivesse disponível. Com essa ideia em mente, cientistas holandeses desenvolveram uma cadeia de aminoácidos que aumentam a capacidade do corpo de se livrar das células senescentes. O interessante é que esses aminoácidos influenciam os mesmos genes Daf-16 que Cynthia Kenyon identificou nos seus trabalhos com vermes. Ratos mais velhos que foram medicados com o composto recuperaram o belo pelo da juventude e conseguiram correr duas vezes mais rápido do que podiam apenas semanas antes[46].

Uma abordagem potencial relacionada ao combate ao envelhecimento envolve manipular a maneira como nossas células reciclam sua própria biomassa para extrair energia e remover proteínas nocivas, um processo que os cientistas chamam de autofagia. A autofagia serve bem aos organismos mais jovens, mas pode funcionar mal e, mais tarde, causar doenças relacionadas ao envelhecimento. Uma nova classe de possíveis tratamentos para algumas doenças relacionadas à idade e para o próprio envelhecimento, portanto, envolve o direcionamento de etapas específicas do processo de autofagia para ajudar as células mais velhas a começar a se comportar como se fossem mais jovens.

Testes em humanos só estão começando a explorar o impacto potencial dos remédios senolíticos em doenças específicas correlacionadas ao envelhecimento como o primeiro passo no tratamento da velhice. Mesmo assim, muitos obstáculos ainda terão que ser superados antes que os remédios senolíticos possam ser seguros para uso humano. Precisamos garantir, por exemplo, que eles não incapacitarão as defesas naturais do nosso corpo contra o câncer ou ativarão outros efeitos negativos não intencionais, já que estaremos mexendo com bilhões de anos de equilíbrio biológico.

Se você já está maravilhado com o número de possíveis formas de hackear o envelhecimento, aperte o cinto. Estamos apenas começando.

Fazer bebês é tão comum que nós muitas vezes não percebemos a dica sobre o envelhecimento que está bem diante dos nossos olhos. Toda vez que uma criança é concebida, algo nas nossas células já está zerando o relógio biológico.

Cada uma das nossas células, como sabemos, contém o projeto genético do nosso genoma inteiro. É por isso que seria possível clonar uma pessoa a partir de uma única célula. Mas estaríamos em grandes apuros se, dos 30 trilhões de células, cada uma desejasse se tornar uma pessoa. O motivo pelo qual isso não acontece, como já vimos, deve-se aos sinais epigenéticos nas nossas células que controlam quais dos nossos genes estão ligados e quais estão desligados. À medida que nos desenvolvemos de um zigoto até um ser complexo, esses marcadores epigenéticos coreografam as nossas células para que se tornem células adultas especializadas, como células cardíacas, células da pele, e por aí vai, cada qual executando sua função específica.

A milagrosa inovação de Shinya Yamanaka, em 2006, foi que os quatro fatores genéticos Yamanaka poderiam reprogramar essas células especializadas de volta à sua condição de células-tronco. Os marcadores epigenéticos das células adultas estavam sendo removidos, de forma similar ao que acontece quando uma criança é concebida.

Você deve saber desde criança que quando uma estrela-do-mar perde um braço, ou uma aranha perde uma das pernas, ou uma lagartixa perde a cauda, esses membros crescem novamente. Ser capaz de olhar no fundo das células de animais em regeneração, no entanto, tem permitido aos cientistas descobrir que suas células estão revertendo metade do caminho entre as versões especializada e tronco para recriar braços, pernas ou caudas. Após a lesão, suas células relevantes revertem o suficiente para se recuperarem, mas não a ponto de esquecer o que precisam fazer crescer.

Com isso em mente, os cientistas começaram a se perguntar o que aconteceria se eles usassem os fatores Yamanaka para tornar células especializadas mais velhas em versões mais jovens do mesmo tipo de célula, em vez de voltar à forma de células-tronco. Os genes poderiam manter-se os mesmos, mas as instruções epigenéticas que dizem aos genes como funcionar mudariam. Incrivelmente, células adultas de pele reprogramadas parcialmente tiveram sucesso ao retornar à sua forma mais jovem em ensaios de laboratório[47]. E se as células individuais podem ser rejuvenescidas, de acordo com a hipótese de alguns, seria possível usar o mesmo tipo de abordagem para tornar organismos inteiros biologicamente mais jovens?

Na primeira vez em que os cientistas tentaram isso, todos os ratos tiveram morte terrível conforme seu tecido adulto foi perdendo suas identidades especializadas e os cânceres proliferaram. Os pesquisadores do Instituto Salk perguntaram-se se a ideia estava certa mas a dosagens, erradas. Após realizar experimentos por cinco anos tentando encontrar uma dosagem eficaz e não letal, eles descobriram um jeito de alterar ratos geneticamente com cópias extras dos fatores Yamanaka que poderiam apenas ser expressos quando o rato recebesse um medicamento ativador específico na água para beber.

Depois de múltiplos esforços com essa estratégia de reprogramação parcial em ratos com progéria, uma doença causadora de rápida deterioração celular e envelhecimento prematuro, os cientistas acertaram o alvo. Os ratos tratados com essa reprogramação epigenética parcial apresentaram melhoria, tiveram melhor função do tecido e viveram cerca de 30% mais do que os outros ratos com a mesma doença. "Nosso estudo mostrou que o envelhecimento pode não ter que seguir em uma só direção", disse o pesquisador Juan Carlos Izpisua Belmonte, do Instituto Salk. "Ele tem plasticidade e, com modulação cuidadosa, o envelhecimento pode ser revertido."[48]

Existem muitos perigos à frente ao se considerar a reprogramação celular para desacelerar e, no final, reverter o envelhecimento, mas essa pesquisa aponta a reprogramação epigenética como o caminho para voltar o relógio de todos os animais, potencialmente até nós. Assim como ocorre com os senolíticos, encontrar drogas que façam isso será mais prático do que hackear alterações genéticas, mas esse trabalho também já começou. Grandes companhias farmacêuticas como

ROUBANDO A IMORTALIDADE DOS DEUSES

GlaxoSmithKline, Eli Lilly e Novartis então entrando no campo do tratamento epigenético.

Mas espere; lembra das facas Ginsu? Ainda tem mais.

No século XVII, o proeminente cientista britânico Robert Boyle criou a hipótese de que "substituir o sangue do velho pelo sangue do jovem" talvez ajudasse a tornar possível a extensão significativa da vida. Essa parecia uma ideia maluca para muitos, mas os primeiros esforços reais para testar essa hipótese vieram da França em meados do século XIX. O termo *parabiose*, desenvolvido por pesquisadores no início dos anos 1900 para descrever os esforços crescentes para decifrar os sistemas biológicos dos animais abrindo dois animais da mesma espécie e costurando-os um no outro, vem da combinação das palavras gregas *para*, que significa *próximo a*, e *bios*, que significa *vida*. Nos anos 1950, o professor e gerontologista Clive McCay costurou um rato velho em um rato mais jovem e descobriu que os ossos do rato mais velho ficaram mais fortes, o que deu a dica de que Boyle talvez estivesse certo. A parabiose continuou, no entanto, um jeito bastante cruel de fazer pesquisa, mesmo entre cientistas confortáveis com a inerente, mas muitas vezes necessária, crueldade em testes com animais.

A era moderna da parabiose teve início em 2015, quando uma equipe de pesquisadores de Stanford publicou um artigo de alto mérito descrevendo como, quando unido parabioticamente com um rato mais jovem, o rato mais velho se curava mais rápido e tinha melhor função do fígado do que outros ratos mais velhos[49]. Desde então, um conjunto de estudos vem mostrando que, quando um rato jovem e um rato velho são unidos, o mais velho fica funcionalmente mais jovem de várias formas, enquanto o mais jovem envelhece funcionalmente. O rato mais velho fica com o coração mais saudável, novos neurônios são formados no cérebro, a memória melhora, suas lesões na medula espinhal se curam mais rápido, músculos ficam mais fortes, seu pelo fica mais grosso[50]... e ele se muda de volta para a casa dos pais e prega pôsteres de bandas de rock nas paredes. Brincadeira sobre os pôsteres,

HACKEANDO DARWIN

mas vários estudos de parabiose sugerem que os ratos mais jovens, em muitos aspectos, envelhecem, e os mais velhos rejuvenescem.

Existem muitas teorias sobre por que isso acontece, a maioria envolvendo as células-tronco e outros elementos do plasma sanguíneo dos roedores jovens que rejuvenescem o parceiro mais velho. Para provar esse argumento e demonstrar que a parabiose não funcionava apenas com ratos, Tony Wyss-Coray, de Stanford, injetou sangue de cordão umbilical humano em ratos mais velhos e mostrou que algo naquele sangue aumentava a taxa de sucesso dos ratos em testes de memória.

A corrida está agora em andamento para descobrir que fatores no sangue estão catalisando mudanças como essas e como eles poderiam ser isolados como um tratamento para o envelhecimento e as doenças a ele associadas. A Alkahest, empresa de Wyss-Coray, por exemplo, vem testando se os pacientes mais velhos com Alzheimer terão alguma melhora depois de serem injetados com plasma combinado de doadores mais jovens. Assim que os elementos rejuvenescedores dentro do plasma sanguíneo forem identificados com sucesso, isolados e cultivados, poderemos ver no futuro próximo tratamentos antienvelhecimento desenvolvidos para essa finalidade.

Você não verá tão cedo pessoas velhas e ricas com jovens coitados costurados no seu lado, mas a cultura popular já está pegando essa onda. Na série popular da HBO *Silicon Valley*, um rico diretor executivo de uma empresa de tecnologia paga a um jovem que ele chama de "garoto do sangue" para fazer transfusões do seu sangue direto para o homem velho. Em um futuro não muito distante, no entanto, talvez vejamos pessoas transfundindo o plasma do sangue de outros ou até guardando seu próprio sangue para futura autotransfusão[*]

A médio prazo — à medida que estudos sobre os supervelhos como os de Nir Barzilai continuarem a identificar genes específicos e padrões genéticos que tornam uma dada pessoa estatisticamente mais propensa

---

[*] Hoje, o sangue pode ser armazenado por até dez anos. Mas células mais fáceis de armazenar, como as de pele, poderiam provavelmente ser congeladas indefinidamente e então induzidas a se tornar células sanguíneas no futuro para autotransfusão. Eu explorei essa possibilidade no meu romance *Eternal Sonata*.

ROUBANDO A IMORTALIDADE DOS DEUSES

a viver mais e melhor —, pais gerando filhos por FIV e seleção embrionária serão capazes de implantar embriões com a melhor chance genética de viver uma vida mais longa e mais saudável. Não muito depois disso, os pais terão a opção de alterar geneticamente seus embriões pré-implantados para aumentar ainda mais essas chances. Pode ser que haja muitos inconvenientes evolucionários ao se fazer uma escolha que teria de ser pesada, mas as pessoas, como temos visto, desejarão que seus filhos sejam otimizados para viver mais e com mais saúde.

Conforme vivemos mais, a probabilidade de que algumas das nossas muitas partes se quebrem pelo uso excessivo aumentará, mesmo que nossas células-tronco possam se manter ativas na velhice como eram quando éramos jovens. Mas, nas próximas décadas, teremos um leque maior de ferramentas para lutar: nanorrobôs passando pelo nosso corpo para encontrar o que consertar, órgãos produzidos para implante com impressão 3D, e outras ferramentas genéticas para transformar nossa própria biologia em máquinas atualizadas no nosso software e hardware de dentro para fora.

Todo esse trabalho para expandir o ciclo de vida humana será acelerado significantemente se nós como comunidade global investirmos mais e de forma mais sábia no entendimento do envelhecimento e no combate aos seus efeitos. Em 2017, por exemplo, os Institutos Nacionais da Saúde dos Estados Unidos gastaram apenas 183,1 milhões de dólares do seu orçamento de 32 bilhões de dólares, um terço de 1%, na biologia do envelhecimento, muito menos do que os muitos bilhões que investem em câncer, artrite, diabetes e hipertensão[51]. Mesmo com essa base pequena, o Instituto Nacional do Envelhecimento gastou quase metade do seu orçamento com doença de Alzheimer. Câncer, artrite, diabetes, hipertensão e Alzheimer são todas condições terríveis que devem ser combatidas, mas eliminar qualquer uma delas não estenderá muito nosso ciclo de vida, porque estão todas correlacionadas com a idade. Quanto mais velhos somos, mais provável se torna conseguirmos todas elas. É por isso que retornar os investimentos para a população em geral seria significativamente melhor se investíssemos relativamente mais do que hoje em entender e tratar o próprio envelhecimento do que tratando os diversos resultados da sua manifestação.

HACKEANDO DARWIN

Jay Olshansky, pesquisador da Universidade de Illinois, em Chicago, e seus colaboradores tentaram calcular a economia para a sociedade de elevar a idade média na qual nós somos afetados por múltiplas doenças do envelhecimento. Com base no seu estudo de 2013, intervir para desacelerar o processo de envelhecimento e retardar o aparecimento de múltiplas doenças do envelhecimento por dois anos para a população americana resultaria em uma economia de 7,1 trilhões de dólares em um período de cinquenta anos[52]. Colocando de outra forma, se nós estendêssemos o ciclo de vida da população como parece possível hoje, a economia antecipada poderia não apenas pagar pelo Projeto Manhattan que tem como alvo o envelhecimento, mas também a reparação de toda a infraestrutura norte-americana, além de fornecer escola primária a todas as crianças dos Estados Unidos e água limpa a todas as pessoas do planeta*.

Uma maciça extensão de vida não será fácil, e existem obstáculos à nossa frente que ainda não conseguimos ver. Como a pessoa mais velha que já viveu tinha 122 anos, por exemplo, não sabemos se não existe algum tipo de doença mortal da qual nunca ouvimos falar que atinge humanos depois dos 123. Mas, com a biologia se tornando cada vez mais maleável, a possibilidade de ao menos continuarmos a expandir rapidamente o ciclo de vida e saúde que temos visto no último século em direção ao próximo parece bem provável. Fazer o mesmo salto de 40 anos na média de idade global que fizemos dos 30 em 1900 para os 70 em 2000 será difícil, porque a crescente prosperidade global já reduziu tanto a mortalidade infantil que suprimiu as médias de 1900, mas esse tipo de crescimento continuado não é impossível.

O primeiro passo seria ajudar a diminuir a mortalidade infantil, melhorar a saúde e aumentar a longevidade como um todo nas partes mais vulneráveis do planeta, particularmente na África Subsaariana e no sul da Ásia. Mesmo que isso fosse alcançado, a maioria de nós ainda vai querer viver mais e mais saudável.

---

* Para resolver essa questão de lacuna temporal de gastar hoje as economias de amanhã e adicionar incentivos a esse progresso, países grandes como os Estados Unidos poderiam oferecer títulos de "expectativa de saúde" [health span].

ROUBANDO A IMORTALIDADE DOS DEUSES

No último século, a expectativa de vida média nos Estados Unidos aumentou cerca de três meses por ano. Com toda a nova tecnologia que descrevemos até agora, talvez possamos elevar essa taxa para quatro meses, então cinco, e então seis meses por ano. Se a expectativa de vida pudesse ter um crescimento consistentemente mais rápido do que o envelhecimento das pessoas, então alcançaríamos o que Ray Kurzweil chama de "velocidade de escape da expectativa de vida" e nos tornaríamos basicamente imortais. Isso é ótimo na teoria, mas tenho sérias dúvidas de que poderíamos chegar lá nos nossos atuais corpos limitados pelo tempo. Este livro trata do hackeamento da nossa genética, que certamente será possível. Mesmo assim, duvido que tenhamos espaço de manobra suficiente na nossa biologia para possibilitar a imortalidade biológica.

Talvez nossa biologia possa se tornar um fator menos limitante se nos fundirmos de novas maneiras com as nossas máquinas. Não é exagero imaginar que, um dia, poderemos ser capazes de digitalizar e separar as nossas funções cerebrais do corpo. Se nos virmos como códigos de computador, então talvez nosso código possa ser transferido para uma nova forma, quem sabe a de um corpo robótico ou integrado a novos modos de semiconsciências separadas do corpo. Esse tipo de imagem desincorporada da mente pode não ser quem nós somos, mas poderia pelo menos nos dar algum grau de imortalidade limitada. Embora desinteressante para alguns, para muitos essa perspectiva será mais atraente do que ser comido por vermes ou ter as cinzas espalhadas no Himalaia.

A imortalidade na nossa forma biológica atual provavelmente se provará impossível para nós, como Gilgamesh finalmente percebeu no fim de sua jornada épica para viver eternamente; pode ser que nossa imortalidade como uma comunidade venha de cada um de nós contribuindo como podemos para o bem maior da sociedade. Talvez o melhor investimento que possamos fazer para a nossa imortalidade seja ter um filho, escrever um livro, ajudar a salvar o meio ambiente ou contribuir positivamente para a nossa comunidade e cultura. Para tornar isso ainda mais possível, por que não fazer tudo ao nosso alcance para estender nossa vida saudável o máximo que a biologia e a tecnologia permitirem?

Mas, à medida que mudamos a nossa visão da biologia de algo fixo, predestinado e inevitável para algo legível, editável e hackeável como a nossa tecnologia da informação, temos que parar de fetichizar o acaso, de racionalizar a vida para dar sentido à morte ou atribuir ao misticismo espiritual as forças que compreendemos cada vez mais.

As revoluções genética, biotecnológica e da longevidade desafiarão os nossos conceitos atuais sobre o que significa ser humano. E nós, humanos — com nossas fragilidades e superstições, nosso cérebro primata, instintos predatórios e sistemas sociais aprimorados ao longo de anos, e nossas capacidades biológicas limitadas se fundindo funcionalmente com nossas tecnologias aparentemente ilimitadas —, precisaremos descobrir como navegar nesses desafios éticos que estão chegando logo ali na esquina.

CAPÍTULO 8

A ética da nossa engenharia

Nossa história provê alguns exemplos incríveis de humanos usando a tecnologia para curar doenças, melhorar o nosso potencial, explorar o cosmos e preservar o nosso planeta. Também temos muitos exemplos da nossa tecnologia sendo usada para matar e escravizar uns aos outros, disseminar a dúvida e destruir o nosso ambiente. Nossas ferramentas não têm lado. A variável é o valor que individualmente e coletivamente damos ao pensar em como usá-las. Isso também é verdade para as ferramentas poderosíssimas da nossa revolução genética. O modo como entendemos e aplicamos essas ferramentas vai determinar o nosso futuro como espécie. Cada uma e todas as nossas respostas às questões centrais da revolução genética levarão à trajetória futura da nossa espécie.

Não haverá respostas fáceis às questões essenciais de complexidade, responsabilidade, diversidade e equidade que serão levantadas pela revolução genética, mas um melhor entendimento dos problemas éticos à frente é um primeiro passo decisivo.

Nós, humanos, somos sistemas biológicos substancialmente complexos inseridos e em constante interação com os ecossistemas ainda mais complexos à nossa volta. Cada um dos nossos genes realiza diversas funções e interage com outros genes de maneiras que ainda não entendemos por completo. Mesmo quando identificamos o que um gene está fazendo de errado em certo contexto, muitas vezes existe uma real possibilidade de que o mesmo gene nos ajude em outro contexto.

Vimos que indivíduos que herdam uma cópia da mutação da célula falciforme de cada um dos pais geralmente sofrem terrivelmente com a doença. No entanto, aqueles que herdam apenas uma cópia não desenvolvem a anemia falciforme e geralmente possuem uma resistência natural muito significativa à malária. Eliminar a mutação falciforme dos humanos terminaria com o sofrimento causado pela anemia falciforme, mas potencialmente aumentaria o sofrimento pela malária. Talvez pudéssemos resolver esse problema criando um remédio mais eficiente contra a malária, ou usar um impulso genético para dizimar a população de mosquitos que transmitem a malária[1]. Mas, se matarmos mosquitos demais, correremos o risco de colidir com os ecossistemas nos quais eles vivem e, assim, causar ainda mais danos a nós mesmos.

Cada um desses passos resolve um problema específico, mas, como todos nós sabemos, cria um novo problema que requer uma intervenção ainda maior, e por aí vai. É como a velha canção de Peter, Paul e Mary que se costuma cantar nos acampamentos de verão:

Conheço uma velhinha que engoliu uma vaca
Não sei como ela engoliu a vaca
Ela engoliu a vaca para pegar a cabra
Ela engoliu a cabra para pegar o cachorro
Ela engoliu o cachorro para pegar o gato
Ela engoliu o gato para pegar o pássaro
Ela engoliu o pássaro para pegar a aranha
Que se sacudiu e dançou e fez cócegas dentro dela
Ela engoliu a aranha para pegar a mosca
Mas não sei por que ela engoliu a mosca
Talvez ela morra[2].

Dado que ainda temos tão pouco entendimento de como funcionamos em relação à complexidade da nossa biologia, alguns especialistas em ética argumentam se não seria melhor se nós nem tentássemos ocupar o papel do que os crentes chamam de deus. Como o bioeticista conservador Leon Kass escreveu no seu relatório para a Comissão de Bioética Americana designada por George Bush:

A dignidade do ser humano, enraizada na dignidade da própria vida e florescendo de uma maneira que parece ser vista apenas pelo orgulho humano, completa-se e se mostra mais nobre quando curvamos a nossa cabeça e elevamos o nosso coração em reconhecimento aos poderes maiores do que os nossos. A mais completa dignidade do animal divino é realizada quando ele reconhece e celebra o divino[3].

Michael Sandel, filósofo da Harvard, fez um comentário similar no seu artigo na *Atlantic* e depois no livro *Contra a perfeição: Ética na era da engenharia genética*. "Acreditar que os nossos talentos e poderes são totalmente nossos", ele escreve, "é não entender o nosso lugar na criação e confundir o nosso papel com o de Deus."[4]

Essa não é apenas uma posição filosófica. Já vimos como os primeiros estágios do embrião podem parecer um mosaico de diferentes tipos de células que tornam difícil determinar se uma mutação perigosa em potencial acabará ou não se tornando um problema real para uma criança futura. Vimos como até mesmo a mais aparentemente determinante das mutações monogênicas nem sempre causa a doença atrelada a elas. Com tanto em jogo, por que não escolheríamos o caminho mais seguro de confiar na natureza e na nossa própria biologia — mesmo com todas as falhas, deficiências e às vezes perigosas mutações —, que evoluiu ao longo de bilhões de anos?

Porque somos humanos, é por isso.

No momento em que nossos ancestrais criaram ferramentas, eles estavam desafiando o ambiente em que se encontravam. No momento em que começamos a plantar, arar os campos e criar medicamentos para combater terríveis doenças naturais que nos afligiam, estávamos mostrando o dedo do meio para a natureza. Apesar de termos bons motivos para não querer cortar as florestas, envenenar o ar e os oceanos e matar as espécies que dividem este planeta conosco, nossa história com a natureza é uma história de guerra. A natureza conspirou para nos matar por meio de um ambiente hostil, predatório, onde existem fome e doença, e nós temos lutado contra isso usando todas as nossas forças. Não vivemos em harmonia com a natureza; nós balanceamos o respeito pela natureza com uma guerra direta contra ela.

Todos podemos concordar que formigas são parte da natureza, e também os formigueiros. Pássaros são parte da natureza, e também os ninhos. Humanos, do mesmo modo, são parte da natureza. O que mais poderíamos ser? Se é assim, os nossos shoppings, bombas nucleares e modificação por CRISPR também não são parte da natureza?

Não precisaríamos "brincar de deus" se estivéssemos habitando um mundo menos hostil. Darwin descreveu a natureza como "desajeitada, desperdiçadora, desequilibrada, baixa e terrivelmente cruel"[5]. Se deus existe e é benigno, é justo questionar, por que deus não está brincando de deus? Se o mundo é feito à imagem de deus como ele é, por que lutamos contra doenças naturais como o câncer? E se não é, por que impor limites para o que podemos fazer para continuar a tornar o mundo um lugar melhor e mais seguro para nós? Se deus, para aqueles que acreditam no conceito, não queria que vivêssemos em cavernas lutando contra doenças, fome, predadores e as intempéries, tudo desde as ferramentas de pedra até a modificação do genoma não faz parte da nossa contribuição para completar o trabalho de deus? Mas se, por outro lado, esse deus não se importa conosco, não deveríamos fazer o que pudéssemos para defender e promover a nossa espécie enquanto protegemos os ecossistemas à nossa volta?

Isso não leva à conclusão lógica de que nunca deveríamos "brincar de deus", mas sim que devemos fazê-lo sabiamente e em equilíbrio com o nosso ambiente. Jamais teremos um conhecimento perfeito do genoma do mesmo modo que nunca tivemos conhecimento perfeito do fogo antes de começarmos a usá-lo a nosso favor, do câncer antes de começarmos a tratá-lo, ou das plantações antes de começarmos a comê-las. Em cada caso, equilibramos os custos e benefícios e fomos em frente com informação imperfeita e uma fome de conhecimento. Isso também é verdade para as tecnologias genéticas.

Quanto maior o passo que consideramos tomar para avançar a revolução genética, mais os custos potenciais vão e deverão pesar sobre nós. Continuar a conduzir pesquisas é sem dúvida a coisa certa a fazer. Realizar mudanças genéticas não hereditárias nas pessoas para ajudar a combater doenças também está no caminho para a aceitação generalizada. Selecionar e modificar embriões serão passos maiores e, com razão,

A ÉTICA DA NOSSA ENGENHARIA

resultarão em ainda mais controvérsia e debate. No entanto, seria tolice sugerir que a nossa espécie precisa esperar pelo conhecimento perfeito para avançar. Não podemos nem iremos. Somos os hominídeos que desceram das árvores e conquistaram o mundo. Somos cheios de otimismo e orgulho. Faz parte do nosso sistema operacional.

Oponentes de qualquer modificação genética hereditária alertam para o "efeito bola de neve", em que cada passo levando ao próximo não está, nesse sentido, incorreto[6]. Cada pequeno passo dado por cientistas, médicos ou governos na direção da engenharia genética humana justificará o passo seguinte. Se não há problema em incorporar a mitocôndria doada por outra mulher para prevenir uma criança de nascer com doença mitocondrial, por que não fazer alterações genéticas hereditárias para eliminar tais doenças? Se não há problema em selecionar um embrião que não fosse morrer jovem com a doença de Huntington ou que não tenha cópias interrompidas do gene APOE4, que aumentam significativamente a probabilidade de ter o início precoce da doença de Alzheimer, por que não poderíamos selecionar um que tenha maiores chances de viver uma vida extraordinariamente longa e saudável? Se podemos misturar o material genético para fazer porcos com corações humanos para transplante, por que não podemos misturar e combinar genes de várias pessoas para garantir que os nossos futuros filhos terão coração mais forte ou outra capacidade que pudermos lhes dar[7]?

"Doença e saúde genética não são distintos países vizinhos; em vez disso", escreve Siddhartha Mukherjee belamente em *O gene*, "bem-estar e doença são reinos contínuos, delimitados por fronteiras finas, muitas vezes transparentes[8]." Não há nada inerentemente errado com o efeito bola de neve; nós só precisamos nos manter atentos à direção em que estamos indo.

Decisões sobre se devemos ou não selecionar ou alterar geneticamente embriões pré-implantados são tomadas por adultos, mas seu real impacto será na futura criança. Os conservadores genéticos, alguns dos quais são políticos liberais, argumentam que decidir ativamente a genética de futuras crianças tira delas o direito de escolha. Mas quanta escolha as crianças têm sobre a nutrição pré-natal

HACKEANDO DARWIN

dada por suas mães ou o estresse durante a gravidez, ou se elas serão enviadas, como muitas crianças na Coreia do Sul, para ser educadas em escolas desde cedo para aumentar suas chances de admissão nas melhores universidades mais tarde? Enquanto conservadores genéticos argumentam que temos uma obrigação moral de não alterar as futuras gerações porque elas não podem decidir sobre o assunto, outros argumentam o oposto.

Julian Savulescu, bioeticista de Oxford, é uma voz fundamental na argumentação de que os pais têm "a obrigação moral de criar filhos com as melhores chances de sucesso na vida". Ele opina que "casais que decidem ter filhos têm um motivo moral significativo para selecionar a criança que, dentro do seu domínio genético, poderá experimentar o maior bem-estar"[9]. Nick Bostrom, de Oxford, chega à mesma conclusão quando sugere que usemos o que ele chama de "teste reverso" ao questionar se é moralmente justificável fazer uma determinada alteração genética para um futuro humano[10].

O argumento de Bostrom é que, se algumas pessoas sentem que fazer uma mudança em uma direção é ruim — digamos, manipular geneticamente uma pessoa para eliminar uma doença genética —, elas teriam que defender por que fazer o oposto, isto é, alterar geneticamente alguém para adicionar uma doença genética, seria justificável, porque na prática é exatamente isso o que elas estariam fazendo. Porque ninguém conseguiria argumento a *favor* de alterar humanos geneticamente para adicionar doenças, essa estrutura lógica implica a favor da melhoria dos humanos.

Argumentos como o de Savulescu e o de Bostrom têm sido atacados como moralmente repugnantes pela oposição, que acredita que a justificativa de dar mais valor a uma vida do que a outra denigre as pessoas com deficiência, interpreta mal a definição de "vida boa", mistura as terapias e os aprimoramentos genéticos e precifica as nossas próximas gerações. No seu livro publicado em 2018, *She Has Her Mother's Laugh*, o jornalista científico Carl Zimmer adverte contra o que ele chama de "essencialismo genético", que reduz a complexidade dos humanos à mera genética[11]. Todas essas críticas levantam o assunto de uma versão moderna de eugenia.[12]

198

A ÉTICA DA NOSSA ENGENHARIA

A acusação de eugenia não é ilegítima. Ela sobrevoa, na verdade, toda uma prospecção da engenharia genética humana como uma nuvem negra.

O termo *eugenia* combina as raízes gregas para *bom* e *nascimento*. Apesar de ter sido inventado no século XIX, o conceito de reprodução seletiva e matança sistemática de populações humanas tem uma história mais antiga. O infanticídio fazia parte da lei romana e era praticado por todo o Império Romano. "Um pai matará imediatamente", a Tábua 4 das 12 Tábuas da Lei Romana dizia, "um filho que for monstruoso ou que tenha uma forma diferente da humana[13]." Na antiga Esparta, os anciãos inspecionavam os recém-nascidos para garantir que qualquer um que parecesse particularmente doente não sobrevivesse. As tribos germânicas, os árabes pré-islâmicos e os antigos japoneses, chineses e indianos praticavam infanticídio de um jeito ou de outro.

A publicação, em 1859, de *A origem das espécies,* de Darwin, não só fez com que os cientistas pensassem sobre como os tentilhões evoluíram nas Ilhas Galápagos como também sobre como sociedades humanas evoluíram de uma maneira geral. Aplicando o princípio de Darwin da seleção natural para as sociedades humanas, o primo de Darwin e cientista Sir Francis Galton teorizou que a evolução humana regrediria se as sociedades impedissem que os seus membros mais fracos fossem selecionados para fora da cadeia reprodutora. No seu influente livro *Hereditary Talent and Character* (1885) ["Talento e caráter hereditário"] e depois em *Hereditary Genius* (1889) ["Gênio hereditário"], ele explica como a eugenia poderia ser aplicada positivamente para encorajar as pessoas mais capazes a se reproduzirem umas com as outras e, negativamente, ao desencorajar pessoas que ele considerava possuírem características desvantajosas de passar adiante os seus genes. Essas teorias foram abraçadas por comunidades científicas e defendidas por luminares como Alexander Graham Bell, John Maynard Keynes, Woodrow Wilson e Winston Churchill.

Apesar de seu trabalho estar em parte no espírito da era vitoriana, Galton foi na época, e é mais ainda hoje em dia, chamado de racista. "A

HACKEANDO DARWIN

ciência de melhorar o gado", ele escreveu, "exige conhecimento de todas as influências que tendem em até graus remotos a dar às raças mais adaptadas ou às linhagens de sangue uma chance melhor de sucesso rápido sobre as linhagens menos adaptadas do que elas teriam normalmente[14]." Em 1909, Galton e seus colegas criaram a revista *Eugenics Review*, que argumentava na sua primeira edição que as nações deveriam competir umas com as outras para a "melhoria da raça" e que o número de pessoas com "condições pré-natais" em hospitais e asilos deveria ser "reduzido ao mínimo" por meio da esterilização e reprodução seletiva[15].

As teorias de Galton ganharam fama internacional, particularmente no Novo Mundo. Apesar de a eugenia ganhar depois conotações sinistras, muitos dos primeiros que adotaram essa teoria eram progressistas americanos que acreditavam que a ciência poderia ser usada para guiar políticas sociais e criar uma sociedade melhor para todos. "Nós podemos moldar com inteligência e guiar a evolução na qual tomamos parte", o teólogo progressista Walter Rauschenbusch escreveu. "Deus", Richard Ely, professor de economia da Johns Hopkins, afirmou, "trabalha por meio do Estado." Muitos americanos progressistas abraçaram a eugenia como uma forma de melhorar a sociedade ao evitar que aqueles considerados "inaptos" e "defeituosos" nascessem. "Nós sabemos o bastante sobre a eugenia para que, se esse conhecimento fosse aplicado, as classes defeituosas desaparecessem em uma década", opinou Charles Van Hise, reitor da Universidade de Wisconsin[16].

Nos Estados Unidos, a "ciência" da eugenia se tornou entrelaçada com ideias perturbadoras sobre raça. Ao falar no Segundo Congresso Internacional de Eugenia, em 1923, Harry Osborn, presidente do Museu de História Natural Americana de Nova York, argumentou que os cientistas deveriam:

analisar por meio de observação e experimentos o que cada raça é mais bem preparada para fazer [...]. Se os negros falharem no governo, eles poderão se tornar ótimos agricultores e mecânicos [...]. O direito do Estado de proteger o caráter e a integridade da raça ou das raças das quais o seu futuro depende é, a meu ver, tão incontestável quanto o direito do Estado de proteger a saúde e a moral do seu povo. Como a ciência iluminou o governo na prevenção da disseminação de doenças, também deve esclarecer o governo na prevenção da disseminação e multiplicação de membros inúteis da sociedade, na propagação de mentes fracas, idiotas, e de todas as doenças morais, intelectuais assim como físicas[17].

Grandes institutos de pesquisa como o Cold Spring Harbor, financiados pela Fundação Rockfeller, pelo Instituto Carnegie de Washington e pela Fundação Kellog Race Betterment, proveram os argumentos científicos para um movimento progressista da eugenia que cresceu em popularidade à medida que um determinismo genético varria o país. A Associação Americana para o Avanço da Ciência colocou todo o seu peso a favor do movimento eugenista por meio da sua icônica publicação, a revista *Science*[18]. Se Mendel mostrou que existem genes para características específicas, pensava-se, era apenas uma questão de tempo antes que os genes que ditam cada característica humana significativa fossem encontrados. Ideias como essa rapidamente se tornaram políticas de Estado.

Indiana em 1907 se tornou o primeiro estado americano a passar uma lei de eugenia, tornando a esterilização obrigatória para alguns tipos de pessoas sob custódia do estado. Trinta estados e Porto Rico seguiram logo atrás com suas próprias leis. Na primeira metade do século XX, cerca de 60 mil americanos, a maioria pacientes em instituições psiquiátricas e criminosos, foram esterilizados sem o seu consentimento. Mais ou menos um terço de todas as mulheres porto-riquenhas foi esterilizado após fornecer apenas o consentimento mais simples[19]. Essas leis não foram totalmente incontroversas, e muitas foram contestadas nos tribunais. Mas a Suprema Corte americana julgou na sua hoje vergonhosa decisão em 1927 Buck Vs. Bell que a eugenia era constitucional. "Três gerações de imbecis já são o suficiente", Oliver Wendell Holmes, juiz progressista da Suprema Corte, lamentavelmente escreveu na sua decisão[20].

Conforme o movimento eugenista se desenvolvia nos Estados Unidos, outro grupo de europeus observava atentamente. O nazismo era, de muitas maneiras, um herdeiro pervertido do darwinismo. Cientistas e médicos alemães abraçaram a teoria eugenista de Galton desde o início. Em 1905, a Sociedade para Higiene Racial foi estabelecida em Berlim com o objetivo expresso de promover a "pureza" da raça nórdica por meio da esterilização e reprodução seletiva. Um Instituto de Biologia Hereditária e Higiene Racial logo foi aberto em Frankfurt pelo eugenista alemão Otmar Freiherr von Verschuer.

As teorias eugênicas e os esforços americanos para implementá-las por meio de ações do Estado também foram de grande importância para Adolf Hitler quando ele escreveu o seu manifesto, em 1925, *Mein Kampf*, na prisão de Landsberg. "Os fortes devem dominar e não acasalar com os mais fracos", ele escreveu:

> Apenas o que nasceu fraco pode considerar esse princípio cruel, e se o fizer será apenas porque ele é parte dos fracos por natureza e de mente mais fechada; pois se tal lei não tivesse ditado diretamente o processo da evolução, o desenvolvimento superior da vida orgânica não seria concebível [...]. Já que o inferior é sempre maior em número do que o superior, o primeiro sempre aumentaria mais rápido se possuísse as mesmas capacidades para sobrevivência e procriação do seu tipo. E a consequência final seria que o melhor em qualidade seria forçado a permanecer escondido. Logo, uma medida corretiva a favor da qualidade deve intervir [...] porque aqui um novo e rigoroso processo de seleção deve tomar lugar, de acordo com a força e a saúde[21].

Uma das primeiras leis aprovadas pelo regime nazista depois da sua tomada do poder, em 1933, foi a Lei de Prevenção da Descendência Defeituosa, com uma linguagem baseada parcialmente na lei de esterilização eugênica da Califórnia. Cortes de saúde genética foram estabelecidas por toda a Alemanha nazista, nas quais dois médicos e um advogado ajudavam a determinar quem deveria ser esterilizado.

Nos quatro anos seguintes, os nazistas esterilizaram à força cerca de 400 mil alemães. Mas simplesmente esterilizar aqueles com deficiência não era suficiente para realizar o sonho da eugenia nazista. Em 1939, eles lançaram uma operação secreta para matar recém-nascidos e

A ÉTICA DA NOSSA ENGENHARIA

crianças deficientes abaixo dos 3 anos de idade. Esse programa foi então rapidamente expandido para incluir crianças maiores e em seguida adultos com deficiências consideradas *lebensunwertes leben,* ou vidas indignas de vida.

Tornando claras as origens conceituais desses atos na eugenia científica e clinicamente legitimada, profissionais médicos gerenciaram o assassinato de um grupo cada vez maior de indesejáveis em "instalações de gás" pelo país. Esse modelo foi então expandido da eutanásia dos deficientes e das pessoas com condições psiquiátricas para criminosos e para aqueles considerados de raça inferior, incluindo judeus e ciganos, assim como homossexuais. Não por acaso, Joseph Mengele, o médico que decidia quem seria mandado para as câmaras de gás em Auschwitz, tinha sido brilhante aluno de Von Verschuer no Instituto de Biologia Hereditária e Higiene Racial, em Frankfurt.

Em meados dos anos 1930, a comunidade científica americana estava se distanciando da eugenia. Em 1935, o Instituto Carnegie concluiu que a ciência da eugenia não era válida e retirou seu financiamento para o Departamento de Registros Eugênicos em Cold Spring Harbour. Notícias sobre as atrocidades dos nazistas amplificadas pelos julgamentos em Nuremberg (1945-46) colocaram o prego no caixão da eugenia no Ocidente. Apesar de as leis de eugenia terem sido finalmente descartadas dos livros apenas na década de 1960 nos Estados Unidos e de 1970 no Canadá e na Suécia, pouquíssimas pessoas foram forçadamente esterilizadas depois da guerra.

Conforme novas tecnologias começaram a revolucionar o processo de reprodução humana e novas ferramentas para analisar, selecionar ou até projetar geneticamente embriões pré-implantados foram criadas, muitos críticos vêm lembrando o espectro da eugenia. No seu pronunciamento presidencial, em 2003, para a Faculdade Americana de Genética Médica, e depois em uma publicação em artigo, Charles Epstein, pediatra da Universidade da Califórnia, provocativamente perguntou: "A genética moderna é a nova eugenia?". Ele respondeu que teria potencial para ser, se a comunidade científica não fosse autoconsciente e cuidadosa[22].

Michael Sandel, da Harvard, fez uma declaração similar no artigo *The Case Against Perfection:*

A manipulação genética parece de alguma forma pior — mais intrusiva, mais sinistra — do que outras formas de melhorar o desempenho e buscar o sucesso [...]. Isso a aproxima de maneira perturbadora da eugenia [...]. A velha eugenia só era censurável na medida em que era coerciva? Ou existe algo inerentemente errado com a decisão de deliberadamente projetar as características da nossa prole [...]. O problema com a eugenia e com a engenharia genética é que elas apresentam um triunfo unilateral da obstinação contra o talento, do domínio sobre a reverência, da moldagem sobre a contemplação[23].

O importante bioeticista Arthur Caplan argumentou:

Cientistas renegados e malucos totalitários não são os mais propensos a abusar da engenharia genética. Você e eu somos — não por sermos maus, mas porque nós queremos fazer o bem. Em um mundo dominado pela competição, os pais compreensivelmente querem dar aos filhos todas as vantagens [...]. O modo mais provável de a eugenia entrar na nossa vida é pela porta da frente na forma dos pais nervosos [...] que tropeçarão uns nos outros para serem os primeiros a dar a Júnior os melhores genes[24].

Os paralelos entre a eugenia maligna do fim do século XIX e primeira metade do século XX e o que está acontecendo hoje não são insignificantes. Em ambos os casos, uma ciência em um estágio inicial de desenvolvimento e algumas vezes com certo grau de incerteza estava ou está sendo usada para tomar decisões importantes — esterilização forçada dos "débeis mentais" dos velhos tempos, não selecionando um dado embrião para implantação ou interrompendo uma gravidez com base em indicadores genéticos de hoje. Em ambos os casos, cientistas e autoridades do governo procuram equilibrar a liberdade de reprodução individual com os objetivos mais amplos da sociedade. Em ambos os casos, futuras crianças em potencial perdem a oportunidade de nascer. Em ambos os casos, sociedades e indivíduos tomam decisões irrevogáveis culturalmente tendenciosas sobre quais vidas valem a pena serem vividas e quais não. Esses paralelos são um aviso poderoso.

A ÉTICA DA NOSSA ENGENHARIA

Mas, se pintarmos coletivamente toda a engenharia genética humana com o pincel da eugenia nazista, poderemos acabar com o potencial incrível que as tecnologias genéticas têm para nos ajudar a viver uma vida mais saudável. "Se o canibalismo é o nosso maior tabu", Richard Dawkins, filósofo de Oxford, escreveu, a eugenia positiva [...] é uma candidata para o segundo maior [...]. Em nossos tempos, o mundo se arrepia só de pensar. Se uma política é descrita como 'eugênica', isso é suficiente para a maioria das pessoas descartá-la imediatamente[25]." A bioeticista Diana Paul escreve que o termo eugenia é "utilizado como um clube. Nomear uma política como 'eugênica' é dizer, na prática, que ela não é apenas ruim, mas está além do limite"[26]. O fato de que provavelmente existe um elemento de eugenia nas decisões sendo tomadas hoje sobre o futuro da engenharia genética humana deveria nos motivar a ser cautelosos e guiados por valores positivos, mas o espectro de abusos do passado não deveria ser uma sentença de morte para uma tecnologia que garante a vida ou para as pessoas que poderiam ser salvas por ela.

Ao contrário do antigo movimento pela eugenia, os modelos de hoje de teste pré-natal e seleção embrionária não são controlados pelo Estado, coercivos, racistas ou discriminatórios pelo padrão de uso desses termos. O jornalista Jon Entine escreve:

> As modernas aspirações eugênicas não têm a ver com medidas draconianas de cima para baixo promovidas pelos nazistas e seus semelhantes. Em vez de ser guiada pelo desejo de "melhorar" a espécie, a nova eugenia é impulsionada pelo nosso desejo pessoal de ser o mais saudável, inteligente e apto possível — e pela oportunidade de nossos filhos também virem a ser. E isso não é algo que deveria ser restringido sem a devida consideração[27].

O argumento de Entine pode ser debatido, mas, pelo nosso bem e o da nossa espécie, precisamos realizar esse debate.

Um princípio básico das sociedades liberais é que sempre que possível o indivíduo deve ser protegido do poder excessivo do Estado. Uma expressão dessa filosofia em muitas sociedades é a proteção do direito da mulher de tomar as próprias decisões reprodutivas em assuntos como a contracepção e o aborto. "A liberdade reprodutiva", escreve o filósofo neozelandês Nicholas Agar em seu livro *Liberal Eugenics: In Defense of Human Enhancement*, "engloba a escolha de se reproduzir ou não, com quem se reproduzir, quando se reproduzir e quantas vezes se reproduzir [...]. A eugenia liberal adiciona a escolha de certas características dos seus filhos a essa lista de liberdades."

Agar contrasta a eugenia liberal com o que ele chama de "eugenia autoritária", a ideia de que o Estado deveria determinar o que constitui uma boa vida. Ele escreve:

> Enquanto os velhos eugenistas autoritários buscavam produzir cidadãos a partir de um único molde centralmente desenvolvido, a marca que distingue a nova eugenia liberal é a neutralidade do Estado. O acesso à informação sobre toda a gama de terapia genética permitirá aos futuros pais avaliar os próprios valores na seleção de melhorias para seus futuros filhos. Eugenistas autoritários acabariam com as liberdades comuns de procriação. Os liberais, em vez disso, propõem extensões radicais para elas.

Em oposição a decisões tomadas por governos em sistemas autoritários baseadas em raça ou classe, os sistemas eugênicos liberais concentrariam o foco no indivíduo. Na visão de Agar para a sociedade, "as concepções particulares dos pais sobre uma boa vida iriam guiá-los na sua seleção de melhorias para os seus filhos"[28], mas essas escolhas parentais precisariam ser equilibradas pela consideração do impacto social mais amplo das suas decisões individuais.

A escolha dos pais, no entanto, é um princípio importante, mas não ilimitado. Os Estados Unidos, por exemplo, têm mantido o direito dos pais amish de afastar seus filhos da modernidade, ou o dos judeus hassídicos de criar seus filhos falando apenas o idioma iídiche e não aprendendo inglês. Muitos estados americanos oferecem menos direitos às mulheres grávidas que envenenam seus fetos com o uso de drogas e álcool ou os pais que acreditam em "ciência cristã" e negam assistência médica urgente a seus filhos. É também impossível pensar nas escolhas individuais dos pais fora de um contexto político e social.

Dado que a seleção embrionária para evitar doenças já é permitida na maioria das jurisdições pelo mundo, é improvável que outras decisões de reprodução destinadas a melhorar a saúde e o bem-estar das crianças sejam banidas permanentemente na maioria dos países. Quando isso acontece, a questão essencial para os pais deixa de ser a escolha ou não da seleção e, por fim, da manipulação dos embriões, mas quanto. Alguns chamarão isso de eugenia, mas as conotações mudarão.

No seu provocativo editorial publicado pelo *Los Angeles Times* em 2017, "Is There Such a Thing as Good Eugenics?", Adam Cohen afirma: "A eugenia do século XX tem sido chamada de 'a guerra contra os fracos' [...]. A eugenia do século XXI [...] poderá ser a guerra a favor dos fracos"[29]. Esse ponto é necessariamente controverso, mas, assim como a alteração genética dos nossos futuros filhos vem com um custo em potencial, a alternativa de não fazê-la também vem.

Não é tão difícil imaginar cenários futuros quando humanos precisariam ser alterados geneticamente para sobreviver a uma mudança rápida no ambiente resultante do aquecimento global ou do inverno nuclear advindo de uma guerra ou impacto de asteroide, a propagação de um vírus mortal ou algum tipo de desafio futuro que ainda não podemos prever. A engenharia genética, em outras palavras, poderia facilmente mudar de uma escolha pela saúde para se tornar um imperativo para a sobrevivência. Preparar-se de forma responsável para tais perigos futuros em potencial talvez requeira que comecemos a desenvolver as tecnologias necessárias hoje, enquanto ainda temos tempo.

Pensar sobre a escolha genética no contexto dos cenários futuros imaginários é, de várias formas, abstrato. Mas potencialmente ajudar uma criança a viver com mais saúde e por mais tempo não é. Toda vez que uma pessoa morre, uma vida inteira de conhecimento e relacionamentos se dissolve. Continuamos a viver no coração dos nossos entes queridos, nos livros que escrevemos e nos sacos plásticos que jogamos fora, mas o que significaria se as pessoas pudessem viver mais alguns anos com saúde porque foram selecionadas geneticamente ou projetadas para tornar isso possível? Que outras invenções poderiam ser criadas, poemas escritos, ideias compartilhadas e lições de vida passadas adiante? Quanto nós, como indivíduos e como sociedade, estaríamos dispostos a pagar, que valores estaríamos dispostos a arriscar, para tornar isso possível? Que riscos estamos individualmente e coletivamente dispostos a assumir? Nossas respostas a essas questões nos impulsionarão para o futuro e nos mostrarão alguns desafios éticos monumentais.

Alguns hoje veem a diversidade como uma forma de reparar erros históricos cometidos contra minorias populacionais. Outros a veem como uma forma de garantir que as universidades, corporações, governos e outras instituições se beneficiem com uma ampla gama de perspectivas. Todas essas opiniões esquecem de um ponto ainda mais essencial: a diversidade tem sido e continua a ser a única estratégia de sobrevivência da nossa espécie.

A mutação aleatória, um dos dois pilares da evolução darwiniana, é apenas outro nome para o precursor da diversidade. A diversidade permitiu aos nossos ancestrais unicelulares se transformar no que somos hoje. A diversidade foi o que garantiu que aqueles que não tinham adaptações úteis morressem e que aqueles que se beneficiavam das melhores adaptações ao ambiente em um mundo em constante mudança prosperassem. A evolução às vezes parece um progresso inexorável de pior para melhor, de macaco para homem, mas não é esse o caso. A evolução não tem direção nem opinião sobre vencedores e perdedores. As condições estão sempre mudando, então as criaturas geralmente evoluem sem nenhum senso de que estão evoluindo e sem nenhuma possibilidade de saber quais características serão selecionadas no contexto das condições futuras que elas não podem imaginar.

Se lhes fosse dada uma escolha, macacos em árvores provavelmente escolheriam se tornar melhores escaladores. Nossos ancestrais que viviam em árvores devem ter visto o primeiro lunático que desceu do tronco como algum tipo de aberração, mas as adaptações associadas à vida na savana conferiram vantagens que garantiram às mutações genéticas associadas a elas persistirem. Nossos ancestrais, em sua maioria, não foram os primeiros humanos a deixar a África, apenas os

A ÉTICA DA NOSSA ENGENHARIA

primeiros a deixar a África e sobreviver. Eles duraram, provavelmente, porque desenvolveram um conjunto de características que lhes deram melhores chances de sobrevivência dentro desse novo contexto. Se tivéssemos perguntado aos nossos ancestrais no momento em que saíam da África de quais características eles precisariam, eles não teriam como saber. A diversidade genética conferiu uma variedade de características, algumas das quais tornaram a sobrevivência possível para um pequeno subgrupo de indivíduos.

Logo, a diversidade nos é conferida, mas por definição nós teríamos dificuldade para superar nossos preconceitos no momento presente. Deixados por conta própria, nós, humanos, somos facilmente influenciados pelo que vemos ao nosso redor. Um estudo recente realizado na Austrália avaliou os registros de 154 mulheres na escolha de doadores de sêmen em um banco de esperma em Queensland e descobriu que as mulheres preferiam homens bem-educados, introvertidos e analíticos àqueles com menor grau educacional, mais extrovertidos e menos metódicos[30]. Se fosse dada a escolha, seria um bom palpite que a maioria dos pais iria querer crianças mais inteligentes, mais altas, mais bonitas e mais compassivas, porque essas características são valorizadas no mundo de hoje[31]. Cada uma dessas características, no entanto, reflete os vieses específicos da nossa cultura.

Quanto mais perto chegamos de assuntos sensíveis e culturalmente relevantes, como raça, orientação sexual e inteligência, maior é o perigo de que nós coletivamente possamos ser influenciados por vieses sociais perniciosos. É comum que pessoas preocupadas me perguntem, na etapa de perguntas e respostas das minhas palestras, se a seleção embrionária e a modificação genética poderiam ser usadas por pais que não querem um filho gay ou para garantir que o seu filho terá um tom de pele mais claro. Minha resposta é: talvez.

Apesar de não existir um "gene gay" único, a prova irrefutável de que há pelo menos uma base genética significativa para a homossexualidade foi mostrada por meio dos estudos de associação de gêmeos e genomas[32]. Seria impossível determinar hoje quais entre os cerca de quinze embriões considerados para implantação na mãe teriam a maior probabilidade de ser gays, mas isso pode mudar com o tempo.

HACKEANDO DARWIN

Isso vale para cor da pele. Um estudo realizado em 2018 por pesquisadores da Universidade da Pensilvânia identificou oito genes que influenciam significativamente a pigmentação da pele humana[33]. Uma mutação única do gene SLC24A5 é responsável pela maior parte do que nós chamamos de pele branca. É provável que pais com diferentes tons de pele possam selecionar entre seus embriões num futuro não tão distante o que tenha a pele mais clara ou mais escura. A longo prazo, provavelmente será possível modificar geneticamente um embrião pré-implantado ou até usar terapia genética em um adulto para mudar a sua cor. As cores humanas usuais não seriam necessariamente as únicas opções. Cientistas japoneses já usaram CRISPR para mudar as cores de flores de roxo para branco, interrompendo um único gene[34]. É só uma questão de tempo até que um amplo espectro de opções de mudança de cores esteja disponível para os humanos, se nós escolhermos usá-las. Escolhas como essas, que poderiam reduzir a diversidade humana, não apenas teriam implicações sociais significativas e negativas como também potencialmente nos exporiam a riscos ainda desconhecidos.

Nos últimos 8 mil anos, nossos ancestrais domesticaram o plantio do milho para aumentar a produtividade. Devido ao fato de esse milho ter sido modificado ele se tornou tão homogêneo geneticamente que ficou suscetível a pragas. De forma similar, se um número considerável de pessoas no mundo começasse a tomar decisões individuais sobre seus futuros filhos com base em vieses culturais, correríamos o risco coletivo de transformar os nossos vieses em armas ao tornar a nossa espécie mais geneticamente uniforme e menos capaz de suportar algum tipo de vírus natural, guerra bacteriológica ou outro desafio desconhecido no futuro. Se não reconhecermos os benefícios evolutivos da nossa diversidade nas suas muitas facetas, correremos o risco de nos prejudicar, mesmo em nome dos nossos esforços individuais e coletivos para nos ajudar.

Em 2017, um consultor do Exército americano me convidou para uma conferência que reuniu futuristas e líderes militares para explorar o impacto que a revolução genética poderia ter no futuro da guerra e como os militares dos Estados Unidos poderiam se preparar. Depois de se dividirem em sessões de discussão criadas para gerar diferentes

A ÉTICA DA NOSSA ENGENHARIA

cenários para o que poderia acontecer, cada grupo voltou para compartilhar os seus pensamentos. A primeira equipe descreveu como os futuros soldados poderiam ser alterados geneticamente para serem ótimos no reconhecimento de padrões.

"Por que não apenas recrutamos autistas altamente funcionais para o Exército, que já são muito melhores em resolver alguns tipos de problemas cognitivos do que os não autistas?", opinei, tentando não parecer sarcástico. "Por que criar geneticamente pessoas com excelente reconhecimento de padrões quando nós já temos essas pessoas[35]?"

Esses tipos de questionamentos devem ser amplamente feitos à medida que entramos na era da engenharia genética humana. Por que criar pessoas com QI superior quando poderíamos melhorar significativamente a capacidade intelectual e de resolução de problemas da nossa sociedade coletivamente, oferecendo oportunidades reais e melhores escolas aos menos afortunados entre nós? Por que usar a seleção embrionária para reduzir as taxas de transtorno bipolar quando alguns dos maiores artistas do mundo são ótimos porque seu cérebro funciona de maneira diferente[36]?

Essas são perguntas difíceis para as quais não existem respostas fáceis, mas a ideia de pais selecionando embriões menos suscetíveis de se tornarem gays, ou pais birraciais escolhendo ou modificando genes para filhos de uma cor ou de outra não é apenas moralmente repulsiva como também um potencial ataque à diversidade benéfica da nossa espécie. Porque essas poderiam muito bem ser escolhas em potencial no futuro, precisamos redobrar nossos esforços hoje para encontrar formas novas e melhores de celebrar e investir na nossa diversidade para garantir que nosso conjunto de dados genéticos seja diverso e, assim, prevenir que a revolução genética se torne um show de horrores. A diversidade é a melhor vantagem que a nossa espécie possui, se estivermos dispostos a abraçá-la. Reduzir a nossa diversidade, mesmo com as melhores das intenções, poderia ser o nosso calcanhar de Aquiles.

Por outro lado, também seria um erro superfetichizar todos os aspectos da diversidade genética. Alguns genes podem nos salvar, outros podem nos matar, e quase todo o resto fica entre ter experiências diferentes em contextos diferentes. Sugerir que devemos aceitar doenças genéticas terríveis que matam nossos filhos, por respeito à diversidade genética, ou que devemos permitir que pais ou cientistas desenvolvam crianças com doenças debilitantes para aumentar a diversidade seria absurdo. E, por mais que a engenharia genética possa ser usada para limitar a diversidade genética, também é possível que ela a expanda. De qualquer forma, para dar o maior passo na revolução genética precisaremos articular, celebrar e afirmar as nossas decisões individuais e coletivas com os valores da diversidade na era genética que está por vir de uma maneira ainda mais profunda do que fazemos hoje.

Tal qual a diversidade, questões como a equidade também terão de ser confrontadas e se manter no centro da discussão.

Toda tecnologia tem uma curva de adoção desigual.

Sempre existe uma primeira pessoa ou um primeiro grupo a ter acesso a vantagens tecnológicas específicas. Os cientistas se dividem em opiniões sobre como o ancestral do *Homo sapiens* levou o seu primo neandertal à extinção, mas, não importa como, usamos as nossas ferramentas, estratégias sociais, os nossos órgãos sexuais e cérebro para causar um impacto devastador. Dezenas de milhares de anos depois, os mongóis construíram o maior império em extensão da história, unindo as vantagens militares que foram conquistadas com o uso da cavalaria a uma cultura guerreira implacável e novas ideias de organização social. Apesar de a China ter inventado a pólvora e a bússola, essas tecnologias foram transformadas em armas e navios de guerra pelos europeus, que usaram das suas capacidades para colonizar o resto do mundo. Em cada um desses casos, uma pequena vantagem tecnológica foi empregada por décadas ou séculos de dominação, ou ainda, como no caso dos neandertais, até a extinção.

Existem muitas formas de a distribuição desigual das tecnologias genéticas levar a esses tipos de resultados assustadores. Se apenas os ricos e outras pessoas com vantagens sociais puderem selecionar ou modificar geneticamente seus filhos para terem certas características úteis, seus filhos poderão vir a dominar as sociedades por causa de suas capacidades reais e percebidas. Empregadores poderão não querer

A ÉTICA DA NOSSA ENGENHARIA

arriscar contratar alguém que não foi melhorado se as chances de a pessoa melhorada fazer o mesmo trabalho de uma forma melhor, não importando a métrica, forem estatisticamente maiores, ou mesmo se existir uma falsa percepção disso. Se as melhorias fossem permitidas e o acesso desigual continuasse ao longo do tempo, cada geração de uma família melhorada poderia se tornar geneticamente mais aprimorada do que os seus pares desfavorecidos até que as diferenças entre os dois grupos fossem intransponíveis.

Mas, apesar da importância crítica de lutar por maiores níveis de igualdade, a igualdade absoluta não deveria ser um objetivo. O filme *Gattaca*, de 1997, no qual um rapaz não melhorado geneticamente deseja se tornar um astronauta e é barrado pelo seu perfil genético, explora essa ideia. O protagonista eventualmente vai para o espaço por meio de seu esforço e astúcia. Na vida real, uma sociedade gostaria mesmo que alguém não melhorado geneticamente viajasse para o espaço se já existisse alguém otimizado geneticamente para ser mais resistente à radiação e manter sua densidade óssea em um ambiente sem gravidade?

Muitas tecnologias começam sendo usadas pela elite antes de chegar ao público em geral. Num encontro que tive com aldeãs que participavam de um programa de microcrédito durante a minha visita a Bangladesh, em 2012, fiquei impressionadíssimo com o que aquelas mulheres, ao receber seus empréstimos, estavam fazendo para começar pequenos negócios e cuidar da sua família, mas me entristeceu notar que elas pareciam ter pouca chance de fazer mais do que isso. Com o meu iPhone me conectando à biblioteca universal da internet, senti a gigantesca vantagem do meu privilégio de ter nascido nos Estados Unidos. Como poderiam aquelas pessoas pobres pagar pela cara maravilha tecnológica que eu mantinha no bolso?, perguntei-me. Hoje, os aldeões de Bangladesh podem conseguir um novo smartphone por apenas 60 dólares, e a taxa de usuários está nas alturas. Se tivéssemos exigido acesso igualitário dos smartphones a todos desde o início, a indústria de smartphones nunca teria crescido rápido o suficiente para baixar os preços a ponto de tornar esses aparelhos acessíveis para os pobres do mundo.

Nós já exploramos como governos e companhias de seguro serão incentivados a promover a avaliação de embriões e então a modificação genética para eliminar doenças genéticas e evitar o custo de prover uma vida inteira de cuidados médicos para aqueles que de outra forma nasceriam com tais doenças, ou as desenvolveriam mais tarde na vida. Porém, dizer que companhias e governos promoverão a análise embrionária e a engenharia genética mais amplamente disponíveis não significa que eles farão isso de forma eficaz ou porque até o *status quo* mais ineficiente ainda tem os seus defensores. Além do mais, alguns pais com posses iriam querer selecionar e melhorar seus futuros filhos mais agressivamente, não importando se os governos ou companhias de seguro estariam dispostos a pagar por isso. Não há respostas fáceis, mas é justo perguntar se impedir os primeiros de adotar a melhoria genética de aprimorar seus filhos seria o mesmo que impedir os primeiros usuários de smartphones e supercomputadores de aproveitar as vantagens que tais tecnologias proporcionam.

E, enquanto muitas pessoas temem o futuro distópico do determinismo genético, o argumento a favor da identificação genética não deveria ser descartado sem avaliação. Mozart cresceu na corte dos Habsburgo, mas quantos Mozarts hoje definham nos campos de refugiados sírios? Sempre acharemos errado que os programas de música saibam quais de seus jovens candidatos são geneticamente predispostos a ter um tom perfeito[37]? Seremos opostos à análise genética das comunidades menos favorecidas do mundo para identificar crianças com um tremendo potencial genético e então dar-lhes a melhor chance de realizar esse potencial ou avaliar quais estilos de ensino corresponderão melhor às suas habilidades de aprendizado?

Ninguém quer viver em uma sociedade em que as pessoas são selecionadas ao nascer para certos papéis e nunca têm a oportunidade de mostrar o que podem alcançar, e devemos fazer tudo o que pudermos para dar igual oportunidade a todos. Mas prover oportunidades extras para pessoas com potencial genético incrível em uma área ou outra pode até ser visto como um serviço para comunidades em desvantagem, um impulso para a competitividade nacional e a coisa boa e certa a ser feita. Pode ser que alguns de nós venham a querer, nas próximas décadas e séculos, que os nossos filhos tenham habilidades e características aprimoradas.

MELHORAMENTO GENÉTICO POTENCIAL

 Inteligência geral

 Inteligência específica mais adequada para uma dada função ou tarefa, como habilidades matemáticas incríveis, sentidos especiais ou reconhecimento de padrões

 Criatividade

 Características únicas como peças biológicas de arte individual

 Características físicas como beleza, altura, resistência ou força

 Supercapacidades sensoriais na visão, audição ou intuição

 Características comportamentais desejáveis

 Habilidade de extrair mais nutrientes do alimento

 Capacidades de sobrevivência, como uma habilidade aumentada de sobreviver a destruição nuclear, patógenos sintéticos mortais, clima mais quente, ou maiores níveis de radiação ou baixa gravidade no espaço

 Habilidade para fazer coisas que hoje **não podemos imaginar**

Mesmo que melhorias como essas não fossem distribuídas igualmente, um argumento convincente seria que um pequeno número de pessoas melhoradas, se motivadas por valores positivos, poderia fazer contribuições tremendas para vários campos da ciência, filosofia, arte ou política que talvez tornassem o mundo um lugar melhor para todos.

À medida que coevoluímos com a nossa tecnologia, é possível que precisemos gerar um grupo de programadores brilhantes para estender o papel humano na nossa interface homem-máquina. É possível que a criatividade e as qualidades humanas como a empatia se tornem tão valorizadas em um mundo definido pela inteligência artificial que começaremos uma corrida armamentista para projetar geneticamente crianças mais criativas e empáticas. Mesmo parecendo assustador, restringir as capacidades de aprimoramento genético de que nós talvez necessitemos para manter a posição da nossa espécie em um mundo de superinteligência artificial pode acabar sendo como limitar a velocidade de cavalos e charretes no início da era dos automóveis.

Aceitar que a identificação de predisposições genéticas para uma determinada função poderia ser justificável, no entanto, não significa que deveríamos aceitar passivamente um futuro em que as capacidades percebidas sejam determinadas pela genética ou um em que a distância entre pessoas geneticamente aprimoradas e não aprimoradas continue a aumentar.

Depois de cada palestra que dou sobre o futuro da engenharia genética humana, alguém pergunta a respeito dos perigos futuros da desigualdade geneticamente projetada. Minha resposta é sempre a mesma. A desigualdade genética deveria ser uma preocupação séria para o nosso futuro. Porém, se estamos preocupados com a desigualdade em um ponto distante no futuro, deveríamos começar a valorizar a igualdade hoje. Discutir a atual diferença entre a pessoa que está lendo este livro e o residente médio da República Centro-Africana seria um bom começo.

Por causa da contínua guerra civil, 76% da população da República Centro-Africana vive na pobreza, um quarto está desalojado, metade está em insegurança alimentar e 40% das crianças pequenas apresentam déficit no crescimento. Devido à má nutrição materna generalizada, a função cognitiva dessas crianças é, muito provavelmente, em média, menor que a da média das crianças nascidas em ambientes mais favorecidos[38]. Em comparação com a República Centro-Africana, portanto, crianças privilegiadas de outros países já são significativamente melhores geneticamente. Se nos importamos com a igualdade — e a igualdade genética — como deveríamos, defendê--la no nosso mundo dividido hoje moldará nossos melhores valores para o amanhã, quando a desigualdade geneticamente projetada se tornar uma possibilidade.

À medida que aspiramos viver com esses valores, no entanto, devemos também lembrar que alguma desigualdade genética faz parte do ser humano, um aspecto central da nossa diversidade. O cenário mais

A ÉTICA DA NOSSA ENGENHARIA

aterrorizante para a nossa espécie é o do fim da desigualdade genética por meio da completa igualdade genética. Ao mesmo tempo, a desigualdade correndo à solta também seria medonha. A solução em meio-termo para esses desafios talvez seja encontrar um equilíbrio entre os excessos de ter muita ou muito pouca igualdade genética. Mas membros de uma espécie arrogante como a nossa devem pelo menos considerar os desafios para uma hipótese aparentemente tão razoável.

Na sua introdução à ideia de *Übermensch*, ou super-homem, o filósofo alemão Friedrich Nietzsche identificou o que significava os humanos não terem simplesmente brotado do chão completos, como sugere a Bíblia, mas em vez disso serem produtos de um processo evolutivo em andamento com a nossa forma atual, sendo apenas uma etapa pelo caminho. Essa versão transitória de nós mesmos, de acordo com Nietzsche, era algo a ser superado. "Todos os seres até agora", ele perguntou, "criaram algo além de si mesmos; e nós queremos ser o ápice dessa grande enchente ou até mesmo voltar a sermos feras em vez de superar o homem[39]?"

Julian Huxley, zoólogo e líder da Sociedade Britânica de Eugenia (e também irmão de Aldous Huxley, autor de *Admirável mundo novo*), foi um eugenista devotado nos anos que antecederam a Segunda Guerra Mundial, que apoiou a esterilização voluntária das pessoas com "defeitos mentais" e restrições para imigração no Reino Unido. Mesmo depois de o nazismo matar o movimento eugenista, Huxley batalhou por anos para definir uma eugenia mais moderna, baseado nos princípios do "humanismo científico"[40]. Em 1957, o mesmo ano em que os soviéticos lançaram o *Sputnik* e levaram o mundo a uma nova era científica, ele escreveu em seu ensaio "Transumanismo" que:

A espécie humana pode, se desejar, transcender a si mesma — não apenas esporadicamente, um indivíduo aqui e outro ali —, mas na sua totalidade, como humanidade. Precisamos nomear essa nova crença. Talvez transumanismo sirva: o homem continua homem, mas transcende a si mesmo, realizando novas possibilidades de e para a sua natureza humana [...], a espécie humana [pode] estar no limiar de um novo tipo de existência, tão diferente da nossa como nós somos

HACKEANDO DARWIN

diferentes do homem de Pequim*. Iremos finalmente realizar os nossos destinos de forma consciente[41].

Nos anos seguintes, o movimento transumanista cresceu de um grupo intelectualmente alinhado de pensadores e tecnologistas para um movimento global com uma associação internacional, manifesto e até candidatos políticos. Defendidos por brilhantes pensadores como Hans Moravec, Ray Kurzweil e Nick Bostrom, os transumanistas, de acordo com a *Declaração Transumanista* de 1998, "acreditam que o potencial da humanidade ainda não se completou". Esse potencial pode ser ampliado "ao superar o envelhecimento, falhas cognitivas, sofrimento involuntário e o nosso confinamento no planeta Terra". Aos indivíduos humanos deveriam ser concedidas "amplas opções pessoais sobre como capacitar a sua vida", incluindo o "uso de técnicas que podem ser desenvolvidas para ajudar a memória, concentração e energia mental; terapias de extensão de vida; tecnologias de opção reprodutiva; procedimentos de criogenia; e muitas outras tecnologias possíveis de modificação e aprimoramento humano"[42]. Como a eugenia e a maioria das religiões antes dela, o transumanismo imagina um mundo onde humanos transcendem as limitações da sua biologia atual.

Mas, enquanto o ideal de Nietzsche do *Übermensch* ganhou implicações sinistras[43], os transumanistas e outros como eles estão imaginando uma *Über-inteligência* combinando as capacidades humanas e de máquinas em uma rede para a revolução evolutiva. Essas ideias são ao mesmo tempo aterrorizantes e muito tentadoras.

Toda a história da existência humana tem sido marcada pelo esforço incessante dos nossos ancestrais para aumentar nossas chances de sobrevivência tornando-nos melhores em garantir calorias, nos proteger dos elementos e procriar. A cada dois passos para a frente que damos como espécie, voltamos um passo para trás conforme os aprendizados de vida sucumbem devido ao envelhecimento do nosso cérebro e à

---

* Homem de Pequim são fósseis de uma subespécie do extinto *Homo erectus*. Foi descoberto entre 1923 e 1927 durante as escavações em Zhoukoudian, perto de Pequim, na China. (N. E.)

218

A ÉTICA DA NOSSA ENGENHARIA

destruição causada pela morte. Se as tecnologias genéticas nos ajudarem a viver uma vida mais longa e saudável, reter o conhecimento e fazer mais coisas melhor, ou até nos fazer sentir que temos a capacidade de lutar contra os caprichos da nossa própria biologia, a atração magnética de usar essas tecnologias se provará coletivamente irresistível.

Mas a conectividade intelectual entre eugenia e transumanismo nos impõe um aviso. Dizer que vamos e provavelmente devemos fazer algo não significa que não deva haver limites. Até as sociedades mais liberais têm leis regulamentando o que as pessoas podem e não podem fazer na sua vida íntima e além. O futuro da engenharia genética é de muitas formas o futuro da humanidade. Para permitir tal futuro, devemos abraçá--la. Para nos salvar de nós mesmos, devemos regulamentá-la.

O desafio que enfrentamos hoje, no entanto, é que enquanto a ciência avança exponencialmente, o entendimento do público sobre ela aumenta linearmente. As estruturas reguladoras necessárias para descobrir o equilíbrio certo entre o progresso científico e as limitações éticas avançam a passo de tartaruga. E tudo isso está acontecendo em um mundo onde diferenças culturais e sociais significativas, impulsionadas por níveis ainda maiores de competitividade dentro e entre sociedades, tornam cada vez mais difícil encontrar um terreno comum.

CAPÍTULO 9

Nós contemos multitudes

Nós, humanos, não somos apenas uma espécie geneticamente diversa. Somos também culturalmente diversos. Isso é grande parte do que faz o nosso mundo tão interessante e os nossos relacionamentos tão gratificantes.

Essa diversidade de opiniões e abordagens é um grande trunfo para a nossa espécie, mas também às vezes ela tem um preço. Lidamos com uma variedade de situações relacionadas, de um jeito ou de outro, ao futuro da engenharia genética humana — incluindo como tratamos o meio ambiente, como plantamos a nossa comida e como pensamos sobre o começo da vida — de maneiras muito diferentes. Quando as diferenças sobre problemas como esses se tornam muito grandes, temos que discutir, temos que competir politicamente para ganhar vantagem, e algumas vezes temos que lutar para provar a nossa razão. Explorar como lidamos com esses debates anteriores em assuntos adjacentes à engenharia genética humana nos dá um indício do que podemos esperar à medida que a revolução genética avança e um aviso sobre quão difícil será desenvolver um caminho comum pela frente.

A engenharia genética envolve alterar a natureza de formas que os nossos ancestrais mal poderiam imaginar. Nossos ancestrais nadando nos oceanos, rastejando pela terra e se balançando pelas árvores não tinham a capacidade de alterar maciçamente o seu ambiente. Éramos apenas mais uma entre muitas espécies batalhando para sobreviver no mundo hostil e perigoso à nossa volta, enfrentando repetidas vezes a fome e a doença, lutando contra predadores que tentavam nos matar.

Assim que pudemos, nós, humanos, lutamos contra os caprichos da natureza. Desenvolvemos armas para matar outros animais e ocasionalmente uns aos outros, agricultura para garantir uma fonte constante de calorias e medicamentos para combater as aflições da natureza. Algumas comunidades humanas foram mais vorazes do que outras, mas todas moldaram o mundo às nossas necessidades.

Até sociedades de caçadores-coletores com tradições que reverenciavam as forças da natureza ao seu redor foram provavelmente responsáveis pela extinção em massa de outras espécies. Depois que os ancestrais dos nativos americanos 13 mil anos atrás atravessaram o Estreito de Bering, por exemplo, um grande número de espécies do novo mundo — incluindo mamutes, mastodontes, lobos, castores gigantes e camelos — foi rapidamente extinto[1]. A mesma destruição do hábitat aconteceu depois que os primeiros humanos chegaram ao Havaí, à Nova Zelândia, à Ilha de Páscoa e a muitos outros lugares.

Os primeiros teólogos ocidentais referenciavam o Antigo Testamento para justificar a dominância do homem sobre a natureza. "Façamos o homem à nossa imagem", disse deus em Gênesis 1:26, "e que ele tenha domínio sobre os peixes no mar, as aves no ar, o gado no pasto e sobre todas as criaturas na terra, e sobre todos os répteis que rastejam na terra[2]." Depois de usarem a filosofia do domínio para justificar a conquista do mundo natural e a destruição do meio ambiente em casa, as sociedades europeias lançaram mão de suas novas capacidades científicas e industriais para colonizar brutalmente e explorar violentamente o resto do mundo. Na segunda metade do século XX, a sensibilidade da maior parte da Europa mudou, e os europeus se tornaram os líderes ambientalistas do mundo e campeões dos esforços globais para desacelerar as mudanças climáticas.

Os colonizadores europeus nos Estados Unidos cortaram vastas florestas para construir plantações, varreram do mapa grandes ecossistemas ao cobrir a terra com fazendas e caçaram animais como o bisão quase até a extinção. Contudo, preservacionistas como John Muir inspiraram Teddy Roosevelt a criar o primeiro parque nacional americano, e

HACKEANDO DARWIN

a consciência ambiental cresceu. Nos três anos impressionantes entre 1969 e 1971, o Friends of the Earth, o Conselho de Defesa dos Recursos Naturais, o Greenpeace e a Agência de Proteção Ambiental (EPA, na sigla em inglês) foram criados, e o primeiro Dia da Terra foi proclamado.[*]

A China também tem passado por uma série de mudanças na percepção popular e governamental da natureza. A cultura tradicional chinesa valorizava o senso de harmonia entre humanos e natureza. A unidade do homem e da natureza, *tian ten he yi*, é proeminente nas principais escolas de pensamento chinesas, como o confucionismo e o taoísmo. "Se redes não têm permissão para entrar nas lagoas e nos oceanos", escreve Mêncio, o grande filósofo do século IV a.C., "os peixes e as tartarugas serão em maior número do que podem ser consumidos. Se os machados e as foices entram nas colinas e florestas apenas na época certa, a quantidade de madeira será maior do que a que pode ser usada[3]." Assim como em outras culturas, esse ideal de harmonia nem sempre foi realizado.

Depois que Mao e os comunistas chineses tomaram o poder na China, em 1949, essa filosofia tradicional de respeito à natureza foi virada do avesso com desejo de vingança. Em um esforço para acelerar a modernização do país, Mao lançou o Grande Salto à Frente em 1958. Para construir um excedente agrícola com o objetivo de dar suporte à industrialização, os camponeses foram forçados a participar de comunas e instruídos a plantar até dez vezes mais sementes nos seus campos do que antes. As plantações morreram por densidade excessiva. Uma vez que pardais estavam comendo algumas das plantações sobreviventes, Mao e líderes do partido mandaram as crianças procurar e destruir seus ninhos, e os camponeses, bater panelas para afastar e levar os pardais à exaustão. Depois que milhões de pardais foram mortos, as populações de insetos previsivelmente explodiram, devastando ainda mais as plantações. Mesmo nessa espiral descendente, os camponeses foram obrigados a construir fornos nos seus quintais para fundir

---

[*] Durante a presidência de Donald Trump, esse progresso ambiental escorregou, e o governo americano abandonou seu compromisso anterior de lidar com as mudanças climáticas, reduziu o tamanho de parques nacionais e cortou os fundos da EPA.

NÓS CONTEMOS MULTITUDES

metais que poderiam ser usados na aceleração da industrialização. Árvores por todo o país foram cortadas para fazer carvão para esses fornos inúteis, dizimando as florestas chinesas. Quando a seca chegou, a China de Mao estava completamente despreparada. Entre 1958 e 1962, cerca de 45 milhões de chineses morreram, na maior fome criada pelo homem na história, logo depois do grande ecocídio de Mao[4].

A destruição do meio ambiente da China continuou depois de Mao, mesmo quando o país implantou políticas de industrialização mais inteligentes. Em 1978, o recém-nomeado primeiro-ministro Deng Xiaoping deu início ao processo de abertura da economia chinesa que pavimentaria o caminho para o rápido crescimento do país. Liderado na sua maioria por engenheiros, o Partido Comunista chinês se comportava como se toda a vida pudesse ser projetada. Ele adotou a política do filho único para projetar a população, projetos gigantescos como a Barragem das Três Gargantas e o Projeto de Transferência de Água Sul-Norte para projetar o meio ambiente, e as políticas de industrialização para projetar o crescimento, mas com pouca preocupação com a poluição, segurança ou com os direitos dos trabalhadores. À medida que a China se tornava a economia em mais rápido crescimento da história nas quatro décadas seguintes, a filosofia de crescimento a todo custo levou à contaminação da maioria das fontes de água, ao envenenamento do ar e à transformação de áreas férteis em desertos[5]. Para enfrentar o perigo de revolta da nova classe média empoderada engasgado na poluição chinesa e sendo envenenada pela sua comida, a liderança chinesa recente, como Xi Jinping, fez da limpeza do meio ambiente do país uma prioridade.

Todas essas idas e vindas nas abordagens nacionais à proteção ambiental tornam claro que as ideologias comunais e nacionais que guiarão as nossas ações futuras na nossa própria modificação genética não serão uniformes dentro ou especialmente entre as sociedades.

No seu âmago, o debate que virá sobre a engenharia genética humana será sobre quão longe nós como espécie — composta de grupos diversos com visões muito diferentes sobre se e quanto devemos alterar a biologia que nos foi legada pela evolução — iremos. Esses tipos de distinções filosóficas sobre a nossa relação com a natureza têm se desenvolvido de formas diferentes em várias sociedades nos nossos debates acalorados sobre as plantações geneticamente modificadas.

Nossos ancestrais selecionavam plantas para cruzamento muitos antes de Gregor Mendel descobrir o mecanismo que governa a transferência de características entre gerações. Entender as regras da genética tornou os pesquisadores ainda mais capazes de cruzar todos os tipos de organismos com características genéticas particulares. Conhecendo mais sobre o que os genes são e fazem, os cientistas puderam dar um passo à frente ao transferir o material genético de um organismo para outro.

Em 1973, Stanley Cohen, aluno da Stanford Medical School, e seu professor Herbert Boyer transferiram o gene que provê resistência antibiótica de uma cepa de bactérias para outra que não possuía tal resistência. Quando a segunda cepa se tornou resistente a antibióticos, a nova era dos organismos geneticamente modificados (OGMs) nasceu[*]. OGMs são plantas, animais e outros organismos cujo material genético foi modificado por humanos para uma forma que não ocorre por conta própria na natureza, particularmente pela transferência de genes entre espécies.

Logo depois, um microbiologista que trabalhava para a General Electric pediu a patente para uma bactéria geneticamente modificada criada para decompor o petróleo bruto, o que é potencialmente muito útil para lidar com vazamentos de petróleo. O pedido de patente da GE foi rejeitado porque as regras do Escritório de Patentes americano determinam claramente que seres vivos não podem ser patenteados. Porém, depois da apelação da GE, a Suprema Corte americana chocou o mundo ao decidir, em 1980, que "um microrganismo vivo feito pelo homem pode ser material sujeito a patenteamento"[6]. Se a vida podia ser patenteada, a corrida seria para construir o portfólio.

---

[*] Organismos geneticamente modificados são aqueles cujos genes foram alterados de formas que não acontecem normalmente por acasalamento. Organismos transgênicos são aqueles em que a modificação genética envolveu adicionar material genético de um organismo diferente.

NÓS CONTEMOS MULTITUDES

À medida que novas companhias como a Genentech e a Amgen rapidamente construíam seus negócios, outras começaram a se preocupar com os perigos potenciais do que os cientistas começaram a chamar de "DNA recombinante", o processo de combinar materiais genéticos de múltiplos organismos para criar sequências genéticas não encontradas na natureza. Um grupo proeminente de cientistas pediu ao diretor dos Institutos Nacionais da Saúde americanos que estabelecesse um comitê especial para avaliar os danos potenciais biológicos e ecológicos dessa nova tecnologia e as formas de prevenir a disseminação não intencional de moléculas de DNA recombinante pelas populações humana, animal e de plantas[7]. Em 1975, alguns dos principais cientistas americanos se reuniram com especialistas em ética, advogados e funcionários do governo no Centro de Conferência Asilomar, em Pacific Grove, na Califórnia, para rascunhar normas propostas para o uso ou não das novas ferramentas de DNA recombinante[8]. Estabelecer esses tipos de normas era fundamental para que as aplicações das tecnologias de OGM aumentassem.

Em 1982, o FDA aprovou a venda de insulina produzida a partir de bactérias geneticamente modificadas a consumidores diabéticos. Dois anos depois, o Departamento de Agricultura americano aprovou a venda de tomates Flavr Savr da Calgene, geneticamente modificados para amadurecer mais devagar e durar mais tempo nas prateleiras. Nos anos seguintes, o mercado americano para sementes geneticamente modificadas cresceu exponencialmente, impulsionado por poderosas corporações multinacionais como Bayer, Dow, DuPont, Monsanto e Syngenta. Até 2000, a maior parte do milho, da soja e do algodão cultivados nos Estados Unidos já era geneticamente modificada.

Os níveis de adoção de plantações geneticamente modificadas continuaram a crescer porque os agricultores acreditavam que plantar sementes GMs aumentava a safra e os lucros e reduzia a necessidade de pesticidas. Os americanos também aceitaram a mudança. Uma série de estudos entre 1999 e 2003 descobriu que a maioria dos americanos sabia pouco sobre a modificação genética das plantações, cerca de um terço estava preocupado com isso e em torno de um quinto achava ser seguro[9]. Em 2016, a maior parte dos americanos

HACKEANDO DARWIN

continuava desinformada. Sobre as plantações GM, o mesmo um terço dos americanos estava preocupado com os OGMs, e 58% acreditavam que as plantações GMs eram equivalentes ou melhores para a saúde das pessoas do que as que não eram GMs[10]. Um relatório de negócios de 2016 constatou que mais de dois terços de todos os compradores americanos não estavam dispostos a pagar mais por comida não modificada geneticamente e projetou que "com o contínuo aumento dos preços dos produtos não geneticamente modificados, os consumidores trocarão para alimentos GMs"[11].

A China também tem adotado progressivamente plantações geneticamente modificadas. Com apenas 9% da área fértil do planeta e 20% da sua população, o país tem sofrido sempre com a insegurança alimentar. Para o governo chinês, a modificação genética há muito parecia uma abordagem interessante para aumentar a produção das lavouras menores e mais isoladas, cultivar o algodão necessário para a gigantesca indústria têxtil do país e alimentar o povo chinês e seu gado. Hoje, cerca de 60% das exportações globais de soja vão para a China, sendo que quase todas são alteradas geneticamente.

Reconhecendo a importância crítica dos OGMs e de outras tecnologias agrícolas para o seu futuro, o governo chinês classificou a "agricultura melhorada" como uma estratégia da indústria emergente no Plano de Cinco Anos mais recente do governo[12]. A China "deve pesquisar audaciosamente e inovar, dominar os pontos principais das técnicas de OGMs", disse o presidente da China, Xi Jinping, em 2013, e "não pode permitir que as empresas estrangeiras dominem o mercado de OGMs"[13]. Esse esforço governamental foi a força motriz da aquisição, em 2017, por 43 bilhões de dólares, da corporação multinacional suíça Syngenta, umas das líderes mundiais em biotecnologia agrícola, pela empresa estatal chinesa ChemChina[14].

Apesar de a preocupação do público chinês com os GMs ter aumentado em conjunto com os repetidos escândalos sobre a segurança dos alimentos no país[15], estudos mostram que uma maioria significativa de consumidores chineses, assim como os americanos, mas ao contrário dos europeus, aceita os alimentos geneticamente modificados[16].

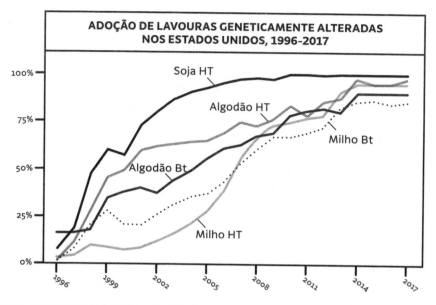

Fonte: "Recent Trends in GE Adoption", Departamento de Agricultura dos Estados Unidos, Serviço de Pesquisa Econômica. Última atualização: 12 jul. 2017. Disponível em: <https://www.ers.usda.gov/data-products/adoption-of-genetically-engineered-crops-in-the-us/recent-trends-in-ge-adoption.aspx>

O crescimento na taxa de adoção de GMs nos Estados Unidos e na China não se baseia apenas na ignorância dos consumidores. Também se baseia na ciência. À medida que a prevalência das plantações GMs aumenta, pesquisadores vêm adquirindo uma quantidade contínua de dados que eles usam para avaliar os riscos de segurança. Estudo após estudo ao longo de décadas tem repetidamente comprovado que plantações geneticamente modificadas são tão seguras quantos as convencionais. Em um pronunciamento em 2012, a diretoria da Associação Americana pelo Avanço da Ciência constatou que "a melhoria nas safras realizada pelas modernas técnicas moleculares de biotecnologia é segura"[17]. A revisão de literatura de 2013 no *Journal of Agricultural and Food Chemistry* encontrou "evidências esmagadoras que comprovam que [as plantações GMs são] menos prejudiciais na composição das safras em comparação com as cruzadas tradicionalmente, que já possuem um tremendo histórico de segurança"[18]. O relatório Europe 2020 realizado pela União Europeia[19], assim como os estudos feitos pela Organização Mundial da Saúde[20], a

HACKEANDO DARWIN

Associação Médica Americana[21], a Academia Nacional de Ciências dos Estados Unidos[22], a Real Sociedade Britânica[23] e outras das organizações mais respeitadas do mundo, chegaram à mesma conclusão.

Se isso não for evidência suficiente de que as plantações GMs são seguras, a Academia Nacional de Ciências, a de Engenharia e a de Medicina dos Estados Unidos publicaram, em 2016, uma revisão abrangente da ciência dos OGMs. Essa meta-análise gigantesca revisou todos os estudos credíveis sobre OGMs até o momento em todo o mundo, consultando centenas dos melhores especialistas e recebendo comentários de mais de 700 indivíduos e organizações interessados. Com base em todos esses dados do mundo todo no maior estudo sistemático das plantações GMs já feito, o relatório das Academias Nacionais descobriu que não há "nenhuma evidência conclusiva de relações de causa e efeito entre safras geneticamente alteradas [ou GMs] e problemas ambientais" e "nenhuma evidência de [...] [qualquer] aumento ou diminuição de problemas de saúde específicos depois da introdução de alimentos geneticamente alterados". Apesar de o relatório ter reconhecido o perigo das ervas daninhas resistentes a herbicidas e alguns outros desafios, a mensagem geral era clara: plantações geneticamente modificadas são tão seguras para o consumo humano quanto as que não são[24].

Um estudo italiano publicado em fevereiro de 2018 foi um passo adiante. Após revisar mais de vinte anos de dados de múltiplos estudos pelo mundo, os autores concluíram que a modificação genética na verdade aumenta a produção e reduz as toxinas carcinogênicas no milho[25]. O milho geneticamente modificado não apenas é seguro para o consumo humano, ele é — de acordo com esse estudo — ainda mais saudável do que milho não alterado geneticamente.

O fato de o produto das lavouras GMs ser seguro para o consumo, no entanto, não significa que não há preocupações legítimas sobre o assunto. Se dependermos demais de certos tipos de plantações ou permitirmos que as corporações criem um monopólio sobre o nosso suprimento de alimentos ou, inadvertidamente, criarmos pestes super-resistentes, poderemos vir a ter problemas reais. A engenharia genética de alimentos é uma ferramenta com um lado positivo gigantesco e um lado negativo potencial que requer uma regulamentação atenciosa.

NÓS CONTEMOS MULTITUDES

Apesar de todos esses estudos mostrando que os OGMs são seguros, no entanto, o histórico científico dos OGMs tem sido cada vez mais superado pelos temores exagerados em muitas partes do mundo ocidental. Em 1990, ativistas ambientais americanos publicaram um relatório intitulado *Biotechnology's Bitter Harvest* ["A colheita amarga da biotecnologia"] condenando a crescente disseminação de plantas geneticamente modificadas e pedindo ao governo dos Estados Unidos que corte os subsídios para essa tecnologia[26]. Desde então, ativistas anti-OGMs, muitos inspirados por uma combinação de desconfiança em relação a novas tecnologias, corporações globais americanas e mercado capitalista em geral, assim como a romantização dos pequenos agricultores e o temor de que seus alimentos sejam contaminados, têm cada vez mais protestado sobre o que eles começaram a chamar de *Frankenfoods*.

Organizações anti-OGMs lançaram grandes campanhas de desinformação destinadas a contra-argumentar e abafar as vozes da comunidade científica. Muitas pessoas são suscetíveis a esse tipo de desinformação porque a maioria de nós instintivamente se apoia na "falácia naturalista" de que a natureza é natural, mesmo que nossos ancestrais tenham modificando uma grande parte dela por milhares de anos. O fato de corporações multinacionais gigantescas e difamadas como a Monsanto se manterem lucrando significativamente com essa indústria em crescimento também não ajuda[27].

Esse ativismo ficou popular mesmo na Europa. Até 2016, 84% dos europeus entrevistados tinham ouvido falar de alimentos geneticamente modificados; 70% concluíram que alimentos GMs eram "fundamentalmente não naturais"; 61% acreditavam que o desenvolvimento de plantações GMs deveria ser desencorajado; e 59%, que os alimentos GMs não eram seguros[28].

Quando essas vozes do público insatisfeito ficaram mais altas, os legisladores europeus escutaram. Apesar de os cientistas belgas terem sido pioneiros da engenharia genética moderna de plantas nos anos 1980, uma década depois os regulamentadores europeus se tornaram os primeiros a requerer que alimentos GMs fossem rotulados. Informar que um alimento é GM pode superficialmente parecer uma boa ideia, mas é inerentemente desonesto, porque muitas das enzimas dos alimentos que comemos e das plantações que alimentam nossos animais são geneticamente modificadas; aceitar a completa tachação dos OGMs requereria rotular muito mais do que nós ingerimos.

Apesar dos muitos benefícios em potencial das plantações GMs, organizações anti-OGMs como Greenpeace, Earth Liberation Front e outras têm, repetidas vezes e com o uso da força, interrompido a pesquisa de OGMs e destruído testes de lavouras GMs em institutos de pesquisa em todo o mundo[29]. Em 2011, o Greenpeace admitiu que seus membros haviam invadido um estabelecimento de pesquisa australiano para destruir plantações de trigo experimental geneticamente modificado. Em 2013, ativistas em parceria com o Greenpeace invadiram plantações de arroz dourado enriquecido com vitaminas no renomado Instituto de Pesquisa Internacional do Arroz, nas Filipinas[30].

Com o aumento crescente da pressão sobre a União Europeia, líderes europeus tiveram de reconhecer que o confronto entre a opinião pública, de um lado, e a ciência e competitividade econômica, de outro, estava criando uma situação insustentável. Em um esforço para escapar

Fonte: Becker1999/flickr, domínio público via Creative Common 2.0

NÓS CONTEMOS MULTITUDES

da pressão da opinião pública, os ministros do Meio Ambiente da UE, em 2013, concordaram que cada país individualmente na UE decidiria sozinho se deveria restringir as plantações GMs por qualquer motivo. Respondendo mais ao público do que à ciência, dezessete países europeus baniram o cultivo de lavouras GMs até 2015.

Como ex-ativista anti-OGM que se tornou defensor dos OGMs, Mark Lynas escreveu na época:

Com efeito, o continente está se fechando para todo um campo de desenvolvimento científico e tecnológico humano. Isso é análogo aos Estados Unidos declararem um boicote ao automóvel em 1910, ou à Europa proibir a imprensa no século XV[31].

O Conselho de Ciências Acadêmicas Europeu declarou que a UE estava "ficando para trás dos concorrentes internacionais em inovação agrícola", o que teria "implicações para os objetivos da UE para a ciência e inovação, e para o meio ambiente e a agricultura"[32]. Era tarde demais. O trem anti-OGMs europeu já deixara a estação.

Em Berlim, em 2015, eu me encontrei com vários regulamentadores alemães envolvidos com a aplicação das restrições do país para plantações GM. Eles me disseram que achavam as restrições anticientíficas, contraproducentes e idiotas. Todos eles afirmaram que eram obrigados a restringir os OGMs contra o seu bom senso, porque a opinião pública forçara a Alemanha e os líderes europeus[33]. Alguns descreveram como o Greenpeace, o líder dos movimentos anti-OGMs, supostamente fez campanhas contra a rotulagem de embalagens de enzimas geneticamente modificadas usadas na maioria dos queijos, pães, vinhos e cervejas como OGMs por medo de que, se as pessoas entendessem quão dependentes nós somos dos OGMs, as campanhas anti-OGMs cairiam por terra[34]. E, embora novas técnicas de edição de genes como CRISPR estejam tornando possível ligar e desligar genes já existentes dentro das plantas para alterar características — o que, portanto, não faz delas tecnicamente OGMs —, o Greenpeace e as forças anti-OGMs estão começando a se tornar oposição a elas também[35].

Em 2016, 109 ganhadores do Prêmio Nobel enviaram uma carta aberta convocando o Greenpeace a encerrar a sua campanha anti-OGMs, na qual diziam:

> Nós apelamos ao Greenpeace e aos seus apoiadores que reexaminem a experiência de agricultores e consumidores pelo mundo com plantações e alimentos melhorados por meio da biotecnologia, que reconheçam as descobertas do corpo de autoridade científico e das agências reguladoras e abandonem sua campanha contra os "OGMs", em geral, e contra o arroz dourado, em particular. Agências científicas e reguladoras em todo o mundo têm descoberto consistente e frequentemente que as plantações e os alimentos melhorados por meio da biotecnologia são tão seguros quanto, ou mais seguros que, aqueles derivados de qualquer outro método de produção. Nunca houve um único caso confirmado de resultado negativo para a saúde humana ou de animais após o seu consumo. O seu impacto ambiental tem se mostrado repetidas vezes menos danoso para o meio ambiente, e um benefício para a biodiversidade global[36].

Apesar desse apelo veemente da comunidade de especialistas, o impacto das campanhas anti-OGMs continua alto, particularmente na Europa. Esses esforços pontuaram uma grande vitória em julho de 2018, quando o mais alto tribunal da Europa, a Corte de Justiça da União Europeia, julgou que as lavouras alteradas por modificação genética com novas técnicas de modificação como o CRISPR deveriam ser sujeitas às mesmas regulamentações que as plantações GMs, embora nenhum novo material genético estivesse sendo adicionado[37]. "Isso terá um efeito inibidor para a pesquisa, do mesmo jeito que a legislação sobre OGMs vem tendo um efeito inibidor por quinze anos", disse Stefan Jansson, fisiologista vegetal da Universidade de Umea, para a revista *Nature*[38].

A proibição dos OGMs na Europa feriu a competitividade econômica do continente, mas não arriscou a vida de nenhum cidadão europeu. Isso não pode ser dito do impacto dessas políticas nos países em desenvolvimento. As restrições europeias a certos importados agrícolas de países com lavouras GMs forçaram muitos governos africanos e asiáticos dependentes de tais

NÓS CONTEMOS MULTITUDES

mercados de exportação para o seu bem-estar econômico a restringir a plantação de lavouras geneticamente modificadas. Isso nega aos países mais pobres a oportunidade de usar a biotecnologia para gerar maiores produções de produtos resistentes a vírus, reduzir o uso de fertilizantes e pesticidas perigosos, adicionar nutrientes vitais para sua dieta e ajudar a minimizar o impacto das secas, que podem causar milhares de mortes, o que é de longe um resultado terrível[39].

Os ganhadores do Nobel reservaram suas críticas mais duras à oposição do Greenpeace ao arroz dourado. Escreveram eles:

> O Greenpeace liderou a oposição ao arroz dourado, que tem o potencial de reduzir ou eliminar muitas das mortes e doenças causadas pela deficiência de vitamina A (DVA), com o maior impacto nos países mais pobres da África e do Sudeste Asiático. A Organização Mundial da Saúde estima que 250 milhões de pessoas sofram de DVA, incluindo 40% das crianças menores de 5 anos nos países em desenvolvimento. Com base nas estatísticas do Unicef, um total de 1 milhão a 2 milhões de mortes que poderiam ser prevenidas ocorrem anualmente como resultado da DVA, porque ela compromete o sistema imunológico, colocando bebês e crianças em grande risco. A própria DVA é a maior causa de cegueira infantil, afetando globalmente de 250 mil a 500 mil crianças por ano. Metade morre dentro de doze meses após perder a visão. NÓS APELAMOS AO GREENPEACE que pare e desista da sua campanha contra o arroz dourado, especificamente, e contra plantações e alimentos melhorados pela biotecnologia, em geral [...]. Quantos pobres no mundo terão que morrer antes de considerarmos isso "um crime contra a humanidade"[40]?

Embora as restrições às plantações GMs na África tenham começado a diminuir recentemente, há pouca dúvida de que o alarmismo de ONGs europeias e ativistas tenha atrasado a adoção das plantações GM na África e em outros lugares[41]. As modificações genéticas e a edição de genes nas lavouras têm o potencial de melhorar significativamente a resiliência e a sustentabilidade das nossas reservas de alimento e de tornar a vida no nosso planeta em aquecimento mais produtiva, com a crescente população humana mais viável e com maior possibilidade de sobrevivência[42]. Apesar de os argumentos dos ativistas anti-OGMs não serem completamente desprovidos de mérito e deverem ser considerados, é evidente que o alarmismo das campanhas anti-OGMs está causando muito mais mal do que bem.

A experiência das plantações GMs mostra quanto podem ficar acalorados os debates sobre alterar o que diferentes pessoas percebem diferentemente como "natural".

O debate sobre OGMs também nos dá um bom indício do que pode estar vindo na nossa direção quando os organismos geneticamente modificados não forem apenas a soja e o milho, mas nós. Já vimos quão sensíveis e voláteis as divisões ideológicas podem se tornar quando o assunto é a reprodução humana.

Os humanos têm realizado abortos pela maior parte da nossa história. Os primeiros registros de abortos remontam ao Egito em 1550 a.C. O aborto era comum e aceito publicamente na Grécia e na Roma antigas. Platão e Aristóteles endossam explicitamente nos seus escritos o direito das mulheres de realizarem abortos. Arquivos chineses de 500 a.C. descrevem o uso de mercúrio para pôr fim à gravidez.

Em 1803, o Parlamento britânico tornou o aborto após cinco meses de gravidez — quando se acreditava que a alma entrava no feto — punível com a morte. A pena foi depois reduzida para prisão perpétua para quem realizasse o procedimento. Apesar de o aborto ser comum na América Colonial, as restrições nos Estados Unidos começaram em 1850, forçando mulheres americanas que buscavam terminar sua gravidez a encarar condições ainda menos higiênicas e mais perigosas para abortar do que com os padrões médicos já baixos da época, o que levou a milhares de mortes desnecessárias. Embora a Lei de Aborto no Reino Unido de 1967 e a decisão histórica da Suprema Corte americana em 1973 no caso Roe Vs. Wade tenham estabelecido os direitos das mulheres a um aborto em ambos os países, a questão ainda está longe de ser decidida.

Nos anos que se seguiram a Roe Vs. Wade, a Igreja Católica e os cristãos evangélicos se uniram contra o aborto com intensidade crescente e acabaram ganhando o apoio político do Partido Republicano

NÓS CONTEMOS MULTITUDES

americano. Apesar de a decisão em Roe ter se mantido, e os direitos para o aborto terem continuado protegidos em estados mais liberais como a Califórnia e Nova York, as pressões para restringir a prática se intensificaram em estados americanos mais conservadores. Quarenta anos depois de Roe, quase 300 ataques violentos, incluindo incêndios e o uso de bombas, foram realizados em clínicas de aborto, e provedores de aborto chegaram a ser assassinados nos Estados Unidos[43]. A Federação Nacional do Aborto também reportou mais de 176 mil incidentes nos quais clínicas de aborto foram atacadas nos últimos quarenta anos, 1,5 mil casos de vandalismo e mais de 400 ameaças de morte[44]. Como resultado desse tipo de pressão e da Emenda Hyde de 1977, que significativamente restringiu o uso de fundos federais para o aborto, hoje, 84% dos condados americanos não oferecem serviços de aborto, e apenas dezessete estados americanos financiam sua prática em termos similares aos de outros serviços de saúde[45].

Na China, o Partido Comunista rapidamente baniu a maioria dos abortos depois de ascender ao poder, em 1949, para acelerar o crescimento populacional. Mas Deng Xiaoping, após assumir o poder, em 1978, com a morte de Mao e uma disputa pela liderança do partido, acreditava que seus planos de reforma econômica só poderiam funcionar se o crescimento populacional chinês fosse desacelerado. Assim, seu governo lançou a política do filho único em 1979, limitando a maioria das famílias chinesas da etnia Han, particularmente as que viviam em áreas urbanas, a ter apenas um filho. Em apoio a essa política, a China legalizou o aborto em 1988.

Depois de quase quarenta anos da aplicação da política de filho único, a maioria das famílias que tiveram mais de um filho foi pesadamente multada, e um grande número de mulheres foram forçadas a realizar abortos e/ou foram esterilizadas sem o seu consentimento[46]. A política de filho único aliviou qualquer preconceito sobre o aborto e incentivou muitos pais a realizá-lo, algumas vezes inadvertidamente e algumas vezes diretamente, para abortar fetos femininos, dar bebês meninas para adoção e abandonar os filhos nascidos com deficiência. Apesar de a política do filho único ter sido abrandada em 2015, ela subtraiu cerca de 400 milhões de pessoas que teriam feito parte do crescimento populacional da China[47].

Contudo, mesmo com as pressões do governo tendo sido aliviadas recentemente, o povo chinês se mantém em média muito mais confortável com o aborto do que os americanos. Diferentemente do que ocorre com as religiões ocidentais que tradicionalmente consideram a humanidade como uma criação divina, os chineses se veem como descendentes dos seus pais, um alicerce do antigo rito de culto aos ancestrais. Essas ideias também apoiam o conceito confucionista de piedade filial, um dos principais fundamentos da cultura chinesa, que valoriza muito a produção de descendentes saudáveis e capazes para que carreguem o legado da família. Hoje, o aborto se mantém amplamente aceito na China.

Em todo o mundo, esses tipos de diferentes tradições culturais e normas legais têm inspirado diferentes níveis de aceitação e conforto com o aborto. A tabela abaixo destaca as diferenças entre a posição de várias religiões sobre o aborto com base no "Religious Landscape Study", do Pew Research Center, de 2014[48]:

POSIÇÃO DOS MAIORES GRUPOS RELIGIOSOS SOBRE O ABORTO			
Opõe-se ao direito ao aborto, com algumas ou sem exceções	Apoia o direito ao aborto, com alguns limites	Apoia o direito ao aborto, com poucos ou sem limites	Sem posição clara
Igreja Episcopal Metodista Africana	Igreja Episcopal	Judaísmo Conservador	Islamismo
Assembleia de Deus	Igreja Evangélica Luterana da América	Igreja Presbiteriana (EUA)	Budismo
Igreja Católica Romana	Igreja Metodista Unida	Judaísmo Reformado	Convenção Batista Nacional
Igreja de Jesus Cristo dos Santos dos Últimos Dias		Unitário-Universalismo	Judaísmo Ortodoxo
Hinduísmo		Igreja Unida de Cristo	
Igreja Luterana — Sínodo de Missouri			
Convenção Batista do Sul			

Fonte: David Masci, "Where Major Religious Groups Stand on Abortion", Pew Research Center, 21 jun.2016.Disponívelem:<https://www.pewresearch.org/fact-tank/2016/06/21/where-major-religious-groups-stand-on-abortion/>.

Esses tipos de diferentes visões coletivas sobre o aborto aparecem em grupos de estudo de opinião pública pelo mundo. Em 2017, por exemplo, 58% dos americanos entrevistados acreditavam que o aborto deveria ser legalizado ou ser legal na maioria dos casos, enquanto 40% disseram que deveria ser ilegal ou ilegal na maioria dos casos. Sem surpresa, judeus, budistas e americanos sem afiliação religiosa são a favor dos direitos ao aborto, ao passo que católicos, evangélicos, mórmons e testemunhas de Jeová se opõem fortemente[49]. Uma pesquisa de 2015 realizada pelo BuzzFeed com 23 países constatou, não surpreendentemente, que os países liberais europeus eram mais permissivos com o aborto, enquanto os países latino-americanos, asiáticos e africanos, mais cristãos e tradicionalistas, eram menos[50].

Essas diferenças de opinião aparecem também em uma ampla gama de leis que regulamentam o aborto em diferentes jurisdições pelo mundo. De acordo com a análise do Pew Research Center de 2015 sobre as leis globais do aborto, 26% dos 196 países estudados permitem abortos apenas para salvar a vida da mãe, e outros 42% restringem significativamente o aborto. A maioria desses países que restringem é aquela em que as instituições religiosas desempenham um papel importante na sociedade. Todos os seis países que proíbem o aborto sob quaisquer circunstâncias são países onde a igreja domina[51]. Essas diferentes estruturas legais explicam por que as mulheres que vivem na Louisiana, um dos estados americanos que mais restringem o aborto[52], viajam para fora do estado quando precisam de um aborto, ou por que mulheres de Andorra, onde o aborto é proibido, atravessam a fronteira com a França à procura do procedimento.

As disparidades de abordagem entre diferentes comunidades e regulamentação do aborto não são apenas um precursor para o debate sobre humanos geneticamente modificados, mas um componente central desse debate. Porque a FIV e a seleção embrionária, os procedimentos que são a porta de entrada para a engenharia genética humana hereditária, quase sempre envolvem a destruição ou pelo menos o congelamento permanente de embriões não implantados, a política do aborto já está mudando para a política da reprodução assistida, triagem de embriões e edição de genes humanos. A Emenda Hyde americana é um exemplo perfeito disso. Inspirada pelo debate sobre o aborto, a emenda também criou restrições significativas para a pesquisa genética humana nos Estados Unidos[53].

Se as pessoas se tornaram agressivas por causa dos debates sobre meio ambiente, OGM e aborto, se ergueram barreiras e destruíram centros de pesquisa por causa de plantações geneticamente modificadas ou atacaram clínicas de aborto e assassinaram médicos, imagine o que poderiam fazer quando a mesma diversidade de visões individuais, culturais, sociais e governamentais inspirar a abordagem de diferentes países para a ciência emergente dos seres humanos geneticamente modificados.

Em 2016, o grupo ativista francês Alliance VITA lançou uma campanha de "Parem com os bebês GMs" com a petição abaixo[54]:

PETIÇÃO

CRISPR-CAS9:
Sim para o progresso terapêutico, não para os embriões transgênicos!
Homens merecem ser cuidados, e não geneticamente programados.

Nos últimos meses, o uso da tecnologia CRISPR-Cas9 tem aumentado rapidamente: essa técnica permite modificar diretamente o DNA (genoma) de qualquer célula vegetal, animal ou humana.

Essa tecnologia promete tratar várias doenças genéticas em crianças e adultos. Mas, quando aplicada a embriões humanos, pode produzir humanos geneticamente modificados do zero: "bebês GMs".

Uma base reguladora ética deve ser implementada mundialmente.

Bebês GMs? NÃO!

Ao assinar esta petição, peço ao meu país que urgentemente realize e assegure uma moratória internacional — o que significa uma suspensão imediata — da modificação genética em embriões humanos, em particular os que usam a tecnologia CRISPR-Cas9.

Fonte: Alliance VITA, "Stop GM Babies: A National Campaign to Inform and Alert about CRISPR-Cas9 Technique", 24 mai. 2016. Disponível em: < https://www.alliancevita.org/en/2016/05/stop-gm-babies-a-national-campaign-to-inform-and-alert-about-crispr-cas9-technique>.

NÓS CONTEMOS MULTITUDES

Assinada por mais de 10 mil pessoas, essa petição não foi um sucesso absoluto, mas um prenúncio do que viria a seguir. O debate futuro sobre humanos modificados geneticamente poderia ser, pelo menos de alguma forma, menos controverso do que o do aborto se os benefícios da engenharia genética humana pudessem ser experimentados pelo público mais rapidamente do que o medo que pode tomá-los. A FIV é um bom exemplo disso.

Em 1978, pouco depois do nascimento de Louise Brown, 28% dos americanos pesquisados disseram que a FIV era moralmente errada. Relativamente rápido, no entanto, as pessoas começaram a testemunhar os benefícios da FIV como ajuda para as mulheres que antes não conseguiam ter filhos. Esse sucesso evidente é o motivo pelo qual nós vemos mais protestos contra clínicas de aborto do que contra clínicas de fertilidade, mesmo que muito mais embriões em estágio inicial sejam destruídos nas clínicas de fertilidade. Quando questionados em 2013, apenas 12% dos americanos disseram que a FIV era moralmente errada[55], muito menos que os 40% contra o aborto. Por outro lado, as atitudes do público em relação aos testes e às alterações genéticas em embriões pré-implantados não foram ainda normalizadas como em relação à FIV.

Setenta e quatro por cento dos americanos pesquisados em 2002 pela Universidade Johns Hopkins expressaram apoio ao uso da triagem embrionária a fim de evitar doenças severas. Mas apenas 28% se sentiram confortáveis em utilizá-la para selecionar o gênero da criança, e 20% a aprovaram para selecionar características não relacionadas a doenças, como a inteligência[56].

A edição genética de embriões pré-implantados é, obviamente, uma intervenção mais significativa do que empregada pela seleção dos embriões para implantação na mãe. Quando questionados pelo STAT e pela T.H. Chan School of Public Health de Harvard em 2016 se eles achavam que a modificação de genes deveria ser usada para melhorar a inteligência ou as características físicas de um nascituro, apenas 17% dos americanos concordaram[57]. Uma pesquisa realizada pelo Pew Research Center, dois anos depois, revelou de forma similar que apenas 19% dos americanos estariam dispostos a mudar os genes do seu bebê para deixá-lo mais inteligente[58]. Mas, quando questionados se estariam

239

dispostos a modificar os genes dos seus futuros filhos para reduzir significativamente o risco de o bebê contrair doenças graves, quase metade dos americanos disse que sim em 2016, e esse número cresceu para 72% na pesquisa de 2018[59].

Essas pesquisas não apenas mostram que os americanos se sentem mais à vontade com intervenções quando elas têm um propósito médico claro, mas também que os pais, pelo menos conceitualmente, protegem agressivamente os futuros filhos contra os riscos, inclusive optando pela alteração da sua genética. As pesquisas também revelam que os níveis de conforto do americano comum com esse tipo de intervenção estão aumentando. Como nas pesquisas sobre o aborto, americanos religiosos são muito mais restritivos nas suas atitudes sobre a modificação genética do que os não religiosos.

O Reino Unido tem visto crescer talvez a maior mudança de opinião sobre a aceitação das intervenções genéticas mais agressivas. Um terço dos britânicos pesquisados em 2001 reagiu à pesquisa genética como se fosse antiética e que alterava a ordem natural[60]. Já em 2017, no entanto, 83% dos residentes do Reino Unido questionados pela Real Sociedade apoiaram a modificação genética para cura de doenças sérias quando as mudanças genéticas não seriam passadas adiante para as futuras gerações. Setenta e seis por cento apoiaram a modificação genética para corrigir desordens genéticas mesmo quando essas alterações seriam passadas adiante. Impressionantes 40% apoiaram o uso da engenharia genética para aprimorar habilidades humanas como a inteligência[61].

A população britânica experimentou até agora o mais alto nível de educação pública sobre as tecnologias genéticas no mundo, sobretudo no contexto da conversação nacional sobre a transferência mitocondrial. Isso, além do incentivo pró-ciência no Reino Unido e de uma orientação nacional de mentalidade mais aberta, traduziu-se em um apoio de mais de três quartos da população às modificações genéticas embrionárias de maneiras que seriam passadas para gerações futuras permanentemente, e em quase metade da população expressando o interesse em melhorar geneticamente os seus futuros filhos.

Apesar de a China ter estado muito atrás do Ocidente nas tecnologias de reprodução assistida há apenas uma década, o país vem mostrando o maior interesse global em direção à ampla aceitação da reprodução assistida. Como uma sociedade cuja fé religiosa tem sido suprimida por décadas, a triagem embrionária e o aborto são vistos ali menos como uma questão religiosa do que na maioria dos demais países. Os antigos conceitos chineses de *taijiao*, ou educação fetal, e *yousheng*, nascimento saudável, enfatizam a importância de gerar bebês saudáveis otimizados[62]. Junto com o significativo estigma cultural chinês envolvente e a falta de apoio institucional para pessoas com deficiência, esses conceitos vêm pavimentando no país o caminho para uma maior aprovação da triagem embrionária do que na maioria dos demais países.

Em 2004, apenas quatro clínicas na China tinham licença para realizar testes genéticos pré-implantacionais (PGT). Em 2016, o número subiu para quarenta — o que pode não parecer grande coisa para um país do tamanho da China, mas muitas dessas clínicas estão agora operando em uma escala colossal muito além de quaisquer outras. Uma única clínica em Changsha, cidade próxima a Pequim, reportou 41 mil procedimentos de FIV em 2016, um quarto do número total realizado em todos os Estados Unidos e mais do que em todo o Reino Unido no mesmo ano.

Em toda a China, o PGT está crescendo a uma média de 60% a 70% anualmente. Por um terço do custo que se tem nos EUA, o número total de procedimentos na China já é maior do que o dos americanos, e só aumenta[63]. Clínicas chinesas vêm divulgando a sua capacidade de usar PGT para eliminar o risco de um número crescente de doenças genéticas. Quando questionados em 2017 numa pesquisa on-line, os cidadãos chineses em média "concordavam moderadamente" que estariam confortáveis em alterar os seus futuros filhos geneticamente[64].

Essas diferenças sociais entre americanos, britânicos e chineses pode acabar sendo menos significativas do que as diferenças entre gerações nas quais os jovens parecem mais confortáveis com a engenharia genética do que os mais velhos[65].

Como no contexto do aborto, as diferenças religiosas também já estão empurrando as comunidades em direções diferentes nessas questões. A maioria das religiões, mas não todas, aceita que as terapias genéticas podem e até devem ser usadas para tratar e curar doenças quando as mudanças genéticas não são passadas para as gerações futuras. Mas a água benta fica mais turva daqui em diante.

A Igreja Católica se opõe fortemente ao uso de PGT em conjunto com qualquer tipo de seleção embrionária[66]. Em seu *Evangelium Vitae* de 1995, o papa João Paulo II escreveu que as técnicas de diagnóstico pré-natal incorporam uma "mentalidade eugenista" que "aceita o aborto seletivo, para impedir o nascimento de crianças afetadas por tipos vários de anomalias". Tal mentalidade, ele prossegue, "ignominiosa e absolutamente reprovável, porque pretende medir o valor de uma vida humana apenas segundo parâmetros de "normalidade" e de bem-estar físico, abre assim a estrada à legitimação do infanticídio e da eutanásia"[67]. Em 2013, a Igreja Católica se opôs ao projeto de lei britânico que autorizava os testes clínicos de transferência mitocondrial, citando uma instrução do Vaticano em 1987 de que "a pesquisa médica deve se distanciar de operações em embriões vivos, a não ser que haja uma certeza moral de não causar nenhum mal à vida ou à integridade do nascituro"[68].

O Conselho Nacional de Igrejas de Cristo, um grupo protestante mais progressista, expressou no seu relatório de 2016 uma apreciação maior do papel que a manipulação genética hereditária pode desempenhar. "A terapia efetiva de linhagem germinativa poderia", diz o relatório, "oferecer um potencial tremendo para eliminar doenças genéticas, mas levantaria distinções difíceis sobre condições humanas 'normais' que talvez apoiassem a discriminação contra pessoas com deficiência[69]."

Mas o liberalismo cristão vai ainda mais longe. Em uma conferência em 2017 sobre o futuro da IA de que participei em Ditchley Manor, em Oxfordshire, Inglaterra, conheci o fascinante ministro presbiteriano Christopher Benek, que se descreveu como um "tecnoteólogo" e um "cristão transumanista". Seres humanos são "cocriadores com Cristo", ele argumentou, e administradores de tecnologias como a inteligência artificial e a modificação genética, que podem ser usadas para melhorar a humanidade. Nos seus escritos, ele pede por um "uso ético e útil das tecnologias emergentes para melhorar os humanos[70].

Os pontos de vista de Chris estão, com certeza, à margem da teologia cristã, mas se encontram provavelmente um pouco mais

NÓS CONTEMOS MULTITUDES

próximos do centro de gravidade do pensamento judaico. O conceito dos judeus tradicionais do *Tikkun Olam*, ou *reparação do mundo*, sugere que o mundo está quebrado, e é responsabilidade de cada judeu, como agente de deus, ajudar a consertá-lo. "Tudo que foi criado durante os seis dias da criação", diz a Torá em Gênesis 11:6, "requer melhoria [...] o trigo precisa ser moído e até mesmo as pessoas precisam de aprimoramento." Completar a criação de deus, nesse sentido, é visto não como uma crítica ao divino mas como um abraço ao papel divino do homem. O judaísmo não tem o tipo de estrutura de comando hierárquico do cristianismo, mas mesmo as comunidades judaicas ortodoxas mais conservadoras foram, como a exemplo da Tay-Sachs, os primeiros adotantes das tecnologias genéticas avançadas.

Em um artigo de uma revista médica judaica em 2015, o rabino Moshe Tendler, da Universidade Yeshiva, e o bioeticista John Loike defendem a tese de por que a lei judaica apoia a participação das mulheres judias em testes clínicos da terapia de substituição mitocondrial (MRT na sigla em inglês), apesar de esse tratamento poder resultar no nascimento de bebês geneticamente modificados. A lei judaica, eles escrevem, "permite às mulheres se engajar em novas biotecnologias como a MRT para ter filhos saudáveis [...], [e] se voluntariar para tais testes não é apenas um *chesed* [ato de bondade] como engloba a responsabilidade social de forma que os judeus estejam contribuindo para a saúde da sociedade como um todo"[71].

Estar aberto a algumas alterações genéticas não significa, claro, que o cristianismo transumanista, o judaísmo tradicional, o budismo progressista e outras comunidades religiosas estejam entrando no terreno escorregadio do transumanismo ilimitado. Todavia, a diversidade de crenças na melhoria genética humana já é significativa dentro e entre as tradições intelectuais e religiosas, e é mais provável então que cresça à medida que as tecnologias genéticas amadureçam. Enquanto isso acontece, a ciência em geral e as aspirações transumanistas em particular vão cada vez ver-se envolvidas nas armadilhas de alguns dos conflitos da religião[72].

Mesmo nessa revolução genética humana, esses tipos de diferenças significativas com e entre indivíduos, comunidades e governos

HACKEANDO DARWIN

sobre a engenharia genética hereditária estão começando a tomar forma em uma grande diversidade de leis nacionais.

Não há legislação federal americana cobrindo as FIVs, e os Estados Unidos também têm uma das estruturas regulatórias mais flexíveis para PGT. A lei federal americana proíbe a verba para pesquisas nas quais embriões são destruídos, mas as formas pelas quais as triagens genéticas são usadas durante o PGT são quase sempre deixadas a critério dos médicos, guiados pelas suas organizações médicas profissionais. Como resultado, estima-se que 9% de todos os PGTs realizados nos Estados Unidos sejam para seleção de gênero, o que é ilegal em países como China, Índia, Canadá e Reino Unido. Um pequeno número de clínicas americanas até permite aos futuros pais selecionar embriões afirmativamente para garantir que as crianças *terão* desordens genéticas, como nanismo e surdez, impensáveis em outras partes do mundo[73].

Nenhuma legislação comum governa a reprodução assistida na Europa, o que resulta em uma colcha de retalhos de diferentes leis e regulamentações. A maioria dos Estados europeus estipula que o PGT só pode ser usado para selecionar doenças graves e incuráveis. Alguns países como a Itália e a Alemanha[74*] são mais restritivos, enquanto outros como a França e o Reino Unido têm estabelecido órgãos reguladores mais amplos: a Agência de Biomedicina na França e a Autoridade Embriológica e de Fertilização Humana no Reino Unido, que tendem a ser mais permissivas ao avaliar pedidos de PGT[75]. Uma vez que a Comissão Europeia de 2008 deixa todos os europeus livres para viajar sem penalidades para outros países da UE para tratamentos, incluindo PGT, que talvez sejam restritos no seu país de origem, o impacto de várias restrições nacionais é nulo.

---

* Até recentemente, a Alemanha tinha uma das leis mais restritivas do mundo protegendo os direitos dos embriões humanos, decorrente em grande parte do acerto de contas do país com seu passado nazista assassino. A Lei de Proteção ao Embrião de 1990, da Alemanha, proibiu a fertilização de óvulos humanos para pesquisa e a doação de embriões. Em resposta, os futuros pais alemães muitas vezes viajavam para a Bélgica para fazer os seus PGTs. Como as opiniões públicas sobre parentalidade mudaram, no entanto, o governo alemão votou em 2011 a favor da permissão do PGT sob circunstâncias específicas.

NÓS CONTEMOS MULTITUDES

Em países com fortes tendências religiosas, incluindo Chile, Costa do Marfim, Filipinas, Argélia, Irlanda e Áustria, o PGT é proibido. Se alguém quiser fazer um PGT no Chile ou selecionar um menino na China, poderá encontrar uma clínica clandestina, viajar para outro país ou simplesmente não fazê-lo. Uma pesquisa recente mostrou que 5% dos que receberam assistência reprodutiva em clínicas na Europa e 4% nos Estados Unidos eram pessoas viajando do exterior para burlar restrições e outras barreiras em seu país de origem[76].

Entre os países mais avançados, Austrália, Bélgica, Brasil, Canadá, França, Alemanha e Holanda proíbem a modificação genética hereditária de embriões e impõem penalidades criminais aos infratores. Em vez de proibir a manipulação genética adiantadamente, um segundo grupo de países — incluindo França, Israel, Japão e Holanda — tornou ilegal iniciar uma gravidez humana com um embrião geneticamente modificado. Um terceiro grupo de nações, incluindo o Reino Unido, criou exceções bem específicas para a proibição, e estabeleceu estruturas regulatórias para tomar decisões caso a caso sobre quais tipos de mudanças hereditárias serão permitidas.

Os Estados Unidos não proíbem modificações genéticas hereditárias de embriões propriamente ditos, mas possuem outras estruturas regulatórias que tornam esse tipo de atividade quase impossível. A China, por outro lado, tem leis decentes que restringem a manipulação genética humana hereditária, porém uma cultura fraca e inconsistente de fiscalização, uma mentalidade de Velho Oeste entre alguns pesquisadores e um "mercado cinza" de clínicas de reprodução assistida[77]. Outros países não contam com leis significativas sobre a alteração genética humana; alguns dos quais estão se posicionando como os destinos futuros para o turismo de reprodução humana irrestrita[78].

O gráfico a seguir nos dá algumas indicações da diversidade regulatória para tecnologias genéticas pelo mundo:

MODIFICAÇÃO GENÉTICA DA LINHA GERMINATIVA HUMANA

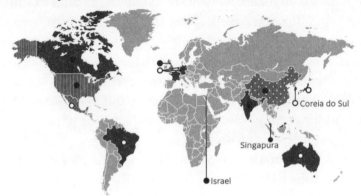

CLONAGEM REPRODUTIVA HUMANA

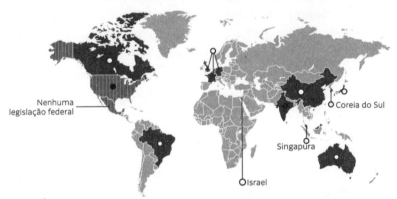

TERAPIA GENÉTICA SOMÁTICA HUMANA

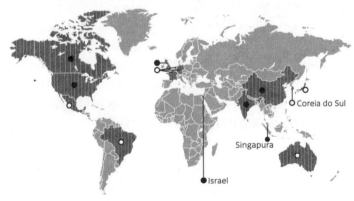

Restritiva | Intermediária | Permissiva | ○ Legislação | ● Regulatória

DIAGNÓSTICO GENÉTICO PRÉ-IMPLANTACIONAL

CLONAGEM DE PESQUISA EM HUMANOS

PESQUISA DE CÉLULAS-TRONCO EMBRIONÁRIAS HUMANAS

Fonte: R. Isasi, E. Kleiderman e B. M. Knoppers, "Editing Policy to Fit the Genome?", *Science*, v. 351 (2016): pp. 337-339.

Como os dados genéticos serão tão críticos tanto para o sistema de saúde personalizado aos indivíduos como para decifrar a genética humana de forma mais geral, e também tão suscetíveis para o uso incorreto por outras pessoas, as sociedades terão bons motivos para proteger a informação genética dos seus cidadãos. Aqui, novamente, a diferença de opiniões entre países é grande e crescente. Nações diferentes regulam e protegem sua privacidade genética e outros dados de maneiras bem diferenciadas.

A Lei de Não Discriminação da Informação Genética (GINA, na sigla em inglês), sancionada nos Estados Unidos em 2008, a Lei de Não Discriminação Genética do Canadá, a Lei de Igualdades do Reino Unido, de 2010, e a Lei de Não Discriminação e Privacidade Genética da Austrália proíbem a discriminação baseada na informação genética em seguros de saúde e contratação, mas provêm muito menos proteção aos dados genéticos dos consumidores do que na União Europeia*.

A UE foi mais longe na sua proteção dos direitos individuais de privacidade. Em maio de 2018, a revolucionária Regulamentação Geral de Proteção de Dados (GDPR na sigla em inglês) entrou em vigor. De longe a lei mais agressiva de proteção de dados do mundo, a GDPR estabelece os direitos de privacidade de todos os cidadãos da UE de controlar o acesso à coleta dos seus dados em qualquer lugar do mundo, e impõe obrigações pesadas sobre as companhias para que protejam tais dados. Apesar de o debate internacional sobre a GDPR ter se mantido centrado nas pressões que ela coloca sobre os gigantes da tecnologia americana como o Google e o Facebook, as implicações para privacidade genética são igualmente significativas. Dentro da GDPR, cada indivíduo deve explicitamente consentir que os seus dados genéticos sejam incluídos em uma base de dados específica ou em um estudo específico[79].

A China também recentemente aprovou uma lei de proteção de dados nacional abrangente com grandes implicações para a informação

---

* Curiosamente, a GINA não se aplica ao Exército americano ou a outras formas de seguro, como seguro de vida. A não discriminação genética vai se tornar particularmente importante porque o sequenciamento universal mostrará que todos temos pré-condições de algum tipo ou um aumento no risco de múltiplas desordens relativas à população em geral.

genética. A Lei de Segurança de Rede para a República Popular da China, de 2017, impõe a proteção à privacidade mandando companhias e indivíduos dar o seu consentimento para qualquer transferência de dados para fora do país. A lei também proíbe a transferência de informações pessoais fora da China se for considerada danosa para a segurança nacional, pública, ou se ferir os interesses chineses. Esse requerimento é aplicado ao que as leis chamam de informação pessoal "sensível", uma categoria que inclui dados genéticos[80].

Apesar de as leis de privacidade da Europa e da China parecerem de início similares, elas não o são nem um pouco. Na Europa, a GDPR está sendo implantada para proteger cidadãos de terem seus dados usados sem o seu consentimento por quem quer que seja, inclusive o governo. Na China, a nova lei de privacidade garante ao governo monopólio sobre os dados genéticos e outros coletados de e sobre as pessoas dentro do país.

Enquanto a UE trabalha para impedir que dados genéticos sejam usados para criar políticas de Estado, o Ministério da Segurança Pública chinês vem armazenando o maior banco de dados de DNA do mundo como, entre outras coisas, um investimento em controle social. Cidadãos chineses na predominantemente muçulmana região de Xinjiang e outras minorias étnicas, trabalhadores migrantes, eventuais dissidentes, estudantes universitários e ativistas estão sendo obrigados a fornecer amostras para ser inseridas no banco de dados nacional[81].

A proteção da privacidade pode parecer uma questão de direitos humanos justificável na UE e uma questão de controle social na China, mas, na realidade, como sempre, essa questão é mais complexa.

Para a maioria das pessoas, a ideia de um governo ou de uma empresa rastreando cada movimento da sua vida é assustadora. De uma perspectiva dos direitos individuais, a privacidade é essencial. De uma perspectiva de análise de *big data*, no entanto, ela tem o potencial para ser uma barreira na hora de reunir os vastos conjuntos de dados dos quais descobertas importantes podem ser tiradas.

Entender o que genes individuais e grupos de genes fazem é o maior problema para a análise de *big data*. Isto posto, subentende-se então que, quanto maior e mais alta for a qualidade dos conjuntos de dados, mais

HACKEANDO DARWIN

possível se tornará desvendar os padrões genéticos por trás de doenças e características mais complexas. Quem tiver os maiores e melhores conjuntos de dados estará mais preparado para liderar a revolução genética com todo o poder, riqueza, prestígio e influência que ela trará.

Pode ser que o investimento gigantesco da China em IA, os esforços para promover a liderança nacional nas ciências da saúde e biotecnologia e a habilidade de reunir conjuntos de dados colossais do sequenciamento de pessoas combinado com um acesso completo aos seus registros médicos coloquem a China na liderança dos esforços globais para decodificar o genoma humano, transformar o sistema de saúde e liderar a revolução genética global. Por outro lado, as melhores leis de proteção à privacidade nos Estados Unidos e na Europa poderão levar a sociedades mais fortes e coerentes, melhores normas de coleta de dados genéticos, entre outros, e mais descobertas de qualidade. A sociedade que fizer a aposta certa agora estará pronta para liderar o futuro da inovação. Mas não devemos nos iludir sobre o que está em jogo e os custos para a sociedade de fazer a aposta errada.

Os debates sobre meio ambiente, plantações GMs, aborto e humanos geneticamente modificados mostram como as nossas diferentes comunidades, com a sua diversidade de histórias, culturas, pressões econômicas e estruturas políticas, responderão de maneiras muito diferentes às novas tecnologias. Essas dissimilaridades então levarão a uma variedade de ambientes legais e regulatórios pelo mundo.

A boa notícia é que a grande disparidade de abordagens diferentes está criando um "laboratório de nações", cada uma descobrindo o próprio caminho à medida que interage e compete com outros Estados. Nesse contexto, a pesquisa e as aplicações mais promissoras, e algumas vezes até as mais agressivas, de qualquer nova tecnologia encontrarão um lar, que levará a inovação adiante.

A notícia potencialmente ruim é que a diversidade comunitária e os modelos nacionais também poderão levar a humanidade ao menor denominador comum na abordagem para a engenharia genética humana. Se isso acontecer, os países mais agressivos criarão o padrão para todos os outros, que devem segui-los se acreditarem que seu sucesso, suas vantagens competitivas e sua prosperidade estão em jogo. Nossa diversidade de abordagens, assim como todas as formas de diversidade, aumenta a probabilidade de resultados tanto positivos como negativos.

A diversidade, no entanto, é uma precondição biológica, mas sozinha ela não move a evolução. A evolução também precisa do seu ingrediente essencial: a competição.

Se nossas diferentes orientações sobre a engenharia genética humana estabelecerem um grande leque de opções, a competição entre nós impulsionará a nossa espécie para a era genética.

CAPÍTULO 10

A corrida armamentista da raça humana

Quando é dada a oportunidade de ganhar algum tipo de vantagem sobre os outros, mesmo com um risco considerável, alguns entre nós aproveitam. Nós evoluímos assim.

No momento em que a vida emergiu, nossos ancestrais entraram em uma corrida armamentista sem fim uns contra os outros e contra outras espécies por vantagens e sobrevivência. Lutamos até o topo da cadeia alimentar e evitamos virar a carne moída dos hambúrgueres de outra espécie porque nós (até agora) ganhamos essa competição.

Nos nossos dias como nômades caçadores-coletores, grupos humanos em muitos lugares competiam vigorosamente uns com os outros, muitas vezes roubando os recursos dos outros. Quando o advento da agricultura, da escrita e de outras tecnologias tornou possível nos organizarmos em comunidades, não perdemos tempo para transformar cada pequena vantagem tecnológica em oportunidades individuais e coletivas para roubar, subjugar e oprimir uns aos outros.

Os mongóis implementaram os estribos para dar aos seus cavaleiros o impulso necessário para conquistar muito do mundo conhecido. Os poderes coloniais europeus usaram seus avançados navios e armas para dominar e explorar grandes porções do globo. As vantagens tecnológicas iniciais de que os alemães e japoneses dispunham na Segunda Guerra Mundial foram superadas pelas ainda melhores vantagens competitivas dos cientistas emigrantes americanos, britânicos e europeus, que desenvolveram o radar, a criptografia avançada, a radionavegação e armas nucleares que ajudaram a vencer a guerra. Nesses casos, e em muitos outros, a competição deu combustível ao desenvolvimento tecnológico mesmo quando as tecnologias que estavam sendo desenvolvidas tinham grandes pontos fortes e perigosos pontos fracos em potencial.

E, apesar de os utopistas por muitos séculos terem imaginado um mundo onde nós abraçamos totalmente a nossa natureza búdica e escapamos do ciclo incessante de competição uns com os outros, esse dia ainda não chegou. Embora os conflitos em larga escala tenham diminuído pelo mundo por décadas[1], seria perigoso pensar que a revolução genética, com seus grandes pontos positivos e potencialmente perigosos pontos negativos, vai se desenvolver no mundo harmonioso e não competitivo que pudermos imaginar, e não no mundo extremamente competitivo que conhecemos. Em vez disso, a magnitude e as consequências dessa competição aumentarão à medida que a tecnologia avançar.

Nos anos iniciais dessa revolução em expansão, particularmente quando nosso entendimento do que os genes fazem, como o corpo funciona e quais manipulações são mais benéficas ainda na sua infância, uma distinção artificial entre terapia e melhoria será preservada. Seremos capazes de manter essa ficção de que a revolução genética trata principalmente da melhoria da saúde e do tratamento de doenças. Nos primeiros anos, médicos trabalhando para prevenir e tratar certas desordens ou doenças podem querer ultrapassar a marca do normal ao dar vantagens extras a um embrião (ou até a uma pessoa crescida). Uma vez que o que é considerado terapia para uma pessoa pode ser considerado vantagem para outra, nosso conceito de "normal" continuará em movimento. À medida que as aplicações terapêuticas das poderosas tecnologias genéticas se tornarem a norma, a distinção entre o que constitui terapia e melhoria genética passará a ser uma linha tênue.

Perguntaremos, para dar alguns exemplos, se existe mesmo uma diferença fundamental entre melhorar geneticamente a visão ruim de alguém para que seja normal em comparação a alguém com ótima visão normal, ou se existe mesmo uma diferença entre melhorar geneticamente a capacidade celular de um paciente para lutar contra o câncer ou a aids que já se desenvolveu ou a sua capacidade de nunca ter câncer ou aids para começo de conversa. Os pais, em outras palavras, vão se perguntar se realmente existe uma diferença entre dar vantagens aos seus filhos *versus* prover tais vantagens por vias naturais. Quanto mais melhorias como essas se tornarem disponíveis e forem vistas como benéficas, mais competições dentro e entre comunidades incentivarão os humanos altamente competitivos a desejá-las.

O mundo dos esportes fornece um indicador particularmente interessante de como as pressões competitivas podem e provavelmente vão iniciar a corrida armamentista genética[2].

Há pouca dúvida de que a genética possui um papel central em conquistas nos esportes de alto rendimento, em que as regras são claramente definidas, as capacidades necessárias para o sucesso são relativamente específicas e a distribuição de características não genéticas é uniformemente realizada. É por isso que tão poucos jogadores baixos fazem parte da National Basketball Association (NBR).

Como David Epstein descreve no seu livro de 2013, *A genética do esporte: Como a biologia determina a alta performance esportiva,* o finlandês Eero Mäntyranta foi um dos esquiadores nórdicos que mais venceram competições na história, conquistando sete medalhas olímpicas, incluindo três de ouro e dois campeonatos mundiais entre 1960 e 1972. Campeão consumado, Mäntyranta tinha uma absoluta ética de trabalho e espírito indomável. Quando ele e a sua família foram sequenciados geneticamente no começo dos anos 1990, no entanto, descobriu-se que Mäntyranta e 29% dos seus parentes possuíam uma mutação única muito rara do gene EPOR. Essa mutação os tornou muito mais capazes do que os outros de produzir hemoglobina, os glóbulos vermelhos que transportam oxigênio dos pulmões para os tecidos do corpo, o que lhes conferia uma resistência física muito acima do normal[3]. Nem todo parente com essa mutação foi um campeão olímpico. Poucos foram, mas essa mutação, com certeza, aumentou as chances deles.

O sucesso atlético é um fenômeno complexo que não pode, é claro, ser atribuído a qualquer gene, até mesmo como o de Mäntyranta. Muitos outros fatores, como nutrição, criação, motivação, treinamento,

A CORRIDA ARMAMENTISTA DA RAÇA HUMANA

acesso e sorte, têm o seu papel crítico. Isso não significa, porém, que genes únicos não possam ser criticamente importantes.

Muitas pessoas têm uma mutação do gene *ACTN3*, um dos mais numerosos e desconhecidos genes que influenciam a velocidade com que os músculos se contraem. Apesar de muitos genes relacionados à alta performance esportiva terem sido estudados, o *ACTN3* é de longe o único que se correlaciona com a performance em múltiplos esportes de potência. Quando os pesquisadores eliminaram esse único gene de ratos, os animais perderam níveis significativos de potência muscular[4]. Ter a variante certa de *ACTN3* não fará de você um grande velocista, mas múltiplos estudos vêm mostrando que, se você tem duas cópias interrompidas de *ACTN3*, a probabilidade de chegar às finais olímpicas em qualquer tipo de corrida de atletismo é praticamente zero.

Por outro lado, se você tem uma mutação do gene *MSTN* impedindo a produção de miostatina, uma proteína que interrompe a produção muscular, seus músculos continuam a crescer muito além do que os da maioria das outras pessoas. Liam Hoekstra, um menino com essa mutação da miostatina conhecido como "a criança mais forte do mundo", podia fazer truques desafiadores de ginástica aos 5 meses de idade e flexões aos 8 meses.

A genética também se mostra extremamente influente em maratonistas de elite. O sucesso espetacular da tribo queniana kalenjin, e mais ainda da subtribo nandi, é um grande exemplo disso. A maior parte das pessoas sabe que os corredores quenianos têm dominado as corridas de longa distância por décadas. Entre 1986 e 2003, a porcentagem de quenianos homens incluídos entre os vinte primeiros colocados de todos os tempos em corridas de mais de 800 metros aumentou de 13,3% para impressionantes 55,8%. Nos últimos trinta anos, homens quenianos vêm ganhando quase a metade de todas as medalhas olímpicas em corrida de longa distância e quase todos os campeonatos mundiais de cross-country. Mas a história do sucesso queniano está mais para uma história de sucesso dos kalenjin.

Cerca de três quartos dos campeões de corrida quenianos são kalenjin, um pequeno grupo que representa aproximadamente 4,4 milhões de pessoas na população de 41 milhões de quenianos. Os corredores kalenjin conquistaram 84% das 64 medalhas olímpicas e oito campeonatos mundiais para o Quênia entre 1964 e 2012, e foram responsáveis por vinte dos 25 tempos mais rápidos das maratonas do Quênia[5]. A maioria desses corredores quenianos vem de uma subtribo ainda menor, os nandi, um grupo de cerca de 1 milhão de pessoas na sua totalidade. Embora esse sucesso para as corridas seja reflexo de muito trabalho duro, uma cultura nacional que incentiva a corrida e outros fatores ambientais, é difícil negar as bases genéticas para a dominância dos kalenjin.

Os corredores kalenjin têm em média pernas mais longas, torsos mais curtos, membros mais finos e menor relação de massa para a estatura que a maioria das pessoas, o que qualquer um que já assistiu a uma maratona pode confirmar. Ao testarem crianças quenianas em 1990, pesquisadores suecos descobriram que mais de 500 estudantes kalenjin podiam correr 2 mil metros mais rápido do que os velocistas campeões da Suécia. No ano 2000, após um treinamento de três meses com parte de pesquisadores de um instituto de ciências dinamarquês, muitos meninos de um grande grupo kalenjin puderam correr mais rápido do que o maior velocista da Dinnamarca[6].

Apesar de nenhum gene único para maratona ter sido encontrado, e provavelmente nem virá a ser, os pesquisadores identificaram a importante influência que mais de 200 genes podem ter na performance atlética de uma pessoa[7]. Um estudo de 2008 avaliou a possibilidade de um dado corredor ter cada um desses 23 genes relacionados ao atletismo e concluiu que a probabilidade de todas as pessoas virem a ter esses mesmos genes seria extremamente pequena, cerca de 0,0005%. Se isso fosse verdade, significaria que a China, com a sua população de 1,34 bilhão de cidadãos (em 2018), teria 6,7 mil pessoas com esses atributos genéticos. Os Estados Unidos, com uma população de 324 milhões, teriam 1,62mil.

Imagine que um país — digamos a China — decidisse usar os dados que já está coletando ao sequenciar seus recém-nascidos para determinar quais teriam as maiores chances de via a ser estrelas do atletismo de um tipo ou outro. O potencial genético poderia ser sinalizado para pais e associações esportivas, que talvez fossem encorajados a dar a essas crianças oportunidades especiais para participar de esportes nos quais elas quem sabe tivessem algum tipo de vantagem. Essas crianças que demonstrassem maior aptidão e paixão por dado esporte poderiam ser convidadas a participar de ligas especiais, nas quais os melhores jogadores poderiam ser encorajados ou obrigados a frequentar escolas desportivas específicas e receber treinamento adicional rigoroso. O melhor entre essas estrelas genéticas seria identificado para representar seu país internacionalmente. Um pouco disso já está acontecendo.

Ao assistir às semifinais de voleibol feminino nas Olimpíadas de 2008, em Pequim, percebi um estranho contraste entre as atletas americanas e as chinesas. As americanas tinham uma variedade de formas e tamanhos. No modelo americano, as jovens atletas são muitas vezes autodidatas ou filhas de pais obsessivos. Algumas das jogadoras americanas, tenho certeza, têm muita paixão, determinação, espírito de equipe ou carisma que as levaram até as Olimpíadas. As chinesas, por outro lado, eram muito mais uniformes em aparência. Como os soviéticos décadas atrás, os chineses muitas vezes identificam atletas em potencial baseados em atributos físicos em tenra idade e então os treinam e selecionam em escolas desportivas específicas espalhadas pelo país. Os críticos podem não gostar desse modelo de escola esportiva, particularmente quando as famílias são coagidas a abdicar dos seus filhos para as escolas, mas poucos podem dizer que a identificação de jovens com potencial atlético é trapaça.

A competição de vôlei em Pequim não se tratava apenas de dois times, mas de duas formas diferentes de organização social. Talvez o sistema individualista americano se prove mais capaz de criar atletas dominantes; pode ser que o sistema estatizado da China e da Rússia se prove superior, ou quem sabe um híbrido dos dois leve a melhor um dia. Com o tempo, no entanto, isso vai deixar de ser teoria. O sucesso no atletismo será medido na corrida armamentista em curso das medalhas olímpicas.

Trazer recursos genéticos avançados para a competição esportiva não vai apenas criar novas oportunidades para trapaceiros como também desafiará a nossa concepção do que se define como *fair play*. As pessoas reclamam há muito tempo de que o uso de anabolizantes patrocinado pelo Estado em países como Rússia, China e outros — e

HACKEANDO DARWIN

atletas como o ciclista Lance Armstrong, que estimulou artificialmente a sua produção de glóbulos vermelhos para amplificar os seus níveis de hemoglobina — é trapaça. Eles estavam trapaceando, de acordo com as regras dos seus esportes.

Em algum momento no futuro próximo, atletas poderão ter suas células extraídas e modificadas geneticamente e, então, reintroduzidas para aumentar a resistência física do seu corpo e acelerar a reparação muscular[8]. Esse tipo de *"doping* genético" claramente será trapaça, com base nas regras atuais da maioria dos esportes. Mas, agora que podemos olhar por baixo do capô genético, é justo dizer que uma pessoa sem uma mutação para produção extra de hemoglobina deve competir com uma que possui tal mutação? Qual a nossa opinião sobre pessoas como Mäntyranta, cujo corpo está, sem auxílio, fazendo o que os trapaceiros procuram imitar? Atletas como Lance Armstrong estão violando as regras ao acelerar artificialmente sua produção de hemoglobina ou apenas equilibrando a competição contra os Mäntyrantas do mundo?

Quanto mais a predisposição genética para o sucesso em certos esportes puder ser identificada, menos justo será para os atletas que não a possuem. À medida que todos os humanos são geneticamente diferentes uns dos outros, penalizar atletas por terem diferenças genéticas vantajosas seria como penalizar um físico por ter uma predisposição genética para ser bom em matemática ou um músico por ter ouvido absoluto.

Assim que entendermos essas diferenças genéticas que dão a alguns atletas uma vantagem genética inata sobre os outros, uma resposta talvez seja categorizar atletas pelas suas diferenças genéticas, de modo que pessoas como Eero Mäntyranta poderiam competir umas com as outras, e aquelas como Lance Armstrong poderiam fazer o mesmo. Corredores kalenjin poderiam de forma similar correr uns contra os outros, e nós teríamos uma competição diferente para as outras pessoas. Isso seria completamente absurdo por muitas razões, sobretudo porque a diversidade física é a essência da competição esportiva, e porque seria impossível determinar que grupo particular de atributos genéticos criaria as melhores chances de sucesso. Por outro lado, poderíamos dividir atletas em categorias para os geneticamente modificados e os não geneticamente modificados.

A CORRIDA ARMAMENTISTA DA RAÇA HUMANA

Não importa o que venhamos a fazer, as pessoas se interessarão mais por atletas não selecionados geneticamente e pouco aprimorados, com seus tempos de prova mais lentos e performance reduzida, ou pelos superatletas, que continuam a quebrar recordes e expandir o nosso conceito de conquista humana?

Campeões olímpicos, atletas profissionais e outras estrelas do esporte têm a oportunidade de alcançar grandes prêmios e receber enormes quantidades de dinheiro pelo seu sucesso atlético, e muitas vezes estão dispostos a se submeter a medidas extremas para ganhar uma vantagem. Algumas dessas medidas são perigosas, mas comprometer a saúde desses atletas é a essência de alguns esportes. Futebol americano, boxe e escalada livre são apenas alguns exemplos. Os atletas sempre podem optar por desistir; mas esportes competitivos, assim como a evolução, criam ambientes de corrida armamentista, onde cada um abraça a sua vantagem particular que eleva o nível da competição para os que o seguem.

Dadas a gigantesca recompensa financeira e outras à disposição dos melhores atletas profissionais, podemos quase entender como as pessoas com esse tipo de aspiração estão dispostas a arriscar até mesmo o bem-estar futuro em busca dos seus sonhos. Entretanto, não são apenas os aspirantes a atletas profissionais que estão dispostos a abraçar novas tecnologias sob certos tipos de risco em potencial. Mesmo os pais medianos vêm fazendo isso para ajudar os filhos a atingir seus objetivos no atletismo.

Nos Estados Unidos, país obcecado por esportes, os pais colocam os seus filhos em programas esportivos competitivos já aos 4 anos. Algumas crianças de 12 anos têm cronogramas competitivos insanos quase equivalentes aos de atletas profissionais. Para servir a esse mercado de pais corujas, uma grande indústria de testes genéticos direta ao consumidor para performance atlética tem emergido nos últimos anos. Companhias como Atlas Biomed, DNAFit, Genotek, Gonidio e WeGene oferecem aos pais, e a quem se interessar, informações sobre as indicações genéticas para mutações que se acredita que conferem um ou outro benefício atlético. Apesar de essas previsões não serem nem um pouco informativas[9], elas se tornarão muito mais precisas à medida que nosso entendimento do genoma aumentar, criando novas possibilidades para os pais.

259

HACKEANDO DARWIN

À proporção que mais genes associados à performance atlética forem identificados, mais os pais terão a opção de considerar as previsões genéticas do potencial atlético em uma área ou outra para selecionar qual embrião implantar durante a FIV. Dentro das leis americanas vigentes, nada impediria as clínicas de oferecer, ou os pais de decidir, esse tipo de determinação.

Digamos que os pais selecionem um embrião para implante com base na previsão da probabilidade de essa criança ser um velocista competitivo ou de produzir mais hemoglobina, ou simplesmente testar um recém-nascido para esse tipo de indicador genético usando um produto de um fornecedor direto ao consumidor. Será que as associações de atletismo americanas e os programas de treinamento de elite não gostariam de utilizar essa informação na hora de decidir quais jovens atletas apoiar, especialmente se adversários como a China já estiverem fazendo isso? A Jiaxue Gene, uma empresa chinesa privada com sede em Pequim, informou em seu site que já estava trabalhando com o governo chinês para rastrear crianças com genes relacionados ao esporte. "As equipes e os treinadores esportivos nacionais entraram em contato com a Jiaxue Gene", observou o site, "para selecionar estudantes com o maior potencial de treinamento por meio da tecnologia de decodificação genética da empresa."

Em 2014, o Uzbequistão se tornou a primeira nação a anunciar que integraria os testes genéticos no seu programa de esportes nacional. Em conjunto com seu comitê olímpico e várias federações esportivas, a Academia de Ciências do Uzbequistão disse que testaria crianças para cinquenta genes que se acredita impactarem o potencial atlético, para ajudar a identificar possíveis futuros astros[10]. Em agosto de 2018, o Ministério da Ciência e Tecnologia da China anunciou que os atletas chineses aspirantes a competir nos Jogos Olímpicos de Inverno de 2022 seriam obrigados a ter seu genoma sequenciado e categorizado em perfis segundo os critérios de "velocidade, resistência e força explosiva" como um fator em um processo de seleção oficial guiado por "marcadores genéticos". Esse tipo de teste hoje tem baixa probabilidade de sucesso, porque ainda sabemos relativamente pouco sobre o que os genes fazem e porque o sucesso no atletismo é uma mistura complexa de fatores biológicos e ambientais.

260

A CORRIDA ARMAMENTISTA DA RAÇA HUMANA

Mas, dado que a diferença entre o herói campeão mundial de corridas e um velocista mediano é de apenas algumas frações de segundo, outros países e organizações desportivas seguirão o exemplo do Uzbequistão e da China se houver a menor evidência de eficácia.

Conforme os testes genéticos avançados vão sendo adotados por mais países para identificar os potenciais futuros astros das Olimpíadas, outras nações passarão a ter uma escolha. Se os líderes das associações desportivas acreditam que o teste genético não será capaz de gerar sucesso, que não fará diferença, ou que, mesmo que funcione, esse tipo de teste viola o espírito esportivo, eles podem escolher não avaliar geneticamente seus jovens atletas. Se acreditam que o teste genético pode ter um impacto significativo na competição nacional, eles podem acelerar seus esforços para realizá-los.

Uma vez superada a barreira para o teste genético disseminado em atletas, as barreiras à seleção embrionária e, por fim, à manipulação genética limitada, para melhorar o atletismo, provavelmente cairão pelos mesmos motivos competitivos. As pessoas e os líderes nos lugares onde esses limites não forem cruzados precisarão pensar em como responder a eles. Se optarem por não fazer parte do movimento de aprimoramento genético, seus atletas nacionais poderão não ser mais competitivos em alguns esportes.

A competição atlética é apenas um exemplo dessa corrida armamentista humana e tecnológica na qual os avanços genéticos serão quase certamente implantados, embora em um contexto relativamente benigno. Quem realmente liga, no grande esquema das coisas, se os Estados Unidos nunca mais ganharem outra medalha olímpica? Mas todos nós nos importamos muito com que nossos filhos consigam bons empregos e alcancem sucesso na carreira, que a nossa economia seja forte e que nosso país seja capaz de se defender. A analogia da genética nos esportes não se trata apenas dos esportes. Trata-se também da vida.

Um país realmente milagroso, a Coreia do Sul estava em ruínas depois da Guerra da Coreia (1950-53), com expectativas de sucesso menores

HACKEANDO DARWIN

que a dos países mais pobres da África. Por meio de políticas governamentais inteligentes, trabalho duro incrível e uma implacável devoção nacional à educação, no entanto, o país cresceu de um PIB per capita de 64 dólares, em 1953, para 27 mil dólares hoje, e de um PIB total de 41 milhões de dólares para 1,4 trilhão de dólares hoje — um aumento fenomenal de 31 mil vezes.

Os estudantes coreanos atualmente são classificados constantemente entre os melhores do mundo em estudos comparativos globais, e o país está entre os mais instruídos do mundo. Uma vez que a competição é acirrada no exame de admissão universitária nacional, o *suneung*, para entrar nas universidades de elite vistas como o ponto de partida para o sucesso, a preparação para o teste começa cedo. Em adição às ótimas escolas providas pelo governo, 75% das crianças no primário são matriculadas pelos seus pais em uma das 100 mil escolas de reforço em todo o país.

Com base nessa pressão, as taxas de ansiedade e suicídio entre os jovens na Coreia do Sul estão entre as mais altas do mundo. Em resposta, o governo sul-coreano em 2006 impôs um toque de recolher às 10 da noite nas escolas de reforço, visto que muitas crianças estavam ficando cronicamente exaustas de estudar até de madrugada nessas instituições. Apesar dos esforços do governo para reduzir a pressão sobre as crianças, porém, a corrida armamentista da educação sul-coreana continua[11].

A corrida para conseguir vantagens competitivas na Coreia do Sul se estende muito além da educação. A beleza física é valorizada em todo o mundo, mas a Coreia leva isso a outro patamar. Mesmo que os perigos da cirurgia plástica sejam bem documentados, a Coreia do Sul tem a maior taxa de cirurgia plástica per capita do mundo. Um estudo da BBC estimou que cerca de metade das sul-coreanas na faixa dos 20 anos já fez algum tipo de cirurgia plástica. Os pais coreanos muitas vezes pagam por tais cirurgias como presente de formatura do ensino médio para dar aos filhos os meios de chegar à frente[12]. "Aos 19 anos, todas as garotas fazem cirurgia plástica, então, se você não fizer, depois de alguns anos suas amigas estarão mais bonitas, mas você parecerá a mesma", uma estudante coreana contou à revista *New Yorker*[13].

262

A CORRIDA ARMAMENTISTA DA RAÇA HUMANA

Pais sul-coreanos podem estar no extremo de um espectro na sua disposição de colocar até a saúde dos filhos em risco para ganhar vantagens competitivas, mas eles não estão sozinhos.

Conseguir uma vaga para o filho nas melhores escolas da China muitas vezes requer que os pais utilizem suas conexões familiares, paguem mensalidades caras e até subornem professores e diretores das instituições. O *Washington Post* reportou em 2013 que "a admissão em uma escola decente em Pequim muitas vezes requer pagamentos e subornos na faixa de 16 mil dólares, de acordo com muitos pais. As somas de seis dígitos não são inéditas"[14]. Assim que as crianças entram na escola, a rotina de trabalho é enorme, e algumas chegam a frequentar sete dias por semana. De acordo com a reportagem da Reuters, "a competição acirrada por empregos futuros e pais ambiciosos significa longas horas na companhia de livros escolares, não de amigos"[15].

Como o *suneung* coreano, a preparação para a entrada na faculdade chinesa com o exame *gaokao* é brutal e estressante. A alta pressão pode induzir estudantes ao estresse e à depressão, mesmo entre os mais jovens. Um levantamento de 2010 entre crianças de 9 a 12 anos, no leste da China, descobriu que 80% se preocupavam "muito" com os exames, 67% tinham medo de sofrer alguma punição dos professores e quase 75% temiam a punição física de seus pais caso não alcançassem resultados excelentes. Um terço exibiu sintomas clássicos de estresse extremo[16].

Os pais americanos podem não pressionar seus filhos tanto quanto os coreanos ou chineses, mas uma quantidade imensa de pressão é colocada sobre os estudantes do ensino médio americano para que tenham um bom desempenho no SAT para aumentar as chances de serem aceitos em boas faculdades, e isso fez nascer uma indústria multimilionária de cursinhos pré-teste. Uma série de livros americanos com títulos como *The Pressured Child* ["A criança sob pressão"] e *The Over-Scheduled Child* ["A criança com a agenda cheia demais"] argumenta que os pais mais agressivos estão pressionando as fronteiras entre ajudar e prejudicar os filhos[17].

Na corrida competitiva da vida, esses pais mundo afora não estão errados, no sentido de que garantir vantagens depois do parto contribui para o sucesso dos filhos. É por isso que eles também estão dispostos a

263

ir tão longe para fornecer o melhor aos seus filhos, inclusive pelo acesso a novas ferramentas genéticas.

Com a mistura de resultados de novos testes genéticos oferecidos direto ao consumidor pelo mundo, um pequeno porém crescente número deles está sendo vendido aos pais especificamente para ser usados em crianças. A companhia americana BabyGenes oferece aos pais informações sobre cerca de 170 genes com potenciais implicações para a saúde. Depois de enviarem uma amostra de saliva do filho, os pais em vários países que usam esses testes são informados sobre tolerâncias e hábitos alimentares, sensibilidade como fumante passivo, suscetibilidade ao vício ou hiperatividade, e até se o filho é uma pessoa diurna ou noturna[18].

Na China, "institutos de saúde" duvidosos estão sendo abertos pelo país com promessas de prever os pontos fortes das crianças. Uma franquia em crescimento, Martime Gene, oferece aos pais testes genéticos que dizem identificar talentos nas crianças em vinte atividades, incluindo dança, matemática e esportes. Alguns pais chineses agora pagam até 1,5 mil dólares por um teste genético chamado *myBabyGenome* que indica 950 genes associados com riscos de doenças, 200 com reações adversas a remédios e 100 com características físicas e de personalidade[19].

As duas imagens a seguir, do site da empresa malaia Map My Gene, fornecem um bom exemplo do tipo de mensagem que esses pais vêm recebendo cada vez mais.

Esses tipos de testes genéticos são, por enquanto, muito mais úteis para identificar o risco de mutações monogênicas do que para prever com precisão características genéricas gerais, mas a pressão competitiva sobre os pais para acessar essa tecnologia ainda não comprovada é enorme. Reconhecendo isso, alguns governos estão tomando posição para proteger os consumidores. Acreditando que os testes não são suficientemente precisos e que o público em geral não podia lidar com tanto acesso a dados genéticos, a Administração de Alimentos e Drogas americana proibiu em 2013 temporariamente a companhia de genética para o consumidor 23andMe de prover informações preventivas de saúde para clientes sobre sua probabilidade de contrair doenças genéticas. Na Europa, a França e a Alemanha proibiram os testes genéticos diretos ao consumidor[20].

MAPEIE MEUS 46 TALENTOS E CARACTERÍSTICAS GENÉTICOS ENTRE 8 CATEGORIAS DISTINTAS

CARACTERÍSTICAS DE PERSONALIDADE:
Otimismo, Tomada de Riscos, Persistência, Timidez, Compostura, Dupla personalidade, Hiperatividade, Depressão, Impulsividade, Adaptabilidade

QI:
Inteligência, Compreensão, Memória analítica, Criatividade, Habilidade de leitura, Imaginação

VÍCIO:
Álcool, Tabagismo, Vício em geral

ARTÍSTICO:
Performance, Música, Desenho, Dança, Literatura, Línguas

QE:
Afeto, Fidelidade, Paixão, Propensão para romance na adolescência, Sentimentalismo, Sociabilidade, Autorreflexão, Autocontrole

ESPORTES:
Resistência, Corrida, Técnica, Sensibilidade ao treinamento, Tendência para lesões esportivas, Psicologia do esporte

APTIDÃO FÍSICA:
Altura, Bem-estar em geral, Obesidade

OUTROS:
Sensibilidade ao fumo passivo, Insensibilidade ao fumo passivo

Mas esse nível de cautela deixará de ser inteiramente correto à medida que os testes genéticos se tornarem mais preditivos e os consumidores receberem informações mais precisas. Robert Green, médico geneticista da Harvard, e sua equipe mostraram em uma série de estudos que pessoas comuns conseguem lidar com informações genéticas complexas se forem educadas adequadamente[21]. Prover informações genéticas complexas para o público em geral requereria um plano educacional de massa, a criação de normas e uma reforma do setor médico, mas o trabalho de Green tem mostrado que tudo isso é possível. Esse tipo de teste acessível, no entanto, será apenas o começo na

CRIAÇÃO NORMAL	CRIAÇÃO ALAVANCADA PELA GENÉTICA
Jane aprendeu a andar e falar na infância; seus pais não pensavam muito sobre seus talentos naturais.	A inclinação natural de Jane para música era conhecida desde o início de sua infância.
Jane gostava de correr e brincar ao ar livre com outras crianças. Por pura sorte, ela venceu uma corrida.	Os pais de Jane desenvolveram seu senso musical ao expô-la à música e lhe compraram vários brinquedos musicais.
Os pais de Jane acharam que ela tinha uma habilidade para corrida. Muito dinheiro foi gasto em tênis caros, equipamentos e aulas para investir no talento de Jane.	Os pais de Jane pagavam-lhe aulas de música quando ela tinha 3 anos.
Depois de um tempo, Jane perdeu o interesse por corridas e decidiu se dedicar ao piano.	Jane se tornou um prodígio aos 7 anos e começou a compor aos 10.
Apesar de Jane demonstrar um talento natural para música, seus pais não estavam dispostos a investir em aulas caras e na compra de um piano, com medo de que Jane perdesse o interesse novamente depois de um tempo, como acontecera com os esportes.	
Como resultado, Jane nunca investiu no piano e em uma carreira musical.	

Fonte: Map My Gene, disponível em: <http://www.mapmygene.com/services/talent-gene-test/>

curva de adoção das tecnologias genéticas orientadas para consumidores, inclusive para os pais.

Será que o subgrupo de pais coreanos e de outros lugares que já estão dispostos a mandar os filhos para cursinhos noturnos estaria disposto a selecionar embriões otimizados para o tipo de sucesso a que aspiram? E, se eles já estivessem selecionando embriões, poderiam também estar dispostos a alterá-los geneticamente para eliminar o risco de doenças e, enquanto isso, fazer alguns ajustes genéticos que poderiam melhorar o futuro competitivo do seu filho em uma área ou outra? Se eles já estivessem dedicando tanta energia para dar aos seus filhos vantagens adquiridas depois do nascimento, em outras palavras, quão diferente seria realmente para os pais darem a seus filhos vantagens antes do nascimento?

Os maiores engenheiros, programadores de computador e outros especialistas técnicos do mundo se beneficiam de uma variedade de vantagens especiais sobre seus pares. A habilidade genética pode ser apenas um elemento para esse sucesso. Assim como nos esportes, a resiliência, a inteligência emocional, a personalidade, os relacionamentos, as dinâmicas de grupo e a sorte também desempenham um importante papel. Mas diferenças em qualquer uma dessas aptidões, incluindo aptidão genética, poderiam significar a diferença entre ser — com todo o reconhecimento e a recompensa atribuídos — um líder mundial em vários campos de conhecimento específico e não o ser.

Como a possibilidade de um futuro mesmo que apenas parcialmente determinado pela genética é justificavelmente assustadora para muitas pessoas hoje em dia, os pais vão, com razão, preocupar-se que tomar a decisão certa sobre o material genético provido a seus futuros filhos possa lhes diminuir o senso de autonomia, valor e livre-arbítrio. Por esse e outros motivos, a maioria dos pais poderá optar parcial ou totalmente por não realizar os testes genéticos, a reprodução assistida, a triagem genética, a seleção embrionária e a engenharia genética durante todas as etapas do processo. Mas escolher aderir às vantagens da revolução genética, não aderir ou outra ação entre uma coisa e outra terá um custo competitivo que os pais, assim como os comitês olímpicos, terão de considerar.

Aqueles que optarem por todas as otimizações genéticas poderão, para dar um exemplo, garantir que seus filhos não contraiam tipos específicos de doenças, que vivam mais e com mais saúde e que tenham chances melhores de ser talentosos em uma dada atividade. Se os benefícios para quem optar pela engenharia genética forem bons o bastante, poderemos imaginar uma curva em aceleração para as vantagens. Uma geração de pessoas melhoradas poderia ganhar vantagens necessárias para garantir que seus filhos tivessem acesso às melhorias ainda maiores na próxima geração, e por aí vai. É provável que essas pessoas também viessem a desejar garantir que seus filhos tivessem filhos apenas com parceiros que tivessem feito melhorias genéticas similares, e que cada geração fosse ainda mais melhorada geneticamente para que o impacto multigeracional dos seus aprimoramentos se acumulasse.

Por outro lado, os pais que optarem por participar também poderão estar montando para os filhos uma vida de dor e sofrimento se as crianças não estiverem interessadas em desenvolver as funções para as quais foram produzidas para se destacar. Como a genética não será o único fator de sucesso, a criança pode também não ser particularmente boa no que ela foi otimizada a fazer, para começo de conversa. Poderia também haver um preconceito social contra pessoas melhoradas ou algum tipo de perigo imprevisto.

Aqueles que optarem por se abster do uso da genética, por outro lado, poderão relegar os filhos a um status de cidadãos de segunda classe se eles nunca se qualificarem nas suas áreas de interesse em comparação com as pessoas geneticamente otimizadas. A diferença de capacidades entre aqueles que optarem por participar e os que se abstiverem, nesse cenário, poderia aumentar consistentemente com o tempo, potencialmente criando duas classes de pessoas, como previsto no livro *A máquina do tempo*, de H.G. Wells, de 1895.

Independentemente do que aconteça, é provável que a competição avance o processo. E, assim como com as autoridades dos esportes e os pais, os Estados também terão incentivos competitivos significativos para entrar na onda da melhoria genética.

A CORRIDA ARMAMENTISTA DA RAÇA HUMANA

Quando se tornou claro, em 1944, que os Aliados venceriam a Segunda Guerra Mundial, os planejadores das nações aliadas começaram a imaginar um mundo melhor que poderia emergir das cinzas da destruição global. Por reconhecerem a soberania fixa e o nacionalismo em excesso como os cânceres que levaram a duas guerras mundiais, esses visionários construíram instituições como as Nações Unidas, o Banco Mundial e a OTAN. Eles estabeleceram conceitos como os direitos humanos transnacionais e o Direito Internacional desenvolvido para moderar a competição agressiva e muitas vezes perigosa entre as nações.

De várias formas, esses planos tiveram sucesso além do que era imaginado. O interesse americano, apoiado pelo poderio militar, proveu a estrutura para o crescimento da paz e da prosperidade em grande parte do globo. Nas décadas seguintes à guerra, o mundo experimentou taxas de crescimento econômico, inovação e melhorias no bem-estar geral maiores do que em qualquer outro período da história humana, apesar da Guerra Fria entre os Estados Unidos e a União Soviética, que durou décadas.

No entanto, países, assim como pessoas, existem em um contexto altamente competitivo que lembra a evolução biológica, em que o *status quo* nunca dura para sempre. Do mesmo jeito que organismos biológicos traduzem capacidades evoluídas em vantagens competitivas, os países traduzem a combinação de talentos da sua população, as estruturas governamentais e os recursos naturais em poder nacional que pode ser usado para educar mais pessoas, construir governos melhores, conseguir mais recursos e ganhar vantagens sobre outros.

Embora o teórico político Francis Fukuyama tenha declarado que "o fim da história" havia chegado em 1989, quando parecia que a democracia liberal tinha derrotado todas as outras formas de governo, essa teoria caiu por terra devido ao histórico natural da competição entre nações[22]. Depois que o colapso soviético em 1991 criou um breve momento em que o globalismo liderado pelos EUA ascendeu, um novo desafiante já estava surgindo nos bastidores.

A China tem sido uma grande civilização por mais de 4 mil anos, que passou por tempos difíceis nos séculos mais recentes. Por não conseguir se modernizar, foi derrotada em uma série de batalhas contra os europeus e japoneses durante o século XIX e o início do XX, e então sofreu uma destruição terrível quando os nacionalistas chineses lutaram contra os invasores japoneses durante a Segunda Guerra Mundial. Depois que as forças comunistas chinesas derrotaram os nacionalistas durante uma guerra civil e tomaram o controle do país, em 1949, Mao Tsé-tung declarou que a população chinesa havia "se erguido" contra muitos anos de dominação estrangeira. Mas erguer-se com Mao teria consequências brutais para o povo chinês. Nos vinte anos que se seguiram à revolução, as políticas de Mao devastaram a China e sua população e destruíram sua já pequena base tecnológica e industrial. Durante a Revolução Cultural nos anos 1960 e 1970, muitas universidades foram fechadas, cientistas foram exilados para o campo e a pesquisa científica sofreu uma parada completa.

Ao assumir o poder depois da morte de Mao, em 1976, Deng Xiaoping reconheceu a ciência e a tecnologia como "forças produtivas primárias" necessárias para estabelecer as bases para o crescimento da China. As universidades foram reabertas, e cientistas, reabilitados.

Todavia, à medida que a China se tornava mais rica, ela se frustrava com as limitações impostas pelo domínio econômico, político e militar americano, e começou a se preparar para um retorno ao exaltado status de Reino Médio que um dia tivera. Para alcançar esse objetivo, seria necessário um crescimento econômico constante. Os líderes chineses sentiram que também era necessário um grande aumento do poderio militar para proteger o acesso chinês a matérias-primas e um projeto de geração de energia dentro e fora do país. Mais recentemente, o presidente Xi Jinping articulou sua aspiração para que a China alcance seu lugar de direito como "líder global" em "força nacional abrangente e influência internacional" até 2050, tornando-se uma liderança mundial nas tecnologias do futuro. A China coloca como objetivo alcançar seu maior rival e, então, ultrapassá-lo.

Os Estados Unidos são líderes mundiais em inovação científica há quase um século e colhem grandiosos frutos ao serem pioneiros em motores a jato, exploração espacial, computação, informação, biotecnologia, genética e outras revoluções científicas. A liderança tecnológica dos Estados Unidos garante que muitas das principais empresas do

A CORRIDA ARMAMENTISTA DA RAÇA HUMANA

mundo nesses setores sejam americanas. À beira da deflagração de nova geração de tecnologias revolucionárias, incluindo a genética, a obsessão chinesa é não ficar para trás novamente.

O "momento Sputnik" de Pequim chegou quando o algoritmo AlphaGo, da DeepMind, venceu de lavada os campeões mundiais chineses no jogo de Go. Já obcecados por aproveitar o poderio econômico, militar e político do seu país para desafiar a hegemonia americana, os líderes chineses perceberam que se tornar o líder mundial em inteligência artificial e outras tecnologias relacionadas era a chave para vencer o confronto pelo futuro de todas as áreas tecnológicas e poder nacional[23]. Uma vez que o avanço da IA é tão central para desvendar os segredos do genoma, essa aspiração teve implicações importantes para o futuro da engenharia genética humana.

O ambicioso Plano de Desenvolvimento de Inteligência Artificial da Próxima Geração, de Pequim (julho de 2017), parecia se apropriar largamente do plano desenvolvido pelo governo Obama em 2016[24], mas levou as implicações de segurança nacional da liderança da IA a um significativo passo adiante. "A IA se tornou um novo foco para a competição internacional", o documento assinado em Pequim afirmava, e a China deve "aproveitar com firmeza a iniciativa estratégica em uma nova era de competição internacional para o desenvolvimento da IA, para criar uma nova vantagem competitiva, abrindo oportunidades para o desenvolvimento de um novo espaço, e efetivamente protegendo a segurança nacional." O documentou definiu vários objetivos para a China: estar no mesmo nível dos países líderes em IA até 2020; ter a IA como a "fonte primordial" do crescimento industrial até 2025; tornar-se "o principal centro de inovação em IA do mundo" e ocupar "os postos elevados de comando da tecnologia de IA" até 2030[25].

O Plano de Ação Trienal para Promover o Desenvolvimento de uma Nova Geração da Indústria de Inteligência Artificial (2018-2020) do governo chinês busca tornar a China o líder em integração de IA no sistema de saúde, robótica, manufatura e indústria automotiva, além de outros setores. O governo recrutou firmas chinesas líderes em TI, como Alibaba, Baidu e Tencent, para construir a plataforma nacional de inovação em IA[26]. Pela primeira vez na história, mais capital de investimento foi destinado a *startups* de IA chinesas em 2017 do que para americanas[27].

Apostando ainda mais nas implicações para a segurança nacional da revolução da IA, o documento pedia a implementação do que chamava de "estratégia de desenvolvimento de integração militar-civil, para promover a formação de um padrão integrado de IA militar-civil de todos os elementos, altamente eficiente e multissetorial"[28].

Nos Estados Unidos, quando o plano chinês foi publicado, o governo Obama havia sido substituído pelo governo Trump. O novo presidente americano levou um ano e meio para nomear um conselheiro científico para liderar o Gabinete de Política de Ciência e Tecnologia da Casa Branca (OSTP na sigla em inglês), e até então a maioria das 130 vagas abertas na OSTP ainda não tinha sido preenchida[29]. O orçamento proposto pelo presidente, em 2018, pedia grandes cortes para os Institutos Nacionais da Saúde, a Administração Atmosférica e Oceanográfica Nacional, a Fundação Nacional da Ciência e outras agências federais envolvidas com a pesquisa de IA e de ciências em geral. Vistos de imigração, inclusive para especialistas excepcionalmente talentosos, foram restritos. Entre os poucos reconhecimentos feitos pelo governo Trump sobre a importância da IA estava a criação do Comitê Seleto sobre Inteligência Artificial da Casa Branca, inaugurado em maio de 2018[30].

Com o governo americano menos preocupado em apoiar as tecnologias do futuro, a China vem investindo pesado para assumir a liderança no desbravamento dos segredos do genoma e se apressando na nova era de medicina de precisão para ajudar a concretizar as amplas aspirações estratégicas do país.

Evidências do compromisso da China de vencer essa corrida em genética avançada e medicina personalizada estão por toda parte. O plano recentemente anunciado da China de estabelecer a liderança mundial em medicina de precisão[31], por exemplo, fez parecer pequena a iniciativa proposta pelo governo Obama, que depois foi cortada pelo presidente Trump*. Apesar de a companhia americana Illumina se manter como

---

* Em um ato contrário ao governo Trump, o Congresso rejeitou os cortes solicitados na iniciativa de medicina de precisão e aumentou o orçamento do programa em 2017.

A CORRIDA ARMAMENTISTA DA RAÇA HUMANA

líder na construção de máquinas avançadas de sequenciamento, a China está rapidamente se tornando a potência dominante na reunião de um grande acervo de dados que guiará a próxima fase de entendimento sobre como os genes funcionam.

As capacidades de pesquisa americanas continuam as melhores do mundo, mas dobraram nos últimos anos as publicações dos autores chineses nas revistas mais conceituadas do planeta, e o número de patentes americanas concedidas a inventores e companhias chinesas está aumentando para quase 30% ao ano, muito mais rápido que o de seus competidores americanos[32]. Os gastos em pesquisa e desenvolvimento chineses se elevaram a uma média incrível de 15% ao ano pelas últimas duas décadas, e hoje são o segundo maior do mundo. Ainda é menor do que os Estados Unidos, mas muito mais do que todos os países da União Europeia combinados. A China também forma mais doutores em ciência e engenharia do que qualquer outro país[33].

Com suas enormes bases de investimento, científicas e industriais, os Estados Unidos e a China estão competindo cada vez mais numa corrida para ser a economia líder e a potência científica do futuro. Essa competição impactará todo a avanço tecnológico influenciado e revolucionado pela IA — a genômica, de muitas maneiras, entre elas. "Na era da IA, um duopólio entre EUA e China não é apenas inevitável", Kai-Fu Lee, fundador da firma de investimentos Sinovation Ventures, em Pequim, e ex-executivo da Microsoft e Google, afirmou recentemente. "Ele já começou."[34] Como as pesquisadoras Eleonore Pauwels e Pratima Vidyarthi escreveram: "Cada vez mais, o relacionamento EUA--China deixará de ser definido pela propriedade das indústrias manufaturadas do século XX, mas por uma corrida na inovação genética e computacional que impulsionará a economia do futuro"[35].

Um pouco dessa competição resultará em situações em que todo o mundo vai ganhar, em que a humanidade como um todo se beneficiará de uma taxa mais rápida de progresso realizado por meio da competição. Parte disso terá soma zero: algumas sociedades, companhias e indivíduos perderão poder, fatia do mercado e talvez até autonomia, à medida que outros ganharão. Porque a riqueza e o poder que serão acumulados por esses países, companhias e pessoas que liderarem essa

HACKEANDO DARWIN

revolução são imensos e imprevisíveis, a corrida continuará. As companhias e os países que desvendarem o código de doenças como o câncer e milhares de outras e ganharem a habilidade de entender e potencialmente alterar outras características humanas não serão apenas a versão biológica do Google e do Alibaba, mas terão o potencial de ser equivalentes em poder e influência aos mongóis do século XIII, aos britânicos do século XIX ou aos americanos do século XX.

À medida que esses dois grandes ecossistemas de inovação forem competindo, cada um terá um conjunto único de pontos fortes e fracos que, juntos, determinarão como sua rivalidade se desenvolverá e impactará na aplicação das tecnologias genéticas.

A China, por exemplo, terá conjuntos de dados genéticos maiores, porque sua população é maior, porque está coletando dados de forma muito mais agressiva e porque as regulamentações sobre a privacidade dos dados são muito mais fracas que nos Estados Unidos ou na Europa. Os níveis mais altos de proteção da privacidade americana e europeia para os dados pessoais poderiam ajudar a manter o apoio público para a pesquisa genética e suas aplicações, como poderia também ser o calcanhar de Aquiles, se impedirem os pesquisadores americanos e europeus de acessar conjuntos de dados tão robustos como os dos chineses[36].

Enquanto essa rivalidade se desenvolve, novas empesas surgirão como campeãs nacionais, equivalentes em ciências naturais às grandes empresas tecnológicas americanas (Facebook, Apple, Amazon, Microsoft e Google) e às chinesas (Baidu, Alibaba e Tencent). Hoje mesmo, companhias americanas como a IBM e novas companhias chinesas como iCarbonX estão se posicionando para assumir esse papel.

Fundada por Wang Jun, ex-CEO da BGI, em outubro de 2015, a iCarbonX busca "construir um ecossistema de vida digital baseado na combinação dos dados biológicos, psicológicos e comportamentais de um indivíduo, na internet e na inteligência artificial"[37]. Ao combinar dados biológicos abrangentes gerados pelo paciente com tecnologia de IA, ela planeja ajudar os consumidores a entender melhor os fatores médicos, ambientais e comportamentais em sua vida para otimizar sua saúde e ajudar empresas a usar dados genéticos para também otimizar

A CORRIDA ARMAMENTISTA DA RAÇA HUMANA

seus produtos e serviços. O plano de Wang Jun é construir o melhor "avatar preditivo digital" de centenas de milhões de clientes[38], o que lhe permitirá passar do sequenciamento para a digitalização completa[39]. "Nós podemos digitalizar as informações sobre a vida de todos", diz Wang Jun, "interpretar os dados, encontrar leis da vida mais úteis e, assim, melhorar a qualidade de vida das pessoas[40]." Com a Tencent e o gigante de *private equity* Sequoia Capital como investidores iniciais, em 2017 a iCarbonX rapidamente tinha alcançado uma avaliação de 1 bilhão de dólares, tornando-se a primeira *startup* unicórnio* de biotecnologia da China[41].

Essa convergência de pressões competitivas nos níveis individual, empresarial e social forçará os limites de como as ferramentas genéticas são utilizadas e conferirá um grau maior de vantagens às pessoas, às empresas e aos países que otimizarem seu desenvolvimento e aplicação. Embora todas essas pressões competitivas levem à adoção das tecnologias genéticas daqui por diante, os mesmos tipos de pressões competitivas também têm o potencial significativo de gerar conflitos dentro e entre comunidades e países.

Imagine que você seja o líder de uma sociedade que escolheu se abster da corrida armamentista genética ao proibir a seleção embrionária e a modificação genética. Uma vez que seu país é progressista o suficiente para tomar uma decisão coletiva como essa, pais que desejam esses serviços estão livres para ir a outros lugares a fim de conseguir o que querem. No entanto, impedir a modificação genética da sua população, por definição, requer tanto a restrição à melhoria genética dentro das fronteiras quanto o acesso no país de pessoas melhoradas ou de mães grávidas de embriões geneticamente modificados.

Para proteger a integridade genética da sua população e manter fora as pessoas geneticamente melhoradas, você precisaria realizar testes genéticos em todos que entrassem no país. No entanto, é provável

---

* Inspirado na "raridade" do ser mitológico, o termo *unicórnio* é usado para *startups* que atingem valor de mercado acima de 1 bilhão de dólares. (N. E.)

que não houvesse como saber se uma pessoa fora geneticamente melhorada sem o conhecimento da sua base genética — seu genoma antes de qualquer modificação. Para aquelas poucas pessoas cuja informação genética no momento da sua concepção estava disponível, a genética anterior e a atual poderiam ser comparadas. Todo os que não fossem capazes de fornecer as informações genéticas básicas poderiam ser proibidos de entrar no país ou ameaçados com longas penas de prisão por procriar com seus cidadãos.

Para impedir as mulheres de irem para o exterior para implantar embriões geneticamente modificados, testes de gravidez teriam de ser realizados em todas em idade fértil que chegassem ao país. Exames de sangue pré-natal seriam necessários para tentar adivinhar se os embriões da grávida foram manipulados. Mesmo com uma lista das alterações genéticas mais modernas*, seria praticamente impossível. Para serem eficazes, esses tipos de exames de sangue e pré-natais provavelmente teriam de ser acompanhados de um teste de polígrafo, no qual se perguntaria à grávida se ela estava carregando um embrião geneticamente melhorado.

Se alguém que já está no seu país fosse identificado como melhorado, que penalidades poderia sofrer? Mesmo se as pessoas melhoradas fossem destituídas da sua cidadania e exiladas por gerarem alguém geneticamente melhorado, os filhos também teriam de ser aprisionados, proibidos de procriar ou exilados. Pôr em prática qualquer uma dessas leis demandaria um maquinário de regulamentação dos mais totalitários, intrusivos, abusivos e absolutamente odiosos de um Estado policial com a capacidade de rastrear os movimentos das pessoas e monitorar continuamente a biologia dos seus filhos.

Mas digamos que seu país tenha feito tudo isso e se tornado uma reserva de pessoas não melhoradas geneticamente. Já vimos por que diferentes nações adotam as tecnologias de engenharia genética a diferentes taxas baseadas nas diferenças históricas, culturais e estruturais entre elas. Imagine que você esteja avaliando as opções do seu país em

---

* Isso seria algo como os programas antivírus em computadores, que continuamente geram listas de vírus em potencial contra os quais se defender.

A CORRIDA ARMAMENTISTA DA RAÇA HUMANA

um mundo onde ele optou por se abster, mas outros países decidiram desenvolver humanos geneticamente melhorados. Aqui estão as suas opções gerais:

Opção 1: Você reconhece que seu país tomou uma decisão moral baseada nos valores coletivos e aceita enfrentar as consequências disso, mesmo que signifique que seu país gradualmente perderá vantagens competitivas e que as gerações futuras serão menos saudáveis, viverão menos e terão menos talentos do que as outras. Você se agarra à crença de que tomou a decisão certa. Com uma alegria perversa no coração, você espera que sua decisão nacional lhe dê uma vantagem competitiva se e quando os humanos geneticamente melhorados se provarem menos benéficos e mais perigosos do que se pensava de início. Porque seu país assumiu uma posição tão forte baseada em princípios sobre a engenharia genética humana, você se sente no dever de proteger essa proibição contra invasões. Você é progressista de coração, mas reconhece que precisa de algumas estratégias de um Estado policial para manter a pureza genética do seu país. "Como", você se pergunta tarde da noite, "um idealista como você pode estar começando a adotar a linguagem do nazismo?"

Opção 2: Você tenta segurar a barra e apoiar a decisão da sua nação, mas sente a pressão crescendo. Muitas das pessoas mais talentosas estão saindo do país para receber os serviços de melhoria genética que elas desejam. Seus atletas não melhorados que gostariam de ir para as Olimpíadas e programadores avançados estão se tornando organizadores comunitários, instrutores de ioga e enfermeiros, em busca de carreiras que requeiram as mesmas habilidades mas em um ambiente menos competitivo. Os pais estão reconsiderando sua proibição ao escutar sobre crianças em outros países imunes a doenças genéticas, com pontuações melhores em testes de QI e que conquistam todo tipo de feito super-humano. Seu Exército está preocupado com o fato de que os soldados do futuro estarão em desvantagem comparados aos geneticamente melhorados de outros países. Os líderes do seu programa espacial nacional lhe dizem que seus astronautas não melhorados não serão capazes, ao contrário dos de outros países, de suportar a exposição à radiação e a perda de densidade óssea devidas ao tempo prolongado no espaço. Optar por se abster das melhorias genéticas parece uma opção menos atraente. Você precisa de uma alternativa para se salvar. Você pede um referendo nacional. Depois de um debate acalorado, você vota a favor das melhorias genéticas.

Opção 3: Você vê os benefícios da melhoria genética, mas seus cidadãos ainda acreditam que mexer com o genoma humano e reescrever a biologia é uma forma de arrogância que provavelmente vai acabar mal. Por uma questão de princípios, você reconhece que as sociedades, assim como as pessoas, são diversas e não se ressente das muitas outras escolhas que sociedades diferentes fazem em diversas áreas. Mas isso é diferente. Se outras sociedades melhorarem a população geneticamente e a sua não o fizer, o seu país poderá não apenas estar em desvantagem competitiva no futuro: você poderá não ser capaz de proteger a população da própria coisa à qual eles se opuseram com tanta veemência. Assim como as plantações geneticamente modificadas se espalham por outros campos e os mosquitos modificados geneticamente se espalham por fronteiras de outros países, não haverá nenhuma forma de proteger a população de herdar o que você vê como modificações genéticas não naturais, a não ser que outros países possam ser impedidos de permitir as modificações mais flagrantes. Sua única opção é que não apenas o seu país se abstenha, mas também que você defina, promova e busque aplicar limites às melhorias genéticas em todos os países. Você pode perguntar aos seus maiores conselheiros como fazer isso acontecer.

O primeiro item da lista é usar os seus poderes nacionais de persuasão para convencer as pessoas e os países ao redor do mundo de que as desvantagens da melhoria genética humana superam os benefícios. Mas quais são as chances de você ser capaz de convencer o mundo todo a comprar o seu pessimismo, particularmente quando outras sociedades estão entusiasticamente avançando para a era da genética?

O segundo é você tentar construir uma aliança de Estados com opiniões semelhantes para pressionar coletivamente outros países a limitar suas melhorias genéticas. Fazer um tratado global executável para limitar a melhoria genética é uma opção interessante, mas difícil de realizar. A maioria dos líderes globais concorda que as mudanças

A CORRIDA ARMAMENTISTA DA RAÇA HUMANA

climáticas induzidas pelo homem estão ameaçando a sobrevivência no planeta, mas nós não fomos capazes de produzir um tratado executável para mudar as coisas. Poderia um esforço global limitar uma tecnologia que muitas pessoas e outros Estados apoiam ser mais eficaz do que os esforços para limitar a mudança climática?

O terceiro item da lista é você identificar os países que são a favor das melhorias que mais lhe preocupam e, se tiver o poder e a influência para fazê-lo, tentar impedi-los para usá-los como exemplo. Um país da Ásia Central em particular se tornou um centro de alterações genéticas agressivas de embriões pré-implantados desenvolvidos para criar capacidades super-humanas. Pais estão enviando seus óvulos e esperma congelados, ou pele e amostras de sangue, a partir dos quais essas células sexuais poderiam ser geradas, a esse país para seleção embrionária, combinação embrionária e melhoria genética[42]*. Para o país da Ásia Central, construir essa indústria é visto como um imperativo moral, uma grande oportunidade de negócios e um benefício estratégico. Você pede com educação para que eles parem. Eles se negam.

Talvez você tente convencer um grupo de países a impor sanções de viagem, econômicas e outras para os países que burlarem o seu tratado. Se nenhuma dessas abordagens funcionar, você estará disposto a usar a força militar para impedir a alteração genética humana? Essa, com certeza, é uma opção na lista.

Ao longo do século XX, estima-se que 170 países foram invadidos por diversos motivos, variando desde roubo e diferenças ideológicas até um grande número de ameaças percebidas[43]. É tão incrível assim pensar que nações no futuro talvez recorram à força militar para impedir que outras alterem o código genético compartilhado da humanidade? Muitos países já foram invadidas por muito menos.

A força militar seria uma opção se as melhorias genéticas avançadas fossem apenas desenvolvidas em países relativamente fracos ou até em águas internacionais ou no espaço. Mas o que acontecerá se um país

---

* Isso não é impensável. Um artigo de 2014 do *New York Times* descreveu um pai chinês que teve seis filhos de barriga de aluguel nos EUA para então escolher o melhor entre eles e dar os outros para adoção.

poderoso como a China assumir a liderança no uso da genética avançada e outras tecnologias para melhorar as capacidades da sua população enquanto outro país, digamos os Estados Unidos, tiver negado o aprimoramento genético completamente por razões políticas? Os Estados Unidos e a China estariam dispostos a usar tanta força contra a possível transformação da nossa espécie como eles estão agora ameaçando usar por causa de alguns territórios contestados do mar do Sul da China[44]?

Se todos esses tipos de pressões competitivas nos níveis pessoal, comunitário e nacional fossem raros na nossa experiência humana, seria possível argumentar que eles poderiam ser evitados no contexto da revolução genética. Mas, como a competição tem sido o núcleo do nosso processo evolutivo por quase 4 bilhões de anos, as chances são muito maiores de que os mesmos impulsos nos levem, desigual, mas coletivamente, para o nosso admirável mundo novo de engenharia genética humana cada vez mais sofisticada.

Ambas as pressões competitivas que impulsionam a engenharia genética humana e os potenciais cenários de conflito que essa competição pode gerar são muito reais. Se não fizermos nada para aplicar nossos melhores valores para influenciar como a revolução genética acontece, nós nos colocaremos no caminho para o conflito. Evitar os piores cenários requererá que a nossa espécie se una como nunca antes para descobrir como os benefícios das tecnologias genéticas revolucionárias podem ser otimizados e seus perigos, minimizados.

A boa notícia é que nós já tentamos fazer coisas assim antes. A má notícia é que nunca tivemos completo sucesso.

CAPÍTULO 11

O futuro da humanidade

Os primeiros cientistas nucleares entendiam tanto o potencial criativo como o destrutivo do seu trabalho. "O poder desencadeado do átomo mudou tudo, menos o nosso modo de pensar", Einstein escreveu depois que os EUA lançaram as bombas em Hiroshima e Nagasaki, e a Guerra Fria começou, "e desse modo nos encaminhamos para uma catástrofe sem precedentes." Assim como o poder nuclear poderia nos ajudar a construir um futuro melhor, as armas nucleares poderiam nos destruir.

Os líderes americanos no pós-guerra também reconheceram essa dupla promessa e o perigo do poder nuclear. Apesar de os Estados Unidos terem o monopólio sobre as armas nucleares no fim da guerra, alguns oficiais americanos argumentaram que o país deveria compartilhar seus segredos nucleares com os soviéticos para evitar uma perigosa corrida armamentista. Outros, como George Kennan, estrategista do Departamento de Estado, acreditavam que os Estados Unidos teria que usar o seu monopólio atômico para resistir à agressão soviética.

Depois que uma proposta americana para controle internacional dos materiais nucleares, inspeções globais de todas as zonas nucleares e o compartilhamento ativo de tecnologias de energia nuclear para meios pacíficos foi rejeitada pelos soviéticos, a URSS testou o seu primeiro dispositivo atômico em agosto de 1949. A corrida armamentista nuclear começara. Os britânicos detonaram sua primeira arma nuclear três anos depois, em 1952; os franceses, em 1960; e os chineses, em 1964. Nosso mundo estava rapidamente se tornando um lugar muito mais perigoso.

Os esforços globais para equilibrar o desejo legítimo por energia nuclear com o perigo existencial de uma corrida armamentista nuclear sem limites levaram um passo à frente as negociações nos anos 1960 para o estabelecimento de um tratado nuclear. Ratificado em 1970, o Tratado de Não Proliferação de Armas Nucleares, ou TNP, fez duas coisas críticas. Primeiro, estabeleceu normas para a não proliferação nos cinco países então com permissão para a posse de armas nucleares: Reino Unido, China, França, EUA e URSS. Segundo, ele criou um grupo de incentivos para encorajar outros Estados a se abster de desenvolver e adquirir armas nucleares em troca da promessa de ajuda no desenvolvimento de energia nuclear para uso pacífico.

Desde a ratificação, o impacto do TNP tem sido imperfeito na melhor das hipóteses. Pelo lado positivo, o mundo não tem visto um vale--tudo pelas armas nucleares como muitos temiam. A aquisição de armas nucleares por países não nucleares também continua um tabu importante, porém enfraquecido, que protege a humanidade. Por outro lado, os Estados Unidos e a Rússia têm hoje armas nucleares suficientes para explodir o planeta várias vezes; tanto a Ucrânia como a Líbia foram invadidas depois de abrir mão dos seus programas de armas nucleares; Israel, Índia, Paquistão e Coreia do Norte adquiriram armas nucleares fora do TNP; e o perigo para um conflito aberto nuclear é real e crescente. Não é difícil imaginar um regime para redução de armas nucleares que poderia ter funcionado melhor. Mas ainda estamos muito melhores com o sistema falho que temos.

Quando comecei a pensar, muito tempo atrás, sobre como os maiores perigos da revolução genética talvez fossem evitáveis, sempre voltava para o exemplo das armas nucleares.

Como a corrida armamentista nuclear, uma competição internacional no campo da genética — uma corrida armamentista genética — tem enorme potencial para melhorar a vida das pessoas ou lhes causar mal. Ambas representam o desenvolvimento de capacidades tecnológicas em países mais avançados que se tornam desejáveis e, em última análise, acessíveis para todo o mundo. Ter armas nucleares em um país

O FUTURO DA HUMANIDADE

pode fortalecer aquele país, mas simplesmente ter armas nucleares ou tê-las em múltiplos países é uma ameaça a todos nós. Da mesma forma, a engenharia genética humana tem o potencial para ajudar significativamente indivíduos e países, mas a corrida armamentista genética descontrolada pode causar mal para a humanidade.

À primeira vista, a ideia de regulamentar as tecnologias genéticas milagrosas que pesquisadores de todo o mundo desenvolveram com as intenções mais nobres parece errada. A era nuclear começou em Hiroshima e Nagasaki. O pior caso aconteceu antes que os benefícios se tornassem aparentes. A era genética se inicia com as pesquisas em laboratório, com cientistas descobrindo curas para as nossas doenças mais debilitantes e as clínicas de fertilidade ajudando pais amorosos a ter filhos saudáveis. Os perigos da engenharia genética humana se mantêm hipotéticos e no futuro.

Por mais tentador que possa parecer para alguns libertários e transumanistas manter o governo fora do caminho da ciência nesses primeiros dias benignos da revolução genética, essa não é a abordagem correta. Seria simplesmente perigoso demais para todos se alguns de nós começassem a refazer o código genético da vida na Terra sem nenhuma regra para seguir. Isso se tornará mais evidente à medida que o acesso às ferramentas mais poderosas da revolução genética se tornar democratizado.

A maioria dos países que assinaram o TNP desistiu do direito de possuir armas nucleares em troca de ajuda para o desenvolvimento das suas indústrias nucleares civis, porque reconheciam que um mundo onde cada país possuía armas nucleares seria mais perigoso. Se seguirmos o mesmo modelo para a engenharia genética humana, os países precisariam sentir que estavam abrindo mão da possibilidade de usar a modificação genética irrestrita e ilimitada em humanos em troca de garantias de que o seu país, e o mundo como um todo, estaria melhor se desenvolvesse essas tecnologias para o bem comum. Isso pode soar como uma proposição simples, mas não é, particularmente porque, como vimos, pessoas, grupos e países têm objetivos diferentes.

Como na revolução nuclear, os pioneiros da revolução genética são professores e pesquisadores de instituições importantes. Alguns já

HACKEANDO DARWIN

ganharam ou ganharão prêmios Nobel. As pessoas aplicando seu trabalho serão médicos e técnicos bem treinados em clínicas de FIV, laboratórios, clínicas de universidades e empresas em todo o mundo. Algum dia no futuro nem tão distante, no entanto, a próxima geração de *biohackers* "faça você mesmo" [ou *DIY*, na sigla em inglês] — pessoas fazendo trabalho biológico fora de laboratórios profissionais — será capaz de fazer alterações importantes em organismos vivos, incluindo os futuros humanos, por conta própria.

O movimento *biohacking* está explodindo pelo mundo. Em 2005, em um artigo na revista *Wired,* o cientista Rob Carlson explicou como ele construiu um poderoso laboratório de engenharia genética na sua garagem gastando apenas mil dólares no eBay[1]. Carlson não estava criando monstros geneticamente modificados ou dando um sonar para o seu cachorro, mas prenunciando o nosso descentralizado mundo vindouro. Já em outubro de 2017, existiam mais de cinquenta espaços comunitários DIYbio nos Estados Unidos, sessenta na Europa, vinte e dois na Ásia, doze no Canadá, dezesseis na América Latina e alguns na África[2]. Os *biohackers* quase nunca são regulamentados e utilizam ferramentas tecnológicas cada vez mais poderosas, e , com o tempo, vão descentralizar significativamente as formas e os lugares nos quais a engenharia genética da vida acontece.

Nesse início, algumas aplicações para os *biohackers* — como o uso do sequenciamento do genoma para determinar qual é o cachorro que anda fazendo cocô no seu quintal — são interessantes. Outras, como a produção mais barata de insulina sintética "caseira", são provavelmente mais úteis[3]. Logo, no entanto, os biólogos DIY terão acesso a quase todo o poder dessas ferramentas a um custo acessível, como impressoras de genoma que podem combinar com facilidade fragmentos genéticos para recriar a vida. Quando isso acontecer, esses *biohackers* DIY se tornarão para o *establishment* científico o que os programadores caseiros, como Steve Wozniak, acabaram se tornando ao montar companhias como a IBM — esquisitos aparentemente irrelevantes que se provaram muito mais importantes do que se poderia imaginar[4].

O FUTURO DA HUMANIDADE

À medida que mais e diferentes tipos de pessoas tiverem acesso a recursos avançados de aprimoramento genético, o potencial benefício suplementar de maior inovação e o possível risco de abuso crescerão.

Mais pessoas usando tecnologias cada vez mais poderosas para resolver problemas mais complicados levarão a mais inovação, a qual expandirá a capacidade da engenharia genética de melhorar a nossa vida de forma mais rápida do que a maioria de nós pode imaginar. "O fato mais interessante sobre a engenharia genética humana hoje", escreveu Siddhartha Mukherjee, "não é quão fora de alcance ela está, mas quão perigosa e irresistivelmente perto se encontra[5]."

Ao mesmo tempo, essa proliferação de conhecimento e capacidade trará perigos reais. Em adição às possibilidades de conflito internacional surgindo da desigualdade da aplicação das tecnologias genéticas, a modificação genética poderia ser usada por Estados, grupos terroristas ou indivíduos para criar patógenos letais com o potencial de matar milhões[6]. Recentemente, por exemplo, uma equipe de pesquisadores da Universidade de Alberta, no Canadá, por cerca de 100 mil dólares conseguiu recriar fragmentos de DNA do vírus da varíola equina, um perigoso parente da varíola, em um esforço para desenvolver uma vacina para uma doença moderna relacionada[7]. Fazer algo como isso teria sido inimaginável ou absurdamente caro apenas uma década atrás, mas agora essa tecnologia não é grande coisa, e os custos estão caindo rapidamente.

Essas mudanças têm o potencial de trazer todo um novo grupo de atores para o mundo da engenharia genética e, com eles, tanto novas oportunidades como perigos. Assim como cientistas responsáveis estão analisando suas opções para o uso de avanços genéticos direcionados para impulsionar mudanças genéticas através de populações animais para fazer coisas como eliminar a doença de Lyme e a malária, países instáveis, terroristas ou até mesmo cientistas bem-intencionados agora têm a capacidade de introduzir apenas um pequeno número de organismos geneticamente alterados que poderiam causar danos a ecossistemas inteiros[8].

Reconhecendo esse tipo de perigo, a comunidade de inteligência americana pela primeira vez incluiu a modificação genética como possível ameaça de armas de destruição em massa no seu relatório *Worldwide*

Threat Assessment ["Análise de ameaças globais"] de 2016. James Clapper, o então diretor de inteligência nacional americana, escreveu:

> Pesquisas em modificação do genoma conduzidas por países com regulamentações ou padrões éticos diferentes dos países ocidentais provavelmente aumentam o risco de criação de agentes ou produtos potencialmente perigosos. Dados a ampla distribuição, o baixo custo e a taxa acelerada de desenvolvimento dessa tecnologia de uso ambíguo, seu uso deliberado ou não intencional poderá levar a implicações econômicas e de segurança nacional de longo alcance[9].

Como Clapper reconheceu, o uso malicioso ou inadvertido dessas tecnologias tem o potencial de causar tremendos danos. "A própria natureza da vida, e como as pessoas amam e odeiam", escreveu o Conselho Nacional de Inteligência americana no seu relatório *Global Trends* ["Tendências globais"], em 2017, "possivelmente será desafiada pelos grandes avanços tecnológicos no entendimento e nos esforços para manipular a anatomia humana, os quais levarão a uma forte divisão de opiniões entre pessoas, países e regiões[10]." Em junho de 2018, a Academia Nacional de Ciências, a de Engenharia e a de Medicina dos EUA publicaram um relatório de alto nível, *Biodefense in the Age of Synthetic Biology* ["Biodefesa na era da biologia sintética"], alertando para o fato de que novas ferramentas sintéticas baratas e acessíveis poderiam ser usadas por terroristas para criar patógenos mortais e potencialmente supercontagiosos[11].

Já vimos como diferentes países têm diferentes abordagens nacionais na sua regulamentação, ou, em alguns casos, na não regulamentação, das tecnologias de engenharia genética. Todavia, não importa quão bem cada país crie suas regulamentações, lidar com os perigos potenciais do mau uso das tecnologias genéticas requererá uma regulamentação significativa em nível internacional. Mas, se criar restrições nacionais sobre como usar tais tecnologias já é difícil, fazê-lo no nível internacional é ainda mais complicado.

O FUTURO DA HUMANIDADE

— Esse negócio de lança é uma maravilha — deve ter dito um dos nossos primeiros ancestrais —, mas me preocupo que, se não fizermos nada, alguém poderá usá-la para matar gente da nossa própria tribo.

Os humanos imundos agachados roendo ossos ao redor do fogo acenaram com a cabeça e concordaram:

— Hmmmm, bom. Não matar outros da nossa própria tribo. Bom.

Mas nosso ancestral mais jovem, um visionário, teve uma ideia ainda melhor.

— Não se trata de apenas não matar pessoas na nossa tribo; precisamos evitar os conflitos mortais com outras tribos. Temos essas lanças hoje, mas, sejamos francos, quão difícil é fazê-las? Basta afiar a ponta de um galho. Assim que as virem e descobrirem como fazer, as demais tribos farão lanças iguais às nossas. Aí, o que acontecerá? Talvez os outros nos matem. Por que então não convidar as tribos vizinhas para combinar apenas usar essas lanças para caçar da forma mais segura e ambientalmente sustentável possível e não prejudicarmos uns aos outros?

Silêncio total.

— Tenho outra ideia — um magricela com tanga desbotada de segunda mão entra na conversa. — Vamos usar as nossas lanças para caçar animais e para roubar todas as coisas das outras tribos. Assim teremos mais comida e mais coisas.

As cabeças começaram a concordar.

— Hmmmmm. Boa ideia.

Criar regulamentações através das fronteiras sempre foi uma tarefa difícil. É uma boa aposta que alguém como o nosso sagaz ancestral tenha avisado sobre uma ameaça iminente e proposto um esforço regulatório internacional no início de toda a revolução tecnológica, e tenha sido praticamente ignorado. A era industrial trouxe tanto poder e riqueza que os humanos usaram para matar uns aos outros em escala industrial. A internet conectou o globo de novas maneiras, mas abriu as portas para novos níveis de abuso, manipulação, violência, agressão e controle social. Como Richard Clarke e R.P. Eddy escreveram no seu livro *Warnings*, de 2017, o alarme para perigos ainda não concretizados é muitas vezes ignorado[12].

287

HACKEANDO DARWIN

É irônico: se alguém sugerir a criação de regulamentações internacionais agora para um possível perigo futuro, muitos dirão que é desnecessário e não urgente. Mas, se um sistema não for posto em prática, poderá ser tarde demais quando a ameaça realmente aparecer no futuro. Exatamente porque gerenciar qualquer tecnologia poderosa é tão difícil, precisamos olhar agora para os melhores exemplos de como lidar com outras tecnologias revolucionárias, como a energia atômica, em nível internacional, para gerar ideias sobre como encontrar o equilíbrio certo entre promover os grandes benefícios da engenharia genética humana e minimizar seus maiores perigos potenciais.

Imagine o que teria ocorrido se tivéssemos erguido as mãos para o céu em 1945 e dito que a proliferação de armas nucleares era inevitável, então, que acontecesse. Imagine como as coisas seriam piores se simplesmente aceitássemos a destruição do nosso meio ambiente sem lutar para salvar o nosso planeta e encontrar fontes de energia alternativas*. Tratados negociados internacionalmente sobre o uso de armas químicas e biológicas não foram reforçados de maneira perfeita — como no caso da Síria —, mas ainda são muito melhores do que a alternativa. Construímos carros que podem correr a quase 1,3 mil quilômetros por hora, mas coletivamente escolhemos impor limites de velocidade que equilibram o desejo das pessoas de chegar ao seu destino rapidamente com uma necessidade de segurança da sociedade.

Para encontrarmos o limite de velocidade correto para o aprimoramento genético humano, precisaremos descobrir uma forma de

---

* Os esforços globais para desacelerar a mudança climática mostram como será difícil construir normas e regras para a engenharia genética humana. Levou décadas para os governos do mundo reconhecerem que a mudança climática causada pelo homem ameaçava destruir o meio ambiente e tornar grandes partes do globo praticamente inabitáveis para os humanos. Mas, apesar do enorme consenso entre cientistas e a maioria dos líderes mundiais de que a mudança climática é real, causada pelo homem, e que representa uma ameaça à nossa existência no planeta, pouco progresso foi feito. Os líderes presentes na reunião do Acordo de Paris, em 2017 só foram capazes de concordar que cada país faria seu melhor sem concordar com nenhum limite obrigatório para a emissão de gases de efeito estufa. Nem mesmo isso se sustentou quando o presidente americano Donald Trump depois retirou os Estados Unidos do acordo.

harmonizar as abordagens para a engenharia genética humana em todo o mundo antes que as consequências das diferenças nacionais e comunitárias nos destruam. Temos de encontrar um caminho adiante que evite a fantasia irrestrita do transumanismo e o legado desumanizador da eugenia.

Para começar, precisamos descobrir o que nós, coletivamente como espécie, queremos e não queremos restringir.

Não há nada inerentemente errado com a engenharia genética humana ou com as melhorias genéticas. Se a nossa espécie fosse perfeita, não teríamos tantos defeitos no nosso software biológico que causam doenças, morte prematura ou que impedem as pessoas de realizar seu potencial em várias áreas. Mesmo aqueles que acreditam em deus podem ainda imaginar seu criador criando o cosmos como algo mais do que o papel de parede para o céu humano e querendo que nós descubramos mais sobre como ajustar nossa biologia para tornar possível explorar e habitar galáxias distantes, particularmente depois que o nosso planeta se tornar inabitável.

Pode ser que, de uma perspectiva evolucionista, limitar a engenharia genética humana de maneira uniforme em todo o mundo gere uma desvantagem evolucionária coletiva. Até onde sabemos, algum desastre natural ou causado pelo homem, como um vírus mortal ou uma guerra nuclear, está a um passo de distância, e nós não conseguiremos sobreviver com a biologia que temos hoje. Pode ser também que alterar o nosso curso evolutivo nos deixe menos diversificados e competitivos em um mundo que não podemos prever agora. Mas, se por um lado o argumento para avançar com as tecnologias genéticas é forte, não estabelecer nenhum limite, por outro, é uma receita para o desastre.

Se o perigo de um vale-tudo genético for um conflito de e entre sociedades, precisamos encontrar a melhor alternativa possível. O que os nossos poucos exemplos de sucesso do passado nos mostram é que uma regulamentação internacional inteligente deve ser um componente essencial da nossa abordagem.

HACKEANDO DARWIN

Nos últimos anos, os principais cientistas têm se encontrado repetidas vezes para propor o melhor caminho para o progresso da engenharia genética humana. Alguns observadores avisaram que, ao se envolverem num estágio muito prematuro, os governos podem fazer mais mal do que bem. Outros sugerem que a autorregulamentação pela comunidade científica deveria ser o bastante por enquanto[13]. Apesar de a comunidade científica ter feito um trabalho admirável ao mostrar a direção prudente para o uso sábio das tecnologias genéticas[14], essa abordagem autorregulatória não é suficiente. Os custos para a nossa espécie são simplesmente altos demais para que se permita que a engenharia genética humana fique completamente desregulada. Por mais tentador que seja para alguns de nós apoiar centenas de abordagens diferentes a favor e contra a regulamentação, devemos buscar algum tipo de harmonia global sobre até onde nós como espécie vamos evoluir.

No melhor dos casos, a governança global equilibrará os interesses complexos e muitas vezes conflitantes de diferentes países e grupos. Assim como o Tratado de Não Proliferação de Armas Nucleares equilibrou as necessidades dos Estados nucleares e não nucleares, qualquer estrutura reguladora global efetiva em engenharia genética precisaria equilibrar os interesses de todos os países. Aqueles que olharem para a alteração genética como um direito básico dos seus futuros filhos, e talvez até como uma obrigação, terão de encontrar pelo menos algum ponto em comum com aqueles que veem essa tecnologia como uma afronta à dignidade humana. Achar esse equilíbrio não é tarefa nem um pouco fácil. Os desafios começam nos primeiros princípios.

Embora os filósofos tenham debatido por milênios para definir as responsabilidades e os direitos do homem, a Declaração Universal dos Direitos Humanos, criada após as duas guerras mundiais e as atrocidades do nazismo, provê uma norma comum para "a dignidade inerente e [...] direitos iguais e inalienáveis de todos os membros da família humana". Na sua primeira cláusula, a declaração afirma: "Todos os seres humanos nascem livres e iguais em dignidade e direitos". É aí que as coisas se complicam.

O que a palavra *nascem* significa nesse contexto? Ela se aplica a um embrião em estágio inicial modificado geneticamente antes da

O FUTURO DA HUMANIDADE

implantação? Mudar a palavra *nascido* para *concebido* não apenas limita os direitos reprodutivos das mulheres como também significa que cada um dos mil óvulos fertilizados em uma placa de cultura derivados de células-tronco induzidas de uma mulher tem os mesmos direitos que tem o seu filho de 10 anos de idade. As questões, em outras palavras, são extremamente complexas.

Se pudéssemos chegar a um consenso sobre os direitos a ser protegidos e como protegê-los, no entanto, uma estrutura reguladora globalmente harmonizada teria vários benefícios. Além de reduzir a possibilidade de conflito e de experiências desumanas, ela poderia também facilitar a cooperação internacional, reduzir os custos regulatórios e promover um ambiente de colaboração global pelo bem comum.

Com objetivos desse tipo em mente, alguns esforços — na maioria falhos — foram feitos nos últimos anos para alcançar algum tipo de consenso internacional sobre o caminho a seguir.

Depois que o Comitê Internacional de Bioética da Unesco afirmou que "o genoma humano deve ser preservado como um patrimônio comum da humanidade"[15], a Declaração sobre o Genoma Humano e os Direitos Humanos da Unesco de 1997 proibiu "práticas contrárias à dignidade humana, como a clonagem reprodutiva de seres humanos". No mesmo ano, o Conselho da Europa abriu para assinatura a sua Convenção para a Proteção dos Direitos Humanos e da Dignidade do Ser Humano com respeito às Aplicações da Biologia e da Medicina, que afirma que intervenções destinadas a modificar o genoma humano só podem ser realizadas "para fins preventivos, diagnósticos ou terapêuticos, e apenas se o objetivo não for o de introduzir qualquer modificação no genoma de quaisquer descendentes"*.

Em fevereiro de 2002, o Comitê Ad Hoc das Nações Unidas, na Convenção Internacional contra Clonagem Reprodutiva de Seres Humanos, iniciou negociações com o objetivo de criar um tratado

---

* Em março de 2018, 35 dos 47 países-membros do Conselho da Europa assinaram a convenção, mas apenas 29 a ratificaram, e nem todos esses aprovaram leis de implementação nacional.

vinculante. A resolução não vinculante da Assembleia Geral, adotada em março de 2005 por uma votação de 84 a favor, 34 contra e 37 abstenções, instou seus membros a "proibir todas as formas de clonagem humana, por serem incompatíveis com a dignidade humana e com a proteção da vida humana"[16]. Um relatório apresentado na reunião da Unesco, em 2015, pedia a suspensão das modificações na linha germinativa porque, argumentava, gerar mudanças hereditárias no genoma humano "ameaçaria a dignidade inerente e, portanto, igualitária de todos os seres humanos e renovaria a eugenia"[17]. No fim de 2015, o comitê do Conselho da Europa responsável por revisar a convenção de 1997 emitiu uma declaração que voltava atrás na decisão do documento anterior, referindo-se aos princípios centrais da convenção como meros pontos de referência para debates futuros[18].

Não apenas nenhum desses acordos e documentos internacionais é juridicamente vinculante — eles nem sequer representam o consenso global sobre o caminho a seguir. Os países que têm mais a ganhar, que têm as maiores esperanças e a maior aceitação cultural dessa ciência e das suas aplicações mais agressivas, em sua maioria não assinaram os tratados por estarem relutantes em ter suas atividades limitadas por outros que tinham menos a perder.

Ainda mais importante, buscar restringir "qualquer modificação no genoma de quaisquer descendentes" e pensar no genoma humano como uma sagrada "herança comum da humanidade" era uma abordagem simplista demais duas décadas atrás, quando poucas pessoas poderiam ter imaginado os milagres clínicos que chegariam depois. Ao licenciar as primeiras clínicas capazes de realizar a transferência mitocondrial entre embriões em 2018, o Reino Unido, um dos países com uma das regulamentações mais sensatas do mundo para as tecnologias reprodutivas, não foi um agente desonesto que contaminou a "herança comum da humanidade", mas um pioneiro médico e humanitário. Os assim chamados "bebês de três pais" nascidos a partir desse processo não são fora da lei, mas, assim como Louise Brown nos anos 1970, eles também são promessas saudáveis do mundo que virá.

Com todas as novas aplicações em andamento para alterar geneticamente a nós mesmos e os nossos futuros filhos para eliminar e reduzir

O FUTURO DA HUMANIDADE

o risco de doenças, evitar "qualquer modificação no genoma de qualquer descendência" começa a parecer menos um gesto humanitário e mais como um investimento no perigo futuro. Buscar proteger o genoma humano como uma "herança comum da humanidade", se tomado literalmente, torna-se um argumento para proibir a reprodução sexual e exigir que as pessoas apenas se reproduzam por clonagem. Ainda que os princípios de Darwin sobre a evolução em humanos sejam hackeados, eles também continuarão a evoluir — apenas por meios diferentes. A própria evolução está evoluindo.

No entanto, se os esforços para criar um consenso internacional em torno da engenheira genética humana falharam até agora, ainda precisamos encontrar um jeito de fazer melhor daqui para a frente, a fim de otimizar o futuro da nossa espécie.

Como o TNP, um regime internacional de engenharia genética humana teria o duro e duplo papel de ser um facilitador da ciência responsável aplicada para o bem comum e um executor de restrições limitadas sobre até onde tais atividades podem ir.

O equilíbrio seria incrivelmente difícil de negociar. Desenhe uma linha muito permissiva, e os opositores se revoltarão. Torne-a muito restritiva, e os proponentes encontrarão um meio alternativo de conseguir os serviços que desejam, usando clínicas clandestinas, outros países ou ambientes extranacionais como alto-mar, ou, algum dia, o espaço. Coloque a linha bem no meio, e qualquer regulamentação provavelmente será vaga demais para ter um significado real. Falhe ao estabelecer uma norma global para a engenharia genética humana, e essas novas tecnologias revolucionárias se tornarão o gatilho para uma corrida armamentista genética internacional.

Um acordo não teria que ofender as sensibilidades de eleitorados poderosos profundamente desconfortáveis com o conceito de engenharia de germinação humana, nem impedir o desenvolvimento de novas gerações de conhecimento e a sua aplicação de que trilhões de dólares de comércio, a competitividade de indivíduos, companhias, países e o bem-estar das futuras gerações dependem. Dentro dessas estreitas limitações, qualquer norma precisaria ser extremamente permissiva, limitando apenas as violações mais óbvias da dignidade humana.

Uma vez que os governos nem sempre representam perfeitamente a todos, também precisamos pensar sobre quais interesses seriam representados nessas negociações, como esses interesses seriam organizados, que tipos de mecanismos reguladores poderiam ser implantados e como o acordo poderia ser usado de modo a facilitar o avanço da ciência em vez de impedi-la.

Nesse estágio, provavelmente a única restrição que poderia ser acordada seria uma definição comum do que constitui a linha vermelha que a engenharia genética humana não pode ultrapassar. Isso incluiria comportamentos potenciais que a maioria concordaria que são repreensíveis, como experimentos perigosos e desumanos, a mistura excessiva de genes humanos com os de animais, e a engenharia humana com características sintéticas radicais demais sobre as quais temos pouco conhecimento. A clínica média de fertilidade ou o laboratório universitário estão longe de considerar esse tipo de abordagem hoje — assim como poucas universidades de física e energia nuclear também estão criando armas nucleares.

Já que tanto a ciência subjacente como a nossa aceitação cultural de quais novas aplicações genéticas parecem normais, saudáveis e vantajosas mudarão com o tempo, qualquer norma internacional precisaria ser extremamente flexível e renegociada regularmente para acomodar os novos desenvolvimentos tecnológicos e médicos.

Se, contra todas as chances, como espécie tivermos sucesso na criação desse tipo de estrutura regulatória preliminar global, ainda precisaremos descobrir como equilibrar os incentivos ao desenvolvimento com a aplicação das regulamentações. Assim como no TNP, consigo imaginar os países mais avançados oferecendo ajuda para trazer outros para a era da genética e da biotecnologia em troca do compromisso dos países menos desenvolvidos de se juntarem ao corpo regulatório internacional e obedecer aos seus princípios éticos acordados.

Mesmo que isso aconteça, sempre existirá um mercado para aquele tipo de alteração extra ou melhoria proibida na maior parte do mundo. Talvez pais agressivos decidam dar a seus filhos instintos predatórios perigosos. Pode ser que um determinado país resolva manipular geneticamente uma subclasse dos seus cidadãos para que sejam

O FUTURO DA HUMANIDADE

mestres sobre-humanos, seguidores dóceis ou assassinos ferozes a serviço do Estado. Talvez empresas criem centros de melhoria genética extremos em águas internacionais. O que acontecerá então?

Em uma reunião global, em 2005, líderes de Estado de todo o mundo endossaram o princípio de que os Estados têm a "responsabilidade de proteger" seus cidadãos, que, quando violados por meio de violações dos direitos humanos e outros abusos, mudam para a comunidade internacional[19]. Apesar de a "responsabilidade de proteger" não ser juridicamente vinculante, ela já foi usada para justificar intervenções militares em lugares como Iraque, Líbia e Iêmen com resultados, na melhor das hipóteses, controversos.

Apenas para as violações mais flagrantes das normas internacionais acordadas de engenharia genética, a comunidade internacional poderia em princípio criar um nível escalonado de pressões, desde sanções econômicas até a intervenção militar, para mudar a atitude de um dado violador. Dado o resultado ruim de muitas intervenções "humanitárias" forçadas, pode parecer uma má ideia sugerir que países poderão um dia justificar uma intervenção militar para impedir uma nação de manipular geneticamente a sua população de alguma maneira monstruosa que viole uma linha ética aprovada internacionalmente. Da perspectiva de hoje, isso soa insano. Mas, se nós como espécie determinarmos que algumas futuras alterações dos nossos semelhantes estão muito além do limite do aceitável, algum mecanismo de máximo controle poderá, um dia, vir a ser necessário.

Diante de todos esses desafios, estabelecer e aplicar qualquer tipo de restrição global para a melhoria genética humana é de grande prioridade, para a qual não nos encontramos nem perto de estar prontos. Hoje a diferença entre o que a ciência pode e logo será capaz de fazer e como as pessoas entendem mal e estão despreparadas para ela está criando uma ignorância coletiva extremamente perigosa que precisa ser combatida, acima de tudo, por meio do engajamento e da educação públicos[20*].

* E.O. Wilson, biólogo e naturalista da Harvard, fez uma observação similar quando escreveu: "Nós criamos uma civilização Star Wars, com emoções da Idade da Pedra,

HACKEANDO DARWIN

Um primeiro passo imediato nessa direção é ajudar todos os países a desenvolver seu próprio programa nacional de educação pública, comissão de bioética e estrutura reguladora para a engenharia genética humana que se aplique a suas tradições, valores e interesses.

Existem muitos modelos excelentes pelo mundo sobre como isso pode funcionar. A Autoridade de Fertilização Humana e Embriologia do Reino Unido é provavelmente o melhor exemplo do mundo de um órgão regulador do governo que supervisiona conscientemente as tecnologias reprodutivas avançadas. Esses esforços do governo britânico têm sido suplementados pelo trabalho excelente de instituições de caridade privadas como a Private Education Trust, Genetic Alliance UK e Wellcome Trust, envolvendo o público britânico e desenvolvendo uma linguagem que apoia o diálogo público mais inclusivo[21]. O Conselho Nuffield de Bioética do Reino Unido recomendou em 2018 a criação de um órgão independente financiado pelo governo para promover o entendimento e o engajamento públicos em torno de questões de modificação do genoma e da reprodução humana[22]. A Dinamarca também faz um excelente trabalho capacitando grupos de cidadãos para fornecer contribuições a representantes eleitos sobre engenharia genética e outras questões tecnológicas. Diferentes países podem ter modelos diferentes, mas todo país deveria ter alguma coisa. Quando isso acontecer, eles poderão compartilhar modelos de engajamento e regulamentação, aprender uns com os outros e, juntos, desenvolver as melhores práticas.

Mas mesmo as pessoas mais conscientes internacionalmente entre nós não podem nem devem esperar que os nossos países e a comunidade internacional ajam. Cada um de nós deve tomar para si a responsabilidade individual de garantir sua educação sobre o que está vindo e trazer o máximo possível de humanos para a conversa. Cada um de nós deve desempenhar o papel de iniciar um diálogo sobre o futuro da engenharia genética humana antes que seja tarde demais.

---

instituições medievais e tecnologia divina". O visionário futurista Stewart Brand faz uma observação semelhante: "Somos como deuses e podemos muito bem ser bons nisso".

Muito antes que a comunidade internacional se voltasse contra a escravidão, minas terrestres e diamantes de sangue, ou que abraçasse a anticorrupção, facilidade de crédito para a África e proteção ambiental, ativistas chamaram a atenção para essas questões e inspiraram movimentos populares, os quais, por sua vez, pressionaram governos em cada uma dessas áreas.

As normas são, de várias formas, escorregadias e difíceis de medir. A escravidão, por exemplo, foi amplamente aceita em muitas partes do mundo até que o movimento antiescravista tomou impulso na Inglaterra do século XIX. De uma pequena fagulha na Universidade de Cambridge, o movimento cresceu até que as leis britânicas foram mudadas, a escravidão foi abolida nos Estados Unidos e em outros lugares, e a ideia de escravidão se tornou cada vez mais um tabu. Antes que a ideia antiescravista fosse transformada em lei, ela era um sentimento geral, um crescente *zeitgeist* [espírito da época]. Várias conversas individuais, pensamento aprofundado, pesquisa, busca da alma, diálogo, construção de coalizão, e, por fim, lutas e até mesmo uma guerra civil deram forma à ideia, como uma bola de neve rolando.

"Nunca duvide", a antropóloga cultural Margaret Mead (supostamente) disse, "que um pequeno grupo de cidadãos conscientes e comprometidos pode mudar o mundo. Na verdade, é sempre isso o que acontece," Esse tipo de processo de construção de norma é necessário para ajudar a nossa espécie a articular e defender nossos melhores valores para encontrar o equilíbrio certo para a engenharia genética humana. Devemos promover uma série de conversas locais, nacionais e globais que poderão, com o tempo, se solidificar em normas globais e construir uma base informada para as decisões que coletivamente teremos de tomar no futuro.

Nós nunca conduzimos uma conversa sobre o nosso futuro como espécie. Mas, como poderíamos ter organizado um diálogo global no século XVIII sobre o advento da Revolução Industrial, quando apenas cerca de 10% da população mundial era alfabetizada e o principal meio de comunicação internacional era o correio tradicional, que levava meses para ser entregue? Mesmo em 1945, na alvorada da era nuclear, apenas cerca de 30% da população do mundo era alfabetizada, e as linhas de telefone eram raras e distantes entre si. Hoje, 85% da população global é alfabetizada, dois terços têm seu próprio celular e mais da metade possui acesso à internet — e esses números estão crescendo.

Com uma porcentagem crescente da população mundial conectada à rede de informações de uma forma ou de outra, agora temos uma oportunidade sem precedentes de nos unir para um processo coletivo mais importante do que nunca. Dada a trajetória da ciência e da divisão política das questões, a janela para o diálogo construtivo pode não ficar aberta por muito tempo.

Uma conversa de toda a espécie envolveria conectar indivíduos e comunidades pelo mundo com diferentes origens e perspectivas e variados graus de educação em uma rede interconectada de diálogo. Ela uniria pessoas completamente contrárias ao melhoramento genético humano, aquelas que a veriam como uma panaceia e a vasta maioria de todo o resto que não faz ideia de que essa transformação já está acontecendo. Isso iria destacar o quase inimaginável potencial positivo dessas tecnologias, mas também falar com honestidade e de forma direta sobre os seus possíveis perigos.

Uma forma de estruturar esse diálogo global seria estabelecendo uma comissão internacional dos melhores cientistas, pensadores, líderes religiosos e outros que tenham a responsabilidade de apresentar um número discreto de questões essenciais sobre o futuro da engenharia genética humana. Essas questões podem incluir:

1. O que pode ser feito para garantir o mais amplo acesso aos benefícios de saúde e bem-estar dessas tecnologias genéticas?
2. Deveria haver um limite para as aplicações das tecnologias para tratar ou eliminar doenças? Se sim, quais deveriam ser?
3. As pessoas deveriam ter acesso total a informações sobre sua própria composição genética e sobre a composição genética dos seus potenciais futuros filhos ou esse acesso deveria ser limitado? Se fosse limitado, quais deveriam ser tais restrições e por quê?
4. Os pais deveriam ter liberdade total para fazer uma seleção entre seus embriões naturais durante a FIV? Se não, em que base essas limitações deveriam ser estabelecidas? Os pais deveriam ter

O FUTURO DA HUMANIDADE

permissão para selecionar características não relacionadas a doenças, como altura, QI projetado, estilo de personalidade etc.?

5. Se comprovada segura, a edição genética precisa deveria ser usada para eliminar doenças genéticas em células sexuais adultas e embriões pré-implantados, de maneira que fossem passadas para futuras gerações?

6. Nós precisamos de uma estrutura global para ajudar a evitar os piores abusos da engenharia genética humana? Se sim, quais padrões deveriam sustentar esses esforços?

7. Que instituições de longo prazo precisamos promover para gerar um diálogo global inclusivo sobre o futuro da engenharia genética humana que otimize os benefícios dessas tecnologias e minimize seus possíveis danos?

8. O que mais pode ser feito para ajudar a garantir que a revolução genética ajude a melhorar toda a humanidade, e como cada um de nós pode se envolver melhor nesse processo?

Depois que essas questões fossem expostas pela comissão de especialistas, materiais multimídia de fácil entendimento poderiam ser criados com cada pergunta, que seriam a base para uma série de diálogos extensos e contínuos a ser realizados pelo mundo.

Uma coalizão global de universidades parceiras, sistemas escolares, grupos de reflexão, organizações religiosas e grupos da sociedade civil poderiam, então, organizar esses diálogos para que fossem realizados em grandes e pequenos centros pelo mundo. Cada organização parceira poderia organizar seus fóruns de debate, assim como diálogos reais e virtuais baseados nas questões, e reportar seus resultados à comissão.

Num nível ainda mais democrático, indivíduos motivados e quaisquer outros tipos de grupo poderiam ser encorajados a organizar as próprias conversas com base nas mesmas questões centrais. Essas centenas de milhares ou até mesmo milhões de conversas poderiam ser realizadas em fóruns de conferência, salas de aula, locais de culto, cozinhas, paradas de ônibus, barbearias, praças, salões de beleza, sindicatos, salas de bate-papo, mundos virtuais, fóruns de mídias sociais e incontáveis outros lugares onde as pessoas se conectam.

Congressos virtuais globais poderiam ser realizados periodicamente para reunir populações de todos os vários diálogos ao redor do mundo, e uma rede de palestras e conteúdo baseada no modelo TEDx poderia ajudar a fazer o aprendizado e a participação interessantes, empolgantes e acessíveis, e levantar questões adicionais que têm de ser abordadas.

Quando esse diálogo global estruturado e informado sobre o futuro da engenharia genética humana atingisse uma massa crítica, um mecanismo de diálogo em andamento — provavelmente um novo órgão conectado às Nações Unidas — poderia ser criado para ajudar a sintetizar o processo e levá-lo ao próximo nível. Essa organização poderia reunir o conteúdo das conversas globais, visões de especialistas e opiniões de comunidades nacionais, não governamentais e outras em uma série contínua de recomendações que estão constantemente agitando o ciclo de engajamento público e especializado.

Com o tempo, esse tipo de processo engajado poderia ajudar indivíduos, sociedades, nações e a comunidade global a entender melhor a revolução genética e outras revoluções científicas, a se tornar mais participativos no processo de tomada de decisões sobre o nosso futuro comum e a começar a definir limites de segurança além dos quais nós coletivamente sentirmos que a nossa espécie não deveria, pelo menos no momento, ir.

Um diálogo sobre o futuro da engenharia genética humana pode parecer como uma gota no oceano comparado à magnitude dos desafios que a revolução genética trará. Tal processo poderia até ser prejudicial ao despertar neoludistas sonolentos, que podem se opor à força mesmo às formas mais benignas das tecnologias genéticas. Mas a alternativa de começar esse tipo de engajamento amplo com o público é ainda pior. Se um número relativamente pequeno de especialistas, ainda que bem-intencionados, desencadear uma revolução genética humana que afete quase todo o mundo, e, no fim, alterar a trajetória evolutiva da nossa espécie sem informar e recolher as opiniões dos outros, a reação contra a revolução genética será grande o suficiente para apagar seu potencial para o bem. Os humanos devem abraçar, e abraçarão, a revolução genética, mas nós ganharíamos muito mais se fizéssemos isso juntos.

O FUTURO DA HUMANIDADE

A revolução genética abrirá uma das maiores oportunidades para o avanço da saúde e do bem-estar humanos na história da nossa espécie. Demandaremos acesso às tecnologias genéticas para nós mesmos e para nossos filhos como um novo passo na nossa luta perpétua com a crueldade do mundo natural e para realizar nossa maior aspiração de transcender os limites da nossa biologia e, um dia, do nosso planeta com tempo limitado.

Descobrir como usar as tecnologias genéticas de forma a melhorar nossa dignidade e nosso respeito uns pelos outros requererá que usemos nossos melhores valores humanistas e dobremos nossos esforços para abraçar e respeitar nossa diversidade, igualdade e humanidade. Embora as tecnologias de engenharia genética sejam novas, os valores e filosofias necessários para seu uso são antigos.

Implementar nossos melhores valores nesse momento de transição para nossa espécie demanda que todos tenhamos o entendimento do que está acontecendo agora, o que está por vir, o que está em jogo e o papel que cada um de nós deve exercer ao construir um futuro tecnologicamente melhorado que funcione para todos.

Iniciar o diálogo para desenvolver normas que se traduzam em boas práticas internacionais e, em última análise, em regulamentações globais será um caminho difícil e longo. Pode até acabar sendo impossível. Mas simplesmente tentar trará mais pessoas para o processo de determinar o futuro da humanidade. Não seremos capazes de parar a melhoria genética da nossa espécie, mas podemos influenciar, para o bem ou para o mal, como essa transformação acontecerá.

Será um processo difícil, doloroso e cheio de conflitos, mas não temos alternativa. Todos precisamos participar. Não temos um momento a perder para começar.

Agora que leu este livro, você passou a ser um catalisador crítico desse diálogo.

Caros amigos humanos, vamos nos unir para iniciar essa conversa.

301

LEITURA COMPLEMENTAR

Alguns livros excelentes exploram muitos dos temas individuais que discuto em *Hackeando Darwin*. Alguns dos meus favoritos incluem:

Better Than Human, de Allen Buchanan; *Regenesis*, de George Church e Ed Regis; *A Crack in Creation*, de Jennifer Doudna; *Evolving Ourselves*, de Juan Enriquez e Steve Gullans; *Radical Evolution*, de Joel Garreau; *The End of Sex and the Future of Reproduction*, de Hank Greely; *Homo Deus*, de Yuval Noah Harari; *How We Do It*, de Robert Martin; *O gene*, de Siddhartha Mukherjee; *Blueprint*, de Robert Plomin; *Who We Are and How We Got Here*, de David Reich; e *She Has Her Mother's Laugh*, de Carl Zimmer.

Como a revolução genética está se desenvolvendo tão rapidamente, existem muitos sites, blogs e podcasts incríveis (e de atualização mais ágil), recursos essenciais que valem a pena explorar.

Este livro possui 54 páginas de referências bibliográficas. Elas podem ser acessadas pelo site da Faro Editorial. Escolhemos não colocá-las na versão impressa pela economia de árvores, e de dinheiro para você, por um conhecimento que pode ser baixado gratuitamente.

AGRADECIMENTOS

Eu não poderia ter escrito este livro sem a ajuda de pessoas verdadeiramente incríveis a quem sou eternamente grato. Um agradecimento especial a minha brilhante assistente de pesquisa, Nicola Morrow, por reunir materiais críticos que foram usados como base, e a Yujia He, por ajudar a rastrear informações importantes sobre os desenvolvimentos na China. Nir Barzilai, Serena Chen, George Church, Robert Green, Houman Hemmati, Stephen Hsu, Matt Kaeberlein, Jay Menitove, David Sable, Nathan Treff e Rakhi Varma leram versões anteriores do manuscrito e forneceram comentários extremamente úteis. Minha agente super eficiente e capaz, Jill Marsal, que me ajudou a encontrar o editor e a casa editorial perfeitos para o livro e canalizou seu Sigmund Freud interno quando me sentei na frente de uma tela em branco e fiquei um pouco nervoso. Não posso dizer o suficiente sobre minha fenomenal editora na Sourcebooks, Grace Menary-Winefield. Grace está entre os melhores editores que eu já encontrei. Sua paixão por este livro e pela arte de editar e publicar teve um papel fundamental em ajudar minha ideia a atingir seu potencial. Liz Kelsch, Lizzie Lewandowski e Cassie Gutman, assim como o restante da equipe da Sourcebooks, também fizeram um trabalho incrível, dando vida a *Hackeando Darwin* e o levando ao mundo. Agradeço também aos milhares de pessoas que participaram de minhas palestras nos últimos anos sobre os assuntos abordados no livro e que me desafiaram com perguntas e comentários que expandiram meu pensamento. Dedico o livro à memória afetuosa de Scott Newman, à memória afetuosa de Irwin Blitt, aos meus pais, Kurt e Marilyn Metzl, às minhas maravilhosas sobrinhas Anna Rose e Clara Bea Metzl e a Mallika Bhargava.

**ASSINE NOSSA NEWSLETTER E RECEBA
INFORMAÇÕES DE TODOS OS LANÇAMENTOS**

www.faroeditorial.com.br

ESTA OBRA FOI IMPRESSA PELA
GRÁFICA LC MOYSES EM JULHO DE 2020